CAD/CAM/CAE
工程应用丛书 SOLIDWORKS系列

SOLIDWORKS 2023

机械设计 完全实例教程

张忠将 编著

U0379848

机械工业出版社
CHINA MACHINE PRESS

本书紧密结合实际生产应用，以众多精彩的机械设计实例为引导，详细介绍了 SOLIDWORKS 从模型创建，到出工程图，再到模型分析和仿真等的操作过程。本书实例涵盖典型机械零件、输送机械、制动机械、农用机械、紧固和夹具、传动机构、弹簧和控制装置等的设计；内容涵盖草图、建模、曲线/曲面、装配、钣金、焊件、工程图、仿真和应力分析等。本书紧密结合实例和实际应用进行了深入浅出的讲解。

本书的主要特点是贴近机械加工的实际操作，在设计零件的过程中，我们不但要懂得如何使用 SOLIDWORKS 将零件绘制出来，还需要了解如此绘制零件的原因（如令毛坯件利于加工等）。本书附赠资源包括 PPT 演示课件、操作视频、全部素材、范例设计结果和练习题设计结果等。

本书实例精彩丰富、条理清晰、内容实用，可作为各种培训机构的 CAD/CAE 课程教材，也可作为广大机械设计人员、工程师和机械相关专业大中专院校学生学习提高的自学参考书。

图书在版编目（CIP）数据

SOLIDWORKS 2023 机械设计完全实例教程 / 张忠将编著 . —北京：机械工业出版社，2024.7

（CAD/CAM/CAE 工程应用丛书）

ISBN 978-7-111-75761-0

Ⅰ.①S… Ⅱ.①张… Ⅲ.①机械设计–计算机辅助设计–应用软件–教材 Ⅳ.①TH122

中国国家版本馆 CIP 数据核字（2024）第 092318 号

机械工业出版社（北京市百万庄大街 22 号　邮政编码 100037）
策划编辑：李晓波　　　　　　　责任编辑：李晓波　陈崇昱
责任校对：梁　园　张昕妍　责任印制：邓　博
北京盛通数码印刷有限公司印刷
2024 年 9 月第 1 版第 1 次印刷
184mm×260mm · 23.5 印张 · 639 千字
标准书号：ISBN 978-7-111-75761-0
定价：109.00 元

电话服务　　　　　　　　网络服务
客服电话：010-88361066　机　工　官　网：www.cmpbook.com
　　　　　010-88379833　机　工　官　博：weibo.com/cmp1952
　　　　　010-68326294　金　书　网：www.golden-book.com
封底无防伪标均为盗版　机工教育服务网：www.cmpedu.com

前　　言

☺ 学机械设计，前途在哪里？

机械设计的本质，实际上就是设计和制造人类能够使用的工具或产品，以此提高生产效率或减轻原本繁重的体力劳动。

我国是制造业大国，而机械行业又是一个很大的产业。据统计，2023 年上半年我国机械工业营业收入已达 13.6 万亿元，同比增长 9.4%，实现利润总额 7751.7 亿元，同比增长 12.2%，且连续多年以超过 10% 的增速持续快速发展。机械行业比重大，且发展势头良好。

学习机械设计有一个好处，就是大多数企业都会用到。大到航空母舰、飞机、桥梁，小到一个螺丝钉、大头针的制造，都离不开机械设计人才。而且机械专业存在通用性，学建筑机械的读者可以很快适应汽车机械的设计。

总之，机械工业是生产发展的基础性产业，其他各行业的发展都依赖机械工业为其提供装备。只要社会经济正常发展，机械专业就有用武之地。

☺ 机械设计与软件的关系

需要注意的是，进行机械设计，并不是说懂一两款机械设计软件的使用就是高手了。虽然精通一两款软件在应聘时确实会给您加分不少，但是要想真正设计出符合实际需求的产品来，却是远远不够的。

机械设计的成功与否，与很多因素有关。除了要考虑实现产品的基本性能外，更多的时候，不得不考虑加工工艺、方不方便加工、加工过程中容易出现哪些问题、各种材料的属性和特点，甚至产品在使用过程中的温度、外部环境，以及会受到的风、雨、地震等因素的影响，都是需要考虑的。

任何机械软件都是与实际应用紧密相关的。所以，必须在学习阶段，或日后的工作中奠定坚实的加工制造等方面的专业基础。

当然，对于现在这个阶段，特别是对于很多刚毕业的大学生，不会使用软件是万万不行的。因为读者的起点不可能直接越到资深工程师，有很多年龄较大的工程师确实不懂软件，那是因为他们本身对所有的机械构造都已经了然于胸，也许他们用笔绘制图样，比一般人用软件绘制还要迅速和精确。

软件是基础，如果说职场如战场，那么机械设计软件就是盔甲和战车，试想如果在战场上都不懂得如何"开炮"，怎么能够取得胜利？

☺ 学好 SOLIDWORKS 能做什么？

从使用范围上来说，几乎所有的机械设计行业都可以使用 SOLIDWORKS 软件进行设计，如精密仪器、风机、水泵、车辆、印刷机、农机、医疗器械、锁具、模具、工装夹具、水冷却循环系统、灯具、测控仪器等。SOLIDWORKS 甚至可用于家具、家装设计等方面。

从软件功能上来说，使用 SOLIDWORKS 最常做的工作有如下几项。

- ❖ **建模**：创建零件的三维模型。
- ❖ **曲面**：创建零件上较复杂的面。
- ❖ **钣金**：创建钣金类零件。
- ❖ **焊件**：创建焊接类零件。
- ❖ **模具**：设计模具。
- ❖ **装配**：将零件组装在一起，查看零件间的配合。
- ❖ **工程图**：使用三维模型创建二维工程图。
- ❖ **动画制作**：模拟产品动画。
- ❖ **有限元分析**：分析设计的合理性，验证力作用下零件的受力状况、变形等。
- ❖ **渲染**：将绘制的模型渲染输出，以方便客户审阅。
- ❖ **零件库**：可直接使用系统提供的已有零件库，缩短设计时间。
- ❖ **印制电路板**：导入 ECAD 文件直接生成电路板的三维模型。
- ❖ **管路设计**：在装配体中创建电线、电缆、电力管道、管筒和管道线路等。

☺ 如何在机械设计领域找准就业方向

机械设计专业的学生毕业后通常都从事什么职业呢？主要有如下几个方向。

- ❖ **操作工**：刚到工厂或实习时，很多人都先做操作工，可熟悉生产工艺。
- ❖ **制图员**：通常在工程师带领下，根据工程或产品的设计方案、草图等，绘制其详细的加工用技术图样（属于初级机械设计人员）。
- ❖ **设计员（或设计师）**：根据产品设计要求，确定机械的工作原理和基本结构形式，绘制零件图和工程图等，是机械专业学生的主要发展方向。
- ❖ **编程员**：根据图样编写数控加工程序，在加工时，需要到数控机床前进行指导。
- ❖ **机械维修（工程师）**：从事大型、复杂机械设备的维修、保养和护理等工作，需要长年的工作经验，也是机械专业的一个大的就职方向。
- ❖ **教职人员**：大中专院校、技校和培训机构的任课老师。现在，全国很多院校都开设有机械设计专业，而原有的教师不一定懂软件，也不一定有实际的操作和设计经验。如果读者有这方面的优势，加上好的口才，教职人员也不失为一个好的选择。
- ❖ **测试、检验工程师**：从事设备、仪表的检验和测试工作。大多数人会从事液压或汽车等行业，或在安检所工作等。
- ❖ **机械销售代表**：有很多机械设计人员，后来都转行做销售，因为只有懂了设计，才会将产品讲得头头是道。而且销售也是一个收入较高的职业，因为毕竟是属于直接给公司带来利润的人员。
- ❖ **管理**：当读者已对产品的设计足够了解，可以轻易看出产品在材料、结构或功能上的不足时，也许就可以尝试带领一个团队了。当然有资金的话，自己创业也是一个不错的选择。

此外，对于真正做机械设计的人员来说，笔者建议到工厂后，先进车间干几年，熟悉一下产品的生产工艺，对车间设备都摸熟摸透，这样会对以后的产品设计打下良好的实践基础。否则，设计出来的产品，可能根本就无法制造。总之，要多交流、多看、多学习，要脚踏实地才行。

☺ 本书的特点和结构安排

本书有以下特点。

❖ **实例和知识点双线导航、穿插讲解**：实例在前、知识点在后。读者既可以快速上手，又可以带着疑问阅读知识点，增强记忆。

❖ **科学选择实例**：所写实例既具有代表性、功能性，又能够恰到好处地说明所学知识点，起到互为补充、功能性和实用性相结合的作用。

❖ **可作为手册使用**：所有知识点都做了分类统筹，读者在学完全部实例的操作后，可将本书中的知识点作为手册参考使用。

❖ **更加注重实用**：全书以实用为出发点，充分考虑机械设计人员在从事实际工作时可能会遇到的困难，在关键点上进行点拨，力争达到最大限度缩短产品设计周期的目的。

❖ **随学随练**：每个实例后都跟有对应的"思考与练习"题，以对所学的知识进行加深、巩固和提高。

❖ **实用的拓展模块**：通过"知识拓展"模块，从更高、更实用的角度点拨读者，使读者能够尽快看清机械设计的全貌，以迅速进入机械设计这个工作领域。

☺ 附赠资源

本书附赠资源中带有 PPT 演示课件、操作视频、全部素材、范例设计结果和练习题设计结果等。利用这些素材和多媒体文件，读者可以像观看电影一样轻松愉悦地学习 SOLIDWORKS 的各项功能。

由于 CAD/CAM/CAE 技术发展迅速，加之编者知识水平有限，书中疏漏之处在所难免，敬请广大专家、读者批评指正或进行设计交流。

编　者

目　录

前　言

第 1 章　概览 SOLIDWORKS ⋯⋯⋯ 1
SOLIDWORKS 的设计流程 ⋯⋯⋯⋯ 1
文件操作 ⋯⋯⋯⋯⋯⋯⋯⋯⋯⋯⋯ 3
SOLIDWORKS 的工作界面 ⋯⋯⋯⋯ 4
视图调整方法 ⋯⋯⋯⋯⋯⋯⋯⋯⋯ 5
对象操作和管理 ⋯⋯⋯⋯⋯⋯⋯⋯ 7

第 2 章　典型机械零件设计
　　　　 （1）——草图技巧 ⋯⋯⋯ 10
实例 1　轴类零件设计 ⋯⋯⋯⋯⋯ 10
　主要流程 ⋯⋯⋯⋯⋯⋯⋯⋯⋯⋯ 10
　实施步骤 ⋯⋯⋯⋯⋯⋯⋯⋯⋯⋯ 11
　知识点详解 ⋯⋯⋯⋯⋯⋯⋯⋯⋯ 14
　思考与练习 ⋯⋯⋯⋯⋯⋯⋯⋯⋯ 20
实例 2　法兰类零件设计 ⋯⋯⋯⋯ 20
　主要流程 ⋯⋯⋯⋯⋯⋯⋯⋯⋯⋯ 22
　实施步骤 ⋯⋯⋯⋯⋯⋯⋯⋯⋯⋯ 22
　知识点详解 ⋯⋯⋯⋯⋯⋯⋯⋯⋯ 26
　思考与练习 ⋯⋯⋯⋯⋯⋯⋯⋯⋯ 31
实例 3　管接头类零件设计 ⋯⋯⋯ 32
　主要流程 ⋯⋯⋯⋯⋯⋯⋯⋯⋯⋯ 33
　实施步骤 ⋯⋯⋯⋯⋯⋯⋯⋯⋯⋯ 33
　知识点详解 ⋯⋯⋯⋯⋯⋯⋯⋯⋯ 36
　思考与练习 ⋯⋯⋯⋯⋯⋯⋯⋯⋯ 42
实例 4　轴承组件类零件设计 ⋯⋯ 43
　主要流程 ⋯⋯⋯⋯⋯⋯⋯⋯⋯⋯ 43
　实施步骤 ⋯⋯⋯⋯⋯⋯⋯⋯⋯⋯ 44
　知识点详解 ⋯⋯⋯⋯⋯⋯⋯⋯⋯ 47
　思考与练习 ⋯⋯⋯⋯⋯⋯⋯⋯⋯ 52
实例 5　铸锻毛坯类零件设计 ⋯⋯ 53
　主要流程 ⋯⋯⋯⋯⋯⋯⋯⋯⋯⋯ 54
　实施步骤 ⋯⋯⋯⋯⋯⋯⋯⋯⋯⋯ 55

　知识点详解 ⋯⋯⋯⋯⋯⋯⋯⋯⋯ 60
　思考与练习 ⋯⋯⋯⋯⋯⋯⋯⋯⋯ 64
知识拓展 ⋯⋯⋯⋯⋯⋯⋯⋯⋯⋯⋯ 64

第 3 章　典型机械零件设计
　　　　 （2）——建模技巧 ⋯⋯⋯ 67
实例 6　螺纹紧固件零件设计 ⋯⋯ 67
　主要流程 ⋯⋯⋯⋯⋯⋯⋯⋯⋯⋯ 69
　实施步骤 ⋯⋯⋯⋯⋯⋯⋯⋯⋯⋯ 69
　知识点详解 ⋯⋯⋯⋯⋯⋯⋯⋯⋯ 71
　思考与练习 ⋯⋯⋯⋯⋯⋯⋯⋯⋯ 76
实例 7　操作件类零件设计 ⋯⋯⋯ 76
　主要流程 ⋯⋯⋯⋯⋯⋯⋯⋯⋯⋯ 77
　实施步骤 ⋯⋯⋯⋯⋯⋯⋯⋯⋯⋯ 77
　知识点详解 ⋯⋯⋯⋯⋯⋯⋯⋯⋯ 81
　思考与练习 ⋯⋯⋯⋯⋯⋯⋯⋯⋯ 87
实例 8　叉架类零件设计 ⋯⋯⋯⋯ 88
　主要流程 ⋯⋯⋯⋯⋯⋯⋯⋯⋯⋯ 88
　实施步骤 ⋯⋯⋯⋯⋯⋯⋯⋯⋯⋯ 89
　知识点详解 ⋯⋯⋯⋯⋯⋯⋯⋯⋯ 93
　思考与练习 ⋯⋯⋯⋯⋯⋯⋯⋯ 102
实例 9　箱体类零件设计 ⋯⋯⋯ 102
　主要流程 ⋯⋯⋯⋯⋯⋯⋯⋯⋯ 103
　实施步骤 ⋯⋯⋯⋯⋯⋯⋯⋯⋯ 103
　知识点详解 ⋯⋯⋯⋯⋯⋯⋯⋯ 108
　思考与练习 ⋯⋯⋯⋯⋯⋯⋯⋯ 109
实例 10　轮类零件设计 ⋯⋯⋯⋯ 110
　主要流程 ⋯⋯⋯⋯⋯⋯⋯⋯⋯ 111
　实施步骤 ⋯⋯⋯⋯⋯⋯⋯⋯⋯ 111
　知识点详解 ⋯⋯⋯⋯⋯⋯⋯⋯ 113
　思考与练习 ⋯⋯⋯⋯⋯⋯⋯⋯ 119
知识拓展 ⋯⋯⋯⋯⋯⋯⋯⋯⋯⋯ 120

**第4章　输送机械设计——曲线与
　　　　曲面** ·············· 122

　实例11　螺旋输送机设计 122
　　主要流程 ················· 123
　　实施步骤 ················· 123
　　知识点详解 ············· 125
　　思考与练习 ············· 127
　实例12　双曲面搅拌机设计 127
　　主要流程 ················· 127
　　实施步骤 ················· 128
　　知识点详解 ············· 131
　　思考与练习 ············· 135
　实例13　桨状轮筛选机构设计 135
　　主要流程 ················· 136
　　实施步骤 ················· 136
　　知识点详解 ············· 139
　　思考与练习 ············· 146
　实例14　振动盘设计 147
　　主要流程 ················· 147
　　实施步骤 ················· 148
　　知识点详解 ············· 152
　　思考与练习 ············· 156
　实例15　选粉机设计 157
　　主要流程 ················· 158
　　实施步骤 ················· 158
　　知识点详解 ············· 163
　　思考与练习 ············· 165
　知识拓展 ·············· 166

**第5章　联轴器、离合器和制动
　　　　装置——模型装配** ······ 168

　实例16　联轴器装配件设计 168
　　主要流程 ················· 169
　　实施步骤 ················· 169
　　知识点详解 ············· 173
　　思考与练习 ············· 175
　实例17　离合器装配件设计 175
　　主要流程 ················· 176
　　实施步骤 ················· 176

　　知识点详解 ············· 181
　　思考与练习 ············· 184
　实例18　减速器装配件设计 184
　　主要流程 ················· 185
　　实施步骤 ················· 185
　　知识点详解 ············· 188
　　思考与练习 ············· 191
　实例19　汽车制动器装配件设计 192
　　主要流程 ················· 192
　　实施步骤 ················· 192
　　知识点详解 ············· 193
　　思考与练习 ············· 196
　知识拓展 ·············· 196

**第6章　农用机械设计——钣金和
　　　　焊件** ·············· 198

　实例20　播种机钣金件设计 198
　　主要流程 ················· 199
　　实施步骤 ················· 199
　　知识点详解 ············· 203
　　思考与练习 ············· 210
　实例21　插秧机钣金件设计 210
　　主要流程 ················· 211
　　实施步骤 ················· 211
　　知识点详解 ············· 214
　　思考与练习 ············· 216
　实例22　旋耕机钣金件设计 216
　　主要流程 ················· 217
　　实施步骤 ················· 217
　　知识点详解 ············· 220
　　思考与练习 ············· 221
　实例23　播种机焊件设计 222
　　主要流程 ················· 222
　　实施步骤 ················· 223
　　知识点详解 ············· 227
　　思考与练习 ············· 234
　实例24　联合收割机焊件设计 234
　　主要流程 ················· 235
　　实施步骤 ················· 235

知识点详解 ·············· 239
思考与练习 ·············· 241
知识拓展 ·············· 242

第 7 章　紧固和夹具等装置——
　　　　工程图 ·············· 247

实例 25　夹钳设计 ·············· 247
主要流程 ·············· 248
实施步骤 ·············· 249
知识点详解 ·············· 253
思考与练习 ·············· 258

实例 26　吊具设计 ·············· 258
主要流程 ·············· 259
实施步骤 ·············· 260
知识点详解 ·············· 264
思考与练习 ·············· 270

实例 27　自定心卡盘设计 ·············· 271
主要流程 ·············· 271
实施步骤 ·············· 272
知识点详解 ·············· 274
思考与练习 ·············· 278

实例 28　旋锁设计 ·············· 278
主要流程 ·············· 279
实施步骤 ·············· 279
知识点详解 ·············· 286
思考与练习 ·············· 293

实例 29　平口钳设计 ·············· 294
主要流程 ·············· 294
实施步骤 ·············· 295
知识点详解 ·············· 297
思考与练习 ·············· 300

知识拓展 ·············· 301

第 8 章　传动机构设计——运动
　　　　仿真 ·············· 304

实例 30　冲孔机凸轮运动动画仿真 ·············· 304
主要流程 ·············· 305
实施步骤 ·············· 305
知识点详解 ·············· 308

思考与练习 ·············· 312

**实例 31　挖土机连杆机构运动
　　　　　仿真** ·············· 312
主要流程 ·············· 313
实施步骤 ·············· 313
知识点详解 ·············· 315
思考与练习 ·············· 318

**实例 32　汽车刮水器连杆机构 Motion
　　　　　运动仿真与分析** ·············· 318
主要流程 ·············· 319
实施步骤 ·············· 319
知识点详解 ·············· 320
思考与练习 ·············· 322

**实例 33　自动闭门器 Motion 运动仿真
　　　　　与分析** ·············· 322
主要流程 ·············· 323
实施步骤 ·············· 323
知识点详解 ·············· 325
思考与练习 ·············· 327

知识拓展 ·············· 327

第 9 章　弹簧和控制装置——
　　　　有限元分析 ·············· 330

实例 34　安全阀有限元分析 ·············· 330
主要流程 ·············· 331
实施步骤 ·············· 331
知识点详解 ·············· 336
思考与练习 ·············· 342

实例 35　离心调速器受力分析 ·············· 342
主要流程 ·············· 343
实施步骤 ·············· 343
知识点详解 ·············· 348
思考与练习 ·············· 353

实例 36　扭矩限制器分析 ·············· 353
主要流程 ·············· 354
实施步骤 ·············· 354
知识点详解 ·············· 358
思考与练习 ·············· 362

知识拓展 ·············· 362

第 **1** 章

概览 SOLIDWORKS

本章要点——

- ☐ SOLIDWORKS 的设计流程
- ☐ 文件操作
- ☐ SOLIDWORKS 的工作界面
- ☐ 视图调整方法
- ☐ 对象操作和管理

学习目标——

为了能够更好地学习后面的实例内容，本章先简单介绍一下 SOLIDWORKS 的一些基础知识。包括软件的主要设计/应用流程、常用文件操作、工作界面、视图的简单调整方法和对象的操作与管理等内容。

 SOLIDWORKS 的设计流程

使用 SOLIDWORKS，通常可通过如下流程来设计模型。

① **创建草图**：创建模型的草绘图形，此草绘图形可以是模型的一个截面或轨迹等。

② **创建特征**：添加"拉伸""旋转""扫描"等特征，利用创建的草绘图形，创建实体。

提示：

"特征"是大多数机械设计软件都采用的设计图形的一种"工具"，对于操作者来说，易于管理和修改，相当于零件的一种外形（如"拉伸"），而在软件中可以通过这种特征设计出各种外形。

③ **装配部件**：如果模型为装配体，那么还需要将各个零部件按某种规则进行装配，以检验零部件间配合是否合理。

④ **仿真和分析**：为了验证设计的机械能否稳定运行，可以生成模拟机器运转的动画，另外还可使用有限元工具分析判断其内部的受力状况等，以确定所设计零件或机械的可靠性。

⑤ **绘制工程图**：二维工程图有利于工作台的工作人员按图纸要求加工零件，依照三维实体生成二维的工程图是 SOLIDWORKS 的强项，且比直接绘制二维图形要迅速。

具体设计过程可参见图 1-1。

草绘截面
图形

添加"旋转
凸台/基体"
特征

草绘截面
图形

添加"旋
转凸台/基
体"特征

添加"旋转凸
台/基体"特征

草绘截面图形

草绘截面
图形

草绘截面图
形和路径

添加"扫描"特征

添加三个"拉
伸凸台/基体"
特征

将三个
零件实
体装配

对部分接触面添加
"倒角"特征

草绘截面图形

添加"拉伸
切除"特征

添加"拉伸凸
台/基体"特征

添加"拉伸
切除"特征

绘制二维工程图,以利于机械加工人员(钳工)
按照图纸要求加工出合格的零部件

动画模拟或仿真分析,使用计算机对
所设计的模型进行验证(此步虽然流
程居前,但并不一定涉及普通绘图员)

URES(mm)
9.248e+000
8.477e+000
7.706e+000
6.936e+000
6.165e+000
5.395e+000
4.624e+000
3.853e+000
3.083e+000
2.312e+000
1.541e+000
7.706e-001
1.000e-030

手轮模型

图 1-1　具体设计过程

文件操作

启动 SOLIDWORKS 后，系统将显示图 1-2 所示的操作界面，单击"新建"按钮 □，或者选择"文件" > "新建"菜单，打开"新建 SOLIDWORKS 文件"对话框，选择不同按钮，可以新建不同类型的文件，各种文件类型的意义如下。

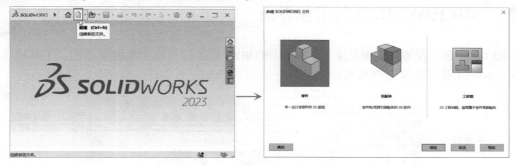

图 1-2 "新建 SOLIDWORKS 文件"操作

- ➤ **零件**：三维零件模型文件，文件扩展名为".SLDPRT"。
- ➤ **装配体**：用来建立装配文件，文件扩展名为".SLDASM"。在本书第 5 章中讲述了创建使用装配体的方法。
- ➤ **工程图**：二维工程图文件，文件扩展名为".SLDDRW"。在本书第 7 章中讲述了创建工程图的方法。

▌ **知识库：**

第一次启动 SOLIDWORKS 并新建模型文件时，通常还会弹出"单位和尺寸标准"对话框，在其中可以设置系统使用的初始单位和尺寸标准。通常只需保持系统默认，单击"确定"按钮即可。

选择"文件" > "打开"菜单或在工具栏中单击"打开"按钮 ➢，在打开的"打开"对话框中选择已存在的模型文件，单击"打开"按钮可打开文件，如图 1-3 左图所示（直接双击文件，或将文件直接拖拽到 SOLIDWORKS 操作界面中也可打开文件）。

▌ **提示：**

另外，SOLIDWORKS 也可导入其他工程软件（如 AutoCAD、Pro/E、UG 等）制作的模型文件，只需在打开文件时，在"打开"文件对话框的"文件类型"下拉列表中选择相应的文件类型即可，如图 1-3 右图所示。

图 1-3 打开文件操作

　　如果出现无法导入文件的情况，可先在 Pro/E 等软件中将文件导出为 STEP 文件格式，然后在此菜单中选择相关选项将其导入。STEP 文件格式是国际标准化组织（ISO）所属的工业自动化系统技术委员会制定的 CAD 数据交换标准，它支持大多数工业设计软件。

 SOLIDWORKS 的工作界面

　　如图 1-4 所示，在零件编辑状态下，SOLIDWORKS 的工作界面主要由菜单栏、工具栏、导航控制区、绘图工作区和状态栏组成。

图 1-4　SOLIDWORKS 2023 零件图工作界面

下面看一下各个组成部分的作用。

➤ **菜单栏**：与其他大部分软件一样，SOLIDWORKS 中的菜单栏提供了一组分类安排的命令，包括文件、编辑、视图、插入、工具、窗口等。

➤ **工具栏**：系统默认显示了四个常用工具栏，"常用""前导视图""草图"和"特征"工具栏，"常用"工具栏用于文件操作，"前导视图"工具栏用于视图操作，"草图"工具栏用于绘制草图，"特征"工具栏用于创建特征。

提示：

　　通常系统默认显示 CommandManager 工具栏（如图 1-5 所示），而不显示"草图"和"特征"工具栏，可右击顶部工具栏空白处，在弹出的菜单中选择 CommandManager 菜单项将其隐藏，然后系统将自动打开"草图"和"特征"工具栏。

图 1-5　"CommandManager"工具栏

CommandManager 工具栏虽说是一种智能化的工具栏，但是与 Office 2024 等软件提供的智能工具栏类似，可能由于操作系统都是菜单和工具栏操作的原因，这种智能化的工具栏迄今为止并没有受到用户的普遍关注（本书也依然使用 SOLIDWORKS 的传统操作方式进行讲解）。

➤ **导航控制区**：位于主操作界面的左侧，由 "FeatureManager" 🐭 "PropertyManager" 📋 "ConfigurationManager" 📷 "DimXpertManager" ⊕ 和 "DisplayManager" 🌑 5 个选项卡组成，如图 1-6 所示。其中 FeatureManager 选项卡（也称为"特征管理器"）是最常使用的选项卡，用于将当前模型的特征以树状结构排列显示，以方便建模和修改，其他导航控制区通常会自动切换。

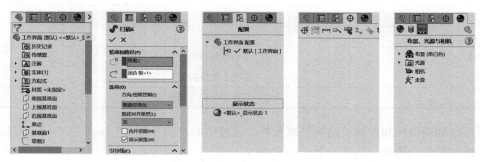

图 1-6 "导航控制区"的选项卡

➤ **绘图工作区**："绘图区"也称"操作区"，是 SOLIDWORKS 的工作区域，用于显示或绘制模型。除此之外，在编辑视图时，还会显示"确定"✓和"取消"✖按钮，而且会显示"弹出的 FeatureManager 设计树"，以方便选择特征。

➤ **状态栏**：状态栏位于 SOLIDWORKS 主窗口最底部的水平区域，用于提供当前窗口编辑的内容状态，例如显示当前鼠标位置、草图状态等信息。

 视图调整方法

在绘制与编辑图形时，为了便于操作，经常需要缩放、平移或旋转视图。下面首先看一下使用鼠标和键盘调整视图的方法，具体如表 1-1 所示。

表 1-1 使用鼠标和键盘调整视图的方法

鼠标操作	作 用
前后滚动鼠标滚轮	缩小或放大视图（应注意放大操作时的鼠标位置，SOLIDWORKS 将以鼠标位置为中心放大操作区域）
按住鼠标滚轮并移动光标	旋转视图
使用鼠标滚轮选中模型的一条边，再按住鼠标滚轮并移动光标	将绕此边旋转视图
按住【Ctrl】键和鼠标滚轮，然后移动鼠标	平移视图
按住【Shift】键和鼠标滚轮，然后移动鼠标	沿垂直方向平滑缩放视图
按住【Alt】键和鼠标滚轮，然后移动鼠标	以垂直于当前视图平面的，并通过对象中心的直线为旋转轴，旋转视图

（续）

键盘操作	作　用
方向键	水平（左、右方向键）或竖直（上、下方向键）旋转对象
【Shift】+方向键	水平（左、右方向键）或竖直（上、下方向键）旋转90°
【Alt】+左/右方向键	绕中心旋转（绕垂直于当前视图平面的中心轴旋转）
【Ctrl】+方向键	平移
【Shift+Z】/【Z】	动态放大（【Shift+Z】放大）或缩小（按【Z】键缩小）
【F】	整屏显示视图
【Ctrl+Shift+Z】	显示上一视图
【Ctrl+1】	显示前视图
【Ctrl+3】	显示左视图
【Ctrl+5】	显示上视图
【Ctrl+7】	显示等轴测视图
【Ctrl+8】	正视于选择的面
空格键	打开"方向"对话框

　　除了可以利用鼠标和按键快速调整视图外，通过单击"前导视图"工具栏中的工具按钮，还可对视图进行更多的调整，具体如下。

➢ 🗐：剖面视图按钮。该按钮被按下后，将在"属性管理器"中显示"剖面视图"的属性设置操作界面，通过选择"剖面"，并输入不同的参数，单击"确定" ✔ 按钮，可创建模型的剖面视图，如图1-7所示。

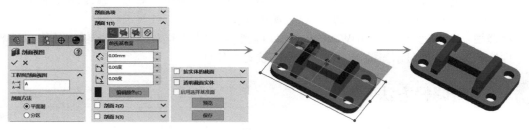

图1-7　创建剖面视图的操作

➢ 🗗："视图定向"按钮。该按钮被按下后，将弹出"视图定向选择"下拉菜单，如图1-8所示，通过单击此菜单栏中的按钮，可将视图调整到上、下、左、右、前、后和轴测视图（或多视图方式）进行显示。单击"正视于"按钮 ⬆ 后，可选择模型的某个面，以显示正视于此面的视图（如图1-9所示）。

图1-8　"视图定向选择"下拉菜单　　　　图1-9　正视于操作

➤ ■："显示样式"按钮。该按钮被按下后，将弹出如图 1-10 所示的"显示样式下拉"菜单，菜单栏中的按钮分别表示以带边线上色、上色、消除隐藏线、隐藏线可见和线架图模式显示零件模型。

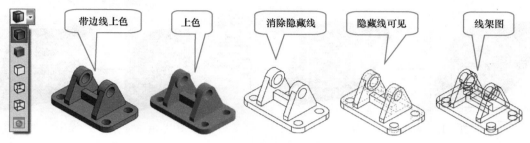

带边线上色　　　上色　　　消除隐藏线　　　隐藏线可见　　　线架图

图 1-10　零件的各种显示样式

➤ ■："隐藏/显示项目"按钮。该按钮被按下后，将弹出"隐藏/显示项目"下拉菜单，如图 1-11 左图所示。通过选择该菜单中的按钮，可以设置在绘图区中显示哪些对象，如可设置显示基准轴、原点、坐标系、光源等（如图 1-11 右图所示）。

➤ ■："应用布景"按钮。该按钮被按下后，将弹出"应用布景"下拉菜单，用于设置 SOLIDWORKS 的工作环境，如图 1-12 所示。

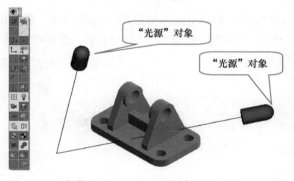

"光源"对象

"光源"对象

图 1-11　"隐藏/显示项目"菜单栏和显示出来的光源　　　图 1-12　"应用布景"菜单栏的作用

对象操作和管理

SOLIDWORKS 中有一些常用的对象操作和管理方法，例如选择对象、删除对象、隐藏和显示对象等，灵活掌握这些操作，可以为快速绘图打下良好基础。

下面先来看一下选择对象的方法。

➤ **鼠标单击**：在工作区利用鼠标单击可选择对象。按住【Ctrl】键继续单击其他对象可选择多个对象。

➤ **框选**：可以通过拖动选框来选择对象，利用鼠标在对象周围拖出一个方框，方框内的对象将全部被选中，如图 1-13 所示。可以在选取对象时按住【Ctrl】键，通过拖动多个选框来选择多组对象。

➤ **逆选选择**：逆选选择将选择文件中与当前选择对象类似的所有其他对象，而取消当前选择的对象。要逆选选择对象，可右击当前选中的对象，然后在弹出的快捷菜单中，选择"逆选选择"命令。

➢ **选择环**：右击当前选中的对象，在弹出的快捷菜单中选择"选择环"菜单项，可选择与当前对象相连边线的环组，如图 1-14 所示。

图 1-13　框选选择对象　　　　　　　　　　图 1-14　"选择环"操作

➢ **选择其他**：在工作区中右击模型，然后单击"选择其他"按钮，可打开"选择其他"对话框，通过此对话框可以选择被其他实体隐藏的对象。

➢ **模型树选择**：通过在 FeatureManager 模型树中选择其名称可以选择特征、草图、基准面和基准轴。在选择对象的同时按住【Shift】键，可以选择多个连续项目；在选择的同时按住【Ctrl】键，可以选取多个非连续项目。

➢ **相切选择**：右击曲线、边线或面，在弹出的菜单中选择"选择相切"菜单项，可以选择与此对象相切的对象。

➢ **选择过滤器**：使用"选择过滤器"可以选择模型中的特定项，如使用"过滤边线"模式时将只能选取边线。可右击工具栏空白处，选择"选择过滤器"菜单，打开"选择过滤器"工具栏，如图 1-15 所示，也可按【F5】键将其打开。

图 1-15　使用"选择过滤器"选择对象的操作

要取消对象的选取，可采用以下几种方法：

➢ 按【Esc】键，可取消全部对象的选取。

➢ 按【Ctrl】+鼠标左键，可取消选取单击的对象。

➢ 单击空白区域，可取消全部对象的选取。

删除对象的方法十分简单，在选择好要删除的对象后，直接按【Delete】键（或在 FeatureManager 模型树中右击，在弹出的快捷菜单中选择"删除"菜单项）即可完成删除；如果想撤销删除，只需单击"标准"工具条中的"撤销"按钮🔄即可。

在删除对象时需要注意以下几点：

➢ 不能删除非独立存在的对象，如实体的表面、包括其他特征的对象等。

➢ 不能直接删除被其他对象引用的对象，如通过"拉伸"草绘曲线生成实体后，不能将该草绘曲线删除。

在建模或装配的过程中，如果模型阻碍了其他对象的绘制，可以将其暂时隐藏以方便操作。在 FeatureManager 模型树中右击要隐藏（或显示）的对象，在弹出的工具栏中单击"隐藏"按钮👁️（或"显示"按钮👁️）可隐藏（或显示）对象，如图 1-16 所示。

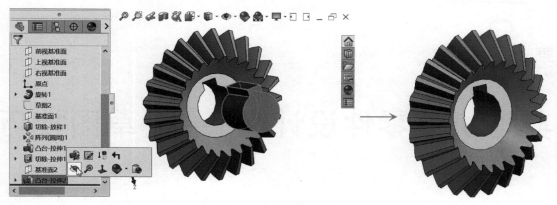

图 1-16 隐藏对象操作

> **提示：**
>
> 　　隐藏实体的任何一部分，都会将其全部隐藏。如仍然需要将同一实体的某个部分隐藏，可以尝试在左侧特征树中，右击需要隐藏的特征项，在弹出的快捷工具栏中选择"压缩"按钮 ↓🔲，将其暂时压缩；完成其他部分的绘制后，再次右击此特征，选择"解除压缩"按钮 ↑🔲 即可。

典型机械零件设计(1)——草图技巧

本章要点

- 📁 轴类零件设计
- 📁 法兰类零件设计
- 📁 管接头类零件设计
- 📁 轴承组件类零件设计
- 📁 铸锻毛坯类零件设计

学习目标

日常接触的机械中，无论大小，如果拆开观察，都可以发现有螺母、螺栓、轴和齿轮等很多通用零部件组成，本书将这些零部件归类为典型零部件，并在第 2 章中集中讲述使用 SOLIDWORKS 设计典型零件的方法。

本章讲述典型零件中，轴类、法兰、管接头、轴承和铸锻毛坯类零件的设计方法，在讲述的过程中，将结合实例讲述在 SOLIDWORKS 中草绘图形的技巧。

实例1 轴类零件设计

轴是机械设备中重要的零件之一，主要用于传递动力和支承零件，因此实际制造轴时，应着重考虑轴工作时要受到的交变弯曲力和载荷的冲击力，即所设计的轴应有足够的强度和韧性（实际上，轴的材料多采用中碳钢或合金钢，如 45 号钢）。

本实例将讲解，在 SOLIDWORKS 中设计如图 2-1 所示的"输出轴"，需进行的操作。

图 2-1 本实例要设计的输出轴

> **视频文件：** 配套\\视频\Unit2\实例 1.mp4
> **结果文件：** 配套\\案例\Unit2\实例 1——输出轴.SLDPRT

主要流程

轴，在机械运动中主要处于转动状态，其结构大多以圆柱为主，所以在实际设计轴时，通常也是首先绘制一个草图图形，然后进行旋转得到轴的主体，再在轴上切除出用于固定轴上零件的键槽即可（如图 2-2 所示）。

图 2-2　设计轴的主要流程

此外在实际设计轴时，通常将轴分为轴颈、轴头和轴身三部分，轴颈放于轴承上，轴头用于支撑传动零件，轴身则是用于连接轴颈和轴头的轴段。对于阶梯轴，还有轴肩和轴环等部分。而且轴中通常还应具有利于加工的越程槽和退刀槽等。

实施步骤

输出轴，简言之，即输出动力的轴。如将拖拉机发动机的动力传递到那些本身没有动力源的装置上。本实例将以图 2-3 所示的工程图为参照，在 SOLIDWORKS 中完成输出轴的三维建模操作，具体流程如下。

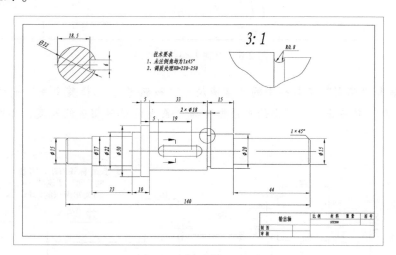

图 2-3　"输出轴"图纸

● 1. 选择草绘面进入草图环境

步骤 1　启动 SOLIDWORKS 2023 后，单击"新建"按钮 □（或者选择"文件" > "新建"菜单），打开"新建 SOLIDWORKS 文件"对话框，然后选择"零件"按钮，再单击 确定 按钮新建一个零件类型的文件，如图 2-4 所示。

步骤 2　单击"草图绘制"按钮，选择一个基准面（这里选择"前视基准面"）进入草图绘制模式，如图 2-5 所示。

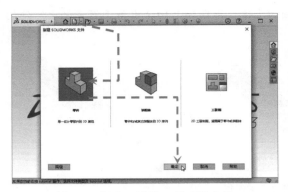

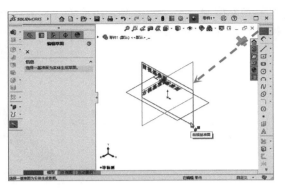

图 2-4　新建"零件"类型的文件　　　　图 2-5　进入草图绘制模式

● 2. 绘制草图并设置图线长度

步骤 3　单击"草图"工具栏中的"中心线"按钮，捕捉草图原点，单击两次，绘制一条水平中心线（绘制完成后，双击鼠标可退出中心线绘制模式）。

步骤 4　单击"草图"工具栏中的"直线"按钮，捕捉到"中心线"上任意一点，然后不断横向和竖向移动并单击，绘制多条直线，如图 2-6 所示（注意：沿着中心线，应有一条直线令整个图形闭合）。

图 2-6　绘制中心线和直线

步骤 5　单击"草图"工具栏中的"智能尺寸"按钮，选择整个线段拖动，或者选择线段的两个端点拖动，并单击，在弹出的对话框中为每条线段设置相应的长度，如图 2-7 所示，为图形标注尺寸。

尺寸标注方法，可参见下面"实例5"中相关知识点的解释

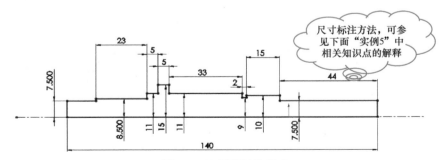

图 2-7　为图形标注尺寸

步骤 6　单击"草图"工具栏中的"绘制倒角"按钮，打开"绘制倒角"属性管理器，选中"距离-距离"单选按钮，设置倒角长度为 1mm，单击靠近 44mm 直线的端点，执行倒角操作，如图 2-8 所示。

步骤 7　单击"草图"工具栏中的"绘制圆角"按钮，打开"绘制圆角"属性管理器，设置圆角半径为 0.8mm，单击靠近 2mm 直线的两个端点，执行圆角操作，如图 2-9 所示（关于

"倒角"和"圆角"的详细解释，见下面"实例3"中的相关知识点)。

图 2-8　绘制倒角操作

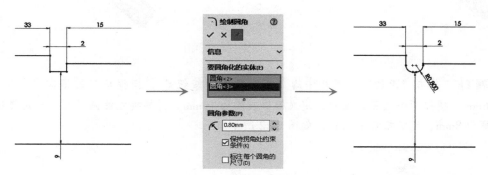

图 2-9　绘制圆角操作

● 3. 旋转出轴类零件

　　步骤 8　单击"特征"工具栏中的"旋转凸台/基体"按钮 🍥，选择"中心线"为旋转轴，在左侧弹出的"旋转"属性管理器中设置"旋转"的角度为360°，单击"确定"按钮 ✔，旋转出轴的基本形状，如图2-10所示。

图 2-10　旋转操作

● 4. 拉伸切除操作

　　步骤 9　在特征树中选中"前视基准面"，单击"特征"工具栏中的"基准面"按钮，设置"偏移距离"为7.5mm，单击"确定"按钮，创建一个"基准面1"，如图2-11所示。

　　步骤 10　单击"草图"工具栏中的"直槽口"按钮，然后单击"步骤1"中创建的"基准面1"进入其草绘模式，并捕捉中心点，单击两次，再向外拖动到适当位置单击，创建槽口的基本轮廓。

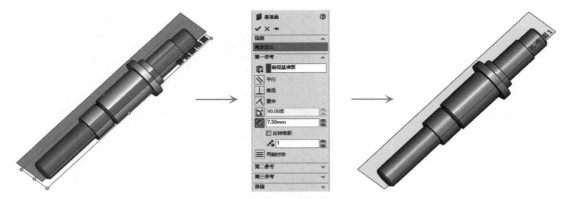

图 2-11　创建基准面操作

步骤 11　单击"草图"工具栏中的"智能尺寸"按钮，捕捉槽口的横向线段定义槽口宽度为 6mm，捕捉两个圆弧的圆心，定义槽口长度为 19mm。再捕捉左侧圆弧圆心与左侧边界线，设置距离为 8mm，定义槽口的位置，如图 2-12 所示。

图 2-12　创建"直槽口"线操作

步骤 12　单击"特征"工具栏中的"拉伸切除"按钮，选择适当的拉伸方向，并设置"终止条件"为"成形到下一面"，执行拉伸切除操作，切出轴上的键槽，完成轴的创建，如图 2-13 所示。

图 2-13　创建键槽操作

知识点详解

初次使用 SOLIDWORKS 绘制图形，操作起来可能并不是很流畅。下面结合实例，介绍一下在 SOLIDWORKS 中"进入和退出草绘环境"的方法，以及直线、中心线、矩形、多边形和槽口线的绘制方法。

● 1. 进入和退出草绘环境

共有两种进入草绘环境的方法，具体如下：

➤ 单击"草图"工具栏中的"草图绘制"按钮，或单击"草图"工具栏中的任一绘制草绘图形按钮（直线、边角矩形、圆等），或选择"插入">"草图绘制"菜单，再选择任一基准平面或实体面即可进入草绘环境。

➤ 也可单击"特征"工具栏中的"拉伸凸台/基体"按钮、"旋转凸台/基体"按钮，或选择相应的菜单项，再选择任一基准平面或实体面进入草绘环境，如图 2-14 所示。此时必须绘制闭合草图才能退出草绘环境。

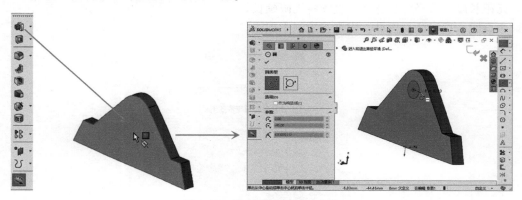

图 2-14　进入草绘环境的方法

进入草绘环境后，即可按要求绘制草绘图形了。草图绘制完成后，可单击"草图"工具栏中的"退出草图"按钮来退出草绘模式，也可单击工作区右上角的"退出草图"按钮或"取消"按钮来退出草绘模式。

提示：

进入草绘模式后，如草绘面非正视图，可右击左侧模型树中的草绘面，在弹出的快捷工具栏中单击"正视于"按钮，将草绘面调整为正视图，以方便绘制图形。

● 2. 直线

进入草图模式后，单击"草图"工具栏中的"直线"按钮（或选择"工具">"草图绘制实体">"直线"菜单），在绘图工作区的适当位置单击确定直线起点，移动光标到适当位置单击确定直线终点，再双击鼠标左键，即可完成当前直线的绘制，如图 2-15 左图所示。

如在绘制终点单击鼠标左键，则可以连续绘制互相连接的多条直线，如图 2-15 右图所示。

此外，在绘制直线的第一个点之前，在线条的属性管理器中（如图 2-16 所示）可设置线条绘制的方向和线条的属性，具体如下。

➤ **按绘制原样**：选择此单选按钮可以随意绘制直线。

➤ **水平、竖直或角度**：可以按设置绘制某个方向上的直线。

➤ **作为构造线**：选择此复选框，可以绘制中心线。

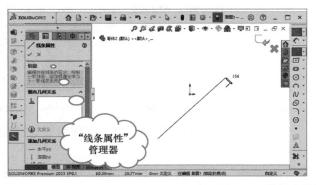
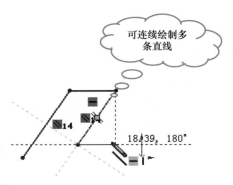

图 2-15 绘制直线操作

> **无限长度**：选择此复选框，直线将无限延长。
> **中点线**：选择此复选框，将直接绘制中点线。

图 2-16 绘制直线前的设置

知识库：

　　除了提前设置直线的属性外，在绘制直线时也可根据提示绘制特殊直线。例如，当笔形鼠标指针的右下角出现符号 ━ 时，表示将绘制水平直线，如图 2-17 左图所示。除此之外， ┃ 符号表示"竖直"， ┃ 符号表示竖直对齐， ◎ 符号表示两个点"重合"等，如图 2-17 右图所示。

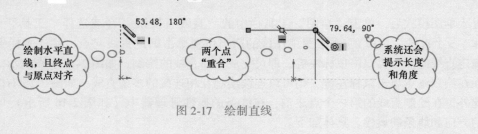

图 2-17 绘制直线

　　直线绘制完成后，单击"草图"工具栏中的"直线"按钮 ✐ ，按钮颜色变为灰色，即可退出绘制直线命令。

提示：

在直线的第二个点绘制完成且未移动鼠标前，可在线条属性管理器中输入直线第二点的精确参数，如图 2-18 所示。另外，直线第二点绘制完成后，鼠标指针顺着直线向直线的绘制方向移动，再将指针外移，可绘制与直线相切的圆弧，如图 2-19 所示。

图 2-18　输入直线第二点的精确参数　　　　图 2-19　绘制与直线相切的圆弧

● 3. 中心线

"中心线"也称为"构造线"，主要起参考轴的作用，可用于生成对称的草图特征或作为旋转特征的旋转轴使用。

除了上面讲述的在绘制直线时选择绘制中心线的方法外，单击"草图"工具栏中的"中心线"按钮 也可绘制中心线，其绘制方法与绘制直线基本相同，只是中心线显示为点画线。另外，单击直线，然后在快捷菜单中单击"构造几何线"按钮 ，也可将直线转变为中心线。

● 4. 中点线

"中点线"是通过直线中点和端点来绘制直线的一种方式。单击"草图"工具栏中的绘制"中点线"按钮 （或选择"工具">"草图绘制实体">"中点线"菜单），在绘图区的适当位置单击确定直线中点，移动光标到适当位置单击确定直线一个端点的位置，再双击鼠标左键，即可完成当前直线的绘制，如图 2-20 所示。

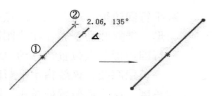

图 2-20　绘制"中点线"操作

● 5. 矩形

单击"草图"工具栏中的"矩形"按钮 （或选择"工具">"草图绘制实体">"矩形"菜单），指针形状变为 ，并且在导航控制区显示"矩形"属性管理器，如图 2-21 所示，此时可用 5 种方式绘制矩形，具体如下。

➢ **边角矩形**：通过两个对角点绘制矩形。单击此按钮后在绘图区的不同位置各单击一次，即可绘制边角矩形，如图 2-22 所示。

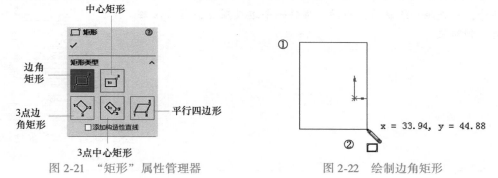

图 2-21　"矩形"属性管理器　　　　　图 2-22　绘制边角矩形

> **中心矩形**：通过中心点和对角点绘制矩形。单击此按钮后，在绘图工作区中单击，确定矩形中心点的位置，然后移动鼠标以中心点为基准向两边延伸，调整好矩形的长度和宽度后，单击鼠标左键即可绘制中心矩形，如图2-23所示。

> **3点边角矩形**：通过确定3个角点绘制矩形。单击此按钮后，在绘图区单击，确定第1点，然后移动鼠标从该点处产生一条跟踪线，该线指示矩形的宽度，在合适位置处单击，确定第2点，再沿与该线垂直的方向移动鼠标在合适的位置单击，确定第3点，同时定义矩形的高度即可，如图2-24所示。

> **3点中心矩形**：通过矩形中心点、一个角点和一条边上的中点绘制矩形。单击此按钮后，在绘图区单击，确定矩形中心点的位置，再移动鼠标从该点处产生一条跟踪线，该线确定矩形长度的一半，在合适位置处单击，确定第2点，然后沿与该线垂直的方向移动鼠标，调整矩形另一边的长度，单击鼠标确定第3点即可，如图2-25所示。

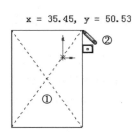
图 2-23　绘制中心矩形

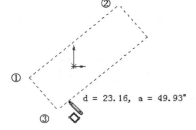
图 2-24　绘制3点边角矩形

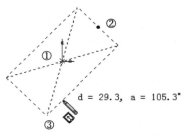
图 2-25　绘制3点中心矩形

> **平行四边形**：通过三个角点来绘制平行四边形。选择此命令后，在绘图区单击，确定平行四边形起点位置，移动鼠标从该点处产生一条跟踪线，该线指示平行四边形一条边的长度，在合适位置处单击，确定第2点，然后移动鼠标确定平行四边形第3个点的位置（确定倾斜角度），单击即可生成平行四边形，如图2-26所示。

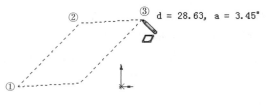
图 2-26　绘制平行四边形

提示：

通过上述操作绘制矩形后，可通过左侧"参数"卷展栏更改矩形每个角点的坐标值，如图2-27所示，使用"中心矩形"和"3点中心矩形"方式绘制的矩形还可更改中心点的坐标值。

另外，完成矩形绘制后，拖动矩形的一个边或顶点，可修改矩形的大小和形状。

图 2-27　"矩形"属性管理器
的"参数"卷展栏

6. 多边形

单击"草图"工具栏中的绘制多边形按钮 ⬡（或选择"工具"＞"草图绘制实体"＞"多边形"菜单），首先单击确定多边形中心点的位置，移动鼠标，系统提示鼠标指针与中心点的距离和旋转角度，再次单击即可绘制多边形，如图 2-28 所示。

"多边形"绘制完成而未单击"确定"按钮前，在"多边形"的属性管理器中，可设置多边形的边数、中心坐标、内切圆或外接圆的直径以及角度等参数（如图 2-29 所示为更改边数的多边形效果）。

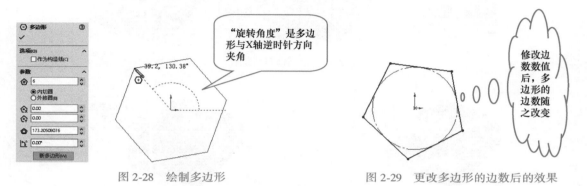

图 2-28　绘制多边形　　　　　　　　图 2-29　更改多边形的边数后的效果

知识库：

退出"多边形"绘制模式后，可拖动多边形的一条边，更改多边形的大小；若要移动多边形，可通过拖动多边形的顶点或中心点来完成。

另外，若想让多边形的边具有不同的长度或几何状态，可在选择多边形的边线后，在"多边形"属性管理器的"现有几何关系"卷展栏中删除"阵列"几何关系，此时就可以随意地改变多边形的形状了。

---

7. 槽口线

槽口指两边高起中间陷入的条缝，作为榫卯结构的榫眼，俗称通槽。槽口线用于定义槽口的范围，如图 2-30 所示。

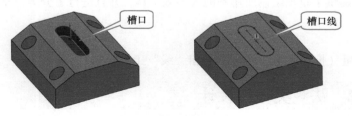

图 2-30　槽口和槽口线

单击"草图"工具栏的"直槽口"按钮 ⬭（或选择"工具"＞"草图绘制实体"＞"直槽口"菜单），在绘图区的适当位置单击，确定"直槽口"的起点位置，移动鼠标指针拖出一条虚线，单击，确定"直槽口"的长度，再移动鼠标在合适位置单击，确定"直槽口"的宽度，如图 2-31 所示，即可绘制槽口线（使用此线进行拉伸切除即可绘制槽口）。

此外单击"草图"工具栏的"中心点直槽口"按钮 ⬚，可以将中心点向外拖动绘制直槽口；单击"三点圆弧槽口"按钮 ⬚ 或"中心点圆弧槽口"按钮 ⬚，可以绘制圆弧槽口线，如图 2-32 所示；而在"槽口"属性管理器中选择"添加尺寸"复选框，可以自动为槽口线添加标注尺寸，如图 2-33 所示。

图 2-31　绘制槽口线操作

图 2-32　绘制的圆弧槽口线

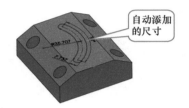

图 2-33　槽口线自动添加的尺寸

思考与练习

一、填空题

1. 共有 4 种绘制矩形的方式，分别是_____、_____、_____和_____。

2. _____也称为"构造线"，主要起参考轴的作用，可用于生成对称的草图特征或旋转特征。

3. _____指两边高起中间陷入的条缝，作为榫卯结构的榫眼，俗称通槽。

二、问答题

1. SOLIDWORKS 中，有哪两种进入草绘模式的方法？试简述其操作。

2. 草图工具栏提供了草图绘制所用到的大多数工具，并且进行了分类，其中第一栏中按钮的主要作用是什么？

三、操作题

绘制一个五角星（推荐使用"多边形"和"线"工具绘制）。

 实例 2　法兰类零件设计

"法兰"的称谓来源于英文的 Flange，中文名又叫作"法兰盘"或"凸缘"。法兰最常用于管子与管子的相互连接，位于管端，多数成对使用。

在需要连接的管道连接处，各安装一片法兰盘，管道与法兰盘之间通过焊接工艺连在一起，两个法兰盘之间加上密封圈，再用螺栓紧固，即可以组成各种紧密的、易拆卸的管道系统，如图 2-34 所示。

图 2-34　法兰的主要用途

汽车上，在进排气管路中，进气歧管与发动机、空气过滤器之间，排气歧管与排气管、消声器之间，大部分都使用法兰连接，如图 2-35 所示。此外，汽车上还有轮毂法兰等法兰件，如图 2-36 所示。与前面介绍的概念不同的是，轮毂法兰不是用于连接管路，而是起固定车轮和方便拆卸作用的。

图 2-35　汽车排气管路　　　　　　　　　图 2-36　汽车轮毂法兰

本实例将绘制如图 2-37 所示的法兰件，此法兰件也被称为"半联轴器"，是凸缘联轴器的一部分。凸缘联轴器（如图 2-38 所示），不是用于连接管道的部件，而是属于刚性联轴器，把两个半联轴器用平键连接起来，再用螺栓将其连成一体，可以传递运动和转矩（可见法兰件的用途很广，有兴趣的读者可参阅其他专业书籍）。

图 2-37　本实例要绘制的法兰

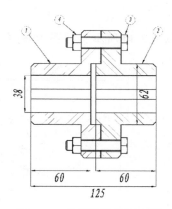

图 2-38　凸缘联轴器剖面图

> **视频文件：** 配套\\视频\Unit2\实例 2.mp4
> **结果文件：** 配套\\案例\Unit2\实例 2——法兰盘.SLDPRT

> **提示：**
>
> 　　我们将在下一实例中讲述"管接头"类零件，"管接头"也是用于连接管路的，那么为什么会存在这两种连接方式呢？下面略做解释：
>
> 　　实际上"法兰"类零件主要用于连接管径较大的管路系统，如工业管道、锅炉管道、通风管道等；而"管接头"类零件则主要用于连接口径较小、压力较小的液压管路，如汽车中的油路、散热系统等，基本上采用"管接头"连接。
>
> 　　管路口径较小时，如再使用法兰连接，法兰上的螺栓等连接件的尺寸必然要求做得很小，不利于此类管路的装配，所以改用"管接头"类零件进行连接。

主要流程

　　本实例要设计的法兰件，由于其造型较为简单，所以在 SOLIDWORKS 中，只需通过几次简单的拉伸操作，即可得到其三维模型，如图 2-39 所示。

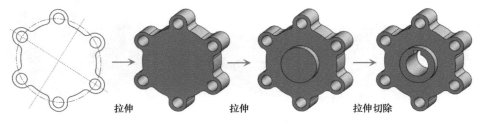

图 2-39　法兰的主要设计流程

　　此外，在实际设计管道用的法兰件时，更多的应考虑其耐压性能及抗腐蚀性能，所用材料有碳钢、不锈钢和合金钢等。对于半联轴器，则主要应考虑轴的转速。转速越快，对联轴器的要求越高，所用材料可为铸铁、碳钢，以及铸钢或锻钢等。

实施步骤

　　本实例将以图 2-40 所示工程图为参照，在 SOLIDWORKS 中完成半联轴器的三维建模操作，具体如下。

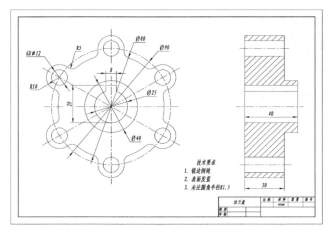

图 2-40　"法兰盘"图纸

● 1. 绘制草图并拉伸

步骤 1 新建一个"零件"类型的文件后，单击"草图"工具栏的"草图绘制"按钮，选择"前视基准面"，进入其草绘模式。

步骤 2 单击"草图"工具栏中的"中心线"按钮，捕捉草绘原点，绘制一条水平与一条竖直的中心线，如图 2-41 所示。

步骤 3 单击"草图"工具栏中的"周边圆"按钮，单击草图原点确定圆心，拖动再单击绘制一个圆，通过同样方式绘制另外一个以原点为圆心的圆（绘制此圆的过程中注意选中"作为构造线"复选框）。

步骤 4 单击"草图"工具栏中的"智能尺寸"按钮，定义两个圆的直径分别为 80 和 90，如图 2-42 所示。

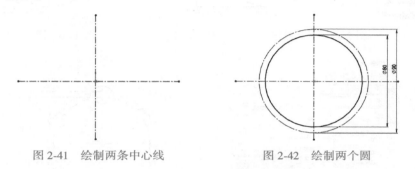

图 2-41　绘制两条中心线　　　　　图 2-42　绘制两个圆

步骤 5 单击"草图"工具栏中的"中心线"按钮，捕捉草绘原点绘制一条斜线，并单击"草图"工具栏中的"智能尺寸"按钮，定义此斜线与水平中心线的角度为 30°，如图 2-43 所示。

步骤 6 单击"草图"工具栏中的"圆"按钮，捕捉实线圆与斜线的交点，绘制两个圆，并为其添加直径"尺寸"分别为 20mm 和 12mm，如图 2-44 所示。

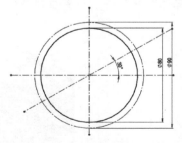
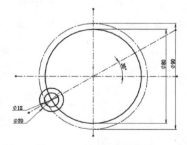

图 2-43　绘制另外一条中心线　　　　图 2-44　绘制两个小圆

步骤 7 单击"草图"工具栏中的"剪裁"按钮，打开"剪裁"属性管理器，如图 2-45 左图所示，单击"强劲剪裁"按钮，然后通过单击鼠标左键并滑动的方式，对图形进行剪裁，效果如图 2-45 右图所示。

步骤 8 单击"草图"工具栏中的"圆角"按钮，设置圆角半径为 5mm，捕捉剪裁后两个圆弧的交点，进行圆角操作，效果如图 2-46 所示。

步骤9 单击"草图"工具栏中的"圆周阵列"按钮 ，捕捉原点作为"旋转中心"，设置旋转阵列的个数为 6 个，选择"要阵列的实体"为小圆、外侧的圆弧和倒圆弧，单击"确定"按钮执行阵列操作，如图 2-47 所示。

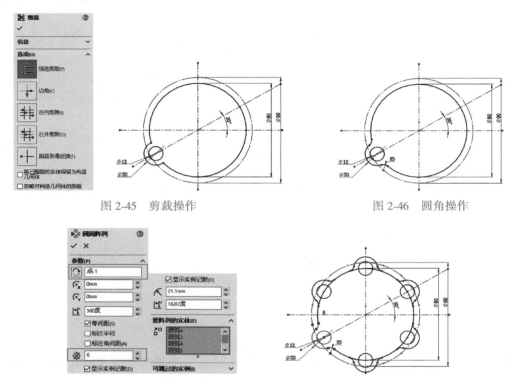

图 2-45 剪裁操作   图 2-46 圆角操作

图 2-47 圆周阵列操作

步骤10 单击"草图"工具栏中的"剪裁"按钮 ，同前面步骤的操作，对草图中多余的部分进行剪裁，效果如图 2-48 所示。

步骤11 单击"特征"工具栏中的"拉伸凸台/基体"按钮 ，设置拉伸深度为 30mm，对前面绘制的图形进行拉伸，效果如图 2-49 所示。

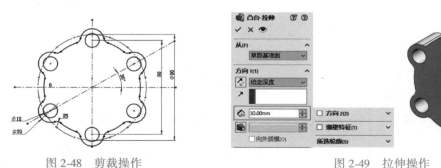

图 2-48 剪裁操作   图 2-49 拉伸操作

● **2. 拉伸和拉伸切除操作**

步骤12 单击"草图"工具栏中的"圆"按钮 ，捕捉实体的一个面，以其草图原点为圆心绘制一个直径为 40mm 的圆，如图 2-50 所示。

步骤 13 执行拉伸操作，拉伸深度为 10mm，如图 2-51 所示。

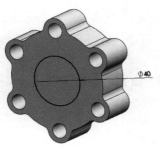

图 2-50　绘制圆　　　　　　　　　　　　　　　图 2-51　拉伸圆

步骤 14 进入法兰零件上表面的草绘模式，单击"圆"按钮 ⊙，以草图原点为圆心绘制一个直径为 25mm 的圆，如图 2-52 所示。

步骤 15 单击"草图"工具栏的"等距实体"按钮 ⊏，以"双向"、距离中心线 4mm 方式，选择竖直中心线，左右等距绘制出两条实线，再选择水平中心线，设置阵列距离为 16.5mm，向上等距绘制出一条水平实线，如图 2-53 所示。

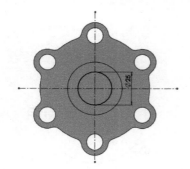

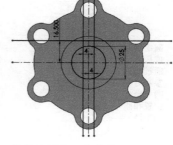

图 2-52　绘制圆　　　　　　　　图 2-53　等距绘制出几条实线

步骤 16 单击"草图"工具栏中的"剪裁"按钮 ﹏，对多余的图线进行剪裁，效果如图 2-54 所示。

步骤 17 最后单击"特征"工具栏中的"拉伸切除"按钮 ▣，以"完全贯穿"方式使用前面绘制的图形进行拉伸切除操作即可，如图 2-55 所示。

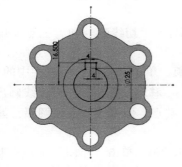
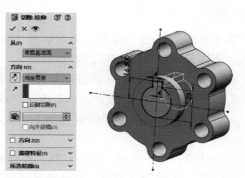

图 2-54　剪裁操作　　　　　　　　　图 2-55　拉伸切除操作

知识点详解

　　结合实例介绍一下，在 SOLIDWORKS 中绘制圆、圆弧、椭圆、抛物线、样条曲线、文字和点等较复杂曲线的方法。

● 1. 圆

　　单击"草图"工具栏中的"圆"按钮 ⊙ （或选择"工具">"草图绘制实体">"圆"菜单），在绘图区单击指定一点作为圆心，移动鼠标指针，再次单击确定圆上一点，即可绘制一个圆，如图 2-56 所示。

　　在"圆类型"卷展栏中单击"周边圆"按钮 ⊙⁺ （或直接单击"草图"工具栏中的"周边圆"按钮 ○），然后在工作区中 3 个不共线的位置各单击一次，可以通过定义 3 个点的方式创建圆，如图 2-57 所示。

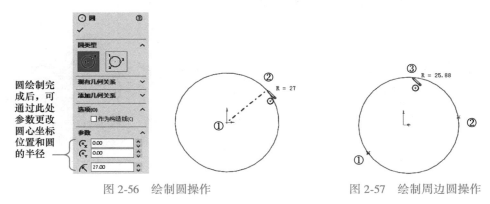

圆绘制完成后，可通过此处参数更改圆心坐标位置和圆的半径

图 2-56　绘制圆操作　　　　　　　图 2-57　绘制周边圆操作

知识库：

　　圆绘制完成后，用左键拖动圆的边线，可放大或缩小圆，用左键拖动圆心可移动圆。

● 2. 圆弧

　　在 SOLIDWORKS 中绘制圆弧主要有"圆心/起/终点圆弧""切线弧"和"三点圆弧"三种方法，下边分别介绍其绘制过程。

> **圆心/起/终点圆弧**：通过选取圆心和端点来创建圆弧。单击"草图"工具栏中的"圆心/起/终点圆弧"按钮 ⌒，单击指定一点作为弧的圆心，移动鼠标指针，有虚线圆出现，在虚线圆上的两个不同位置各单击一次确定弧的两个端点，即可绘制一段圆弧，如图 2-58 所示。

> **切线弧**：用于创建一段与直线、弧或者样条曲线相切的弧。单击"草图"工具栏中的"切线弧"按钮 ⌒，在某一直线或圆弧的一个端点处单击，确定切线弧的起始点，移动指针在

适当的位置再次单击，确定切线弧的方向、半径及终止点，即可完成切线弧的绘制，如图 2-59 所示。

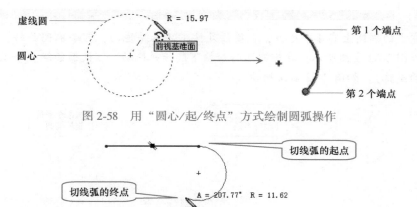

图 2-58　用"圆心/起/终点"方式绘制圆弧操作

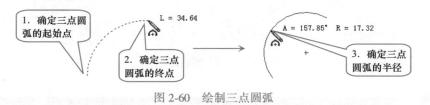

图 2-59　绘制切线弧的操作

提示：

需要注意的是，鼠标移动的方向不同，所生成的切线弧也不同：顺着直线的方向向后拖动，再向外拖动可以生成向内切的圆弧；从端点位置开始，垂直于直线向外拖动，再向两边拖动，可生成与直线垂直的圆弧。

➤ **三点圆弧**：通过三个点来绘制一段圆弧。单击"草图"工具栏中的"三点圆弧"按钮 ，在草绘区的两个不同位置各单击一次指定圆弧的两个端点，此时会有一段弧粘在鼠标指针上，移动鼠标，单击可创建一段 3 点弧，如图 2-60 所示。

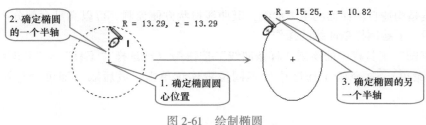

图 2-60　绘制三点圆弧

● **3. 椭圆/椭圆弧**

单击"草图"工具栏中的"椭圆"按钮 （或选择"工具"＞"草图绘制实体"＞"椭圆（长短轴）"菜单），首先单击确定椭圆圆心的位置，然后拖动鼠标单击，确定椭圆一个半轴的长度，再次拖动鼠标单击，确定椭圆另一个半轴的长度即可绘制椭圆，如图 2-61 所示。

2. 确定椭圆的一个半轴　　R = 13.29，r = 13.29　　　R = 15.25，r = 10.82

1. 确定椭圆圆心位置　　3. 确定椭圆的另一个半轴

图 2-61　绘制椭圆

绘制椭圆弧的方法，与绘制圆弧的方法基本相同，首先完成椭圆的绘制，然后指定椭圆弧的两个端点即可，此处不做过多叙述。

> **知识库：**
>
> 在绘制完成的椭圆上有 4 个星位，在星位处按下鼠标并拖动，可令椭圆旋转，或调整长短轴的长度，如图 2-62 左图所示；在椭圆圆心处按下鼠标并拖动，可使椭圆绕一个星位旋转（通常为右下角的星位），如图 2-62 右图所示。
>
>
>
> 图 2-62　调整椭圆的方法

● 4. 抛物线

抛物线是在平面内到一个定点和一条定直线距离相等的点的轨迹，它是圆锥曲线的一种。下面介绍一下绘制抛物线的操作。

单击"草图"工具栏中的"抛物线"按钮 ∪（或选择"工具"＞"草图绘制实体"＞"抛物线"菜单），首先单击确定抛物线的焦点位置，移动鼠标再次单击确定抛物线的焦距长度和旋转角度，然后单击两点确定抛物线的起点位置和终止点位置即可，如图 2-63 所示。

图 2-63　绘制抛物线操作

> **知识库：**
>
> 抛物线绘制完成后，若要展开抛物线，可将顶点拖离焦点，若要使抛物线更尖锐，可将顶点拖向焦点；若要改变抛物线一个边的边长（或抛物线角度）而不修改抛物线的曲率，可选择一个顶点并拖动。

● 5. 样条曲线

样条曲线是构造自由曲面的主要曲线，其曲线形状方便控制，可以满足大部分产品设计的要求。下面介绍一下绘制样条曲线的操作。

单击"草图"工具栏中的绘制"样条曲线"按钮 ∿（或选择"工具"＞"草图绘制实体"＞"样条曲线"菜单），在草绘工作区中的不同位置连续单击，最后双击即可创建样条曲线，如图 2-64 所示。

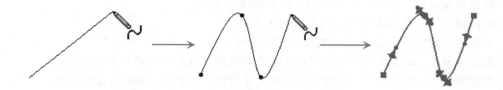

图 2-64　样条曲线的创建过程

　　样条曲线绘制完成后，在每个样条控制点处，会显示样条曲线的控标图标，通过调整这些图标可以调整样条曲线此点处的"相切重量"和"相切径向"方向，从而调整样条曲线此点处的曲率，如图 2-65 所示。

　　此外，选择"工具"＞"样条曲线工具"＞"显示样条曲线控标"菜单，可显示/隐藏控标。

图 2-65　样条曲线控标图标的作用

　　下面解释一下样条曲线"属性"管理器中相关参数的作用（如图 2-66 所示）。

➢ **显示曲率**：选中此复选框后，将显示样条曲线控制点处的曲率，如图 2-66 所示。

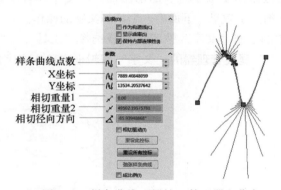

图 2-66　样条曲线"属性"管理器和曲率

➢ **保持内部连续性**：选中此复选框可令曲线的曲率保持连续，否则曲线曲率将呈间断性变化，如图 2-67 所示。

图 2-67　"保持内部连续性"的作用

29

➤ **样条曲线点数**：选择要设置参数的样条曲线控制点。

➤ **X 坐标**：指定样条曲线当前控制点的 X 坐标。

➤ **Y 坐标**：指定样条曲线当前控制点的 Y 坐标。

➤ **相切重量 1**：调整样条曲线控制点处的曲率度数，以控制左相切向量的大小。

➤ **相切重量 2**：调整样条曲线控制点处的曲率度数，以控制右相切向量的大小。

➤ **相切径向方向**：通过修改样条曲线控制点处相对于 X、Y 或 Z 轴的倾斜角度来控制相切方向。

➤ **相切驱动**：使用相切重量和相切径向方向来激活样条曲线控制。

➤ **重设此控标**：将所选样条曲线控制点的控标值设置为其初始状态。

➤ **重设所有控标**：将所有样条曲线控标设置为其初始状态。

➤ **弛张样条曲线**：当通过拖动控制点更改了样条曲线的形状时，可单击此按钮以令样条曲线重新参数化（平滑）。

➤ **成比例**：选中此复选框，再通过控制点调整样条曲线形状时，样条曲线将只是按比例调整整个样条曲线的大小，而保持基本形状不变。

> **提示：**
>
> 单击"草图"工具栏中的"曲面上的样条曲线"按钮 ◈，在曲面上连续单击可以沿着曲面绘制样条曲线，其绘制方法与普通样条曲线相同，此处不做过多解释。

6. 文字

在绘制草绘图形时，可以使用文本工具为图形添加一些文字注释信息。通过设置文字的格式，还可以制作出各种各样的文字效果。下面看一个添加文字的操作。

单击"草图"工具栏中的绘制"文字"按钮 Ａ（或选择"工具" > "草图绘制实体" > "文字"菜单），在打开的"文字"属性管理器的"文字"编辑框内输入文字内容，在绘图区中单击即可添加文字，如图 2-68 所示。

图 2-68　绘制文字操作

下面解释一下图 2-68 所示的"草图文字"属性管理器中各选项的作用。

➤ 曲线收集器列表 ↺：用于设置草图文字附着的曲线、边线或其他草绘图形等，选中后可令文字沿着曲线分布，如图 2-69 所示。

图 2-69　曲线收集器列表操作

➢ **文字**：可输入文字，输入的文字在绘图区中沿所选实体放置。如果没有选取实体，文字出现在原点的开始位置，并且水平放置。

➢ **链接到属性**：单击此按钮后可弹出"链接到属性"对话框，从中可将当前文件的属性等信息（或当前日期/时间等）附加到所绘制文字的后部。

➢ **加粗** **B**、**斜体** **/** 和**旋转**：可加粗、倾斜或旋转字体，需在选中文字后单击按钮执行。单击按钮后，将在文字周围添加编辑码（相当于网页的 HTML 代码），可更改某些编辑码的数值，来更改旋转（或倾斜等）的角度，如图 2-70 所示。

旋转30°　　此处做了更改　　旋转60°

图 2-70　更改文字的旋转角度

➢ **左对齐**、**居中**、**右对齐**和**两端对齐**：调整文字沿曲线对齐的方式。

➢ **竖直反转**和**水平反转**：用于在竖直方向或水平方向上反转文字。

➢ **宽度因子**：按指定的百分比均匀加宽每个字符，如图 2-71 左图所示。当使用文档字体时（即下面"使用文档字体"复选框被选中），宽度因子不可用。

➢ **间距**：按指定的百分比更改每个字符之间的间距，如图 2-71 右图所示。当文字两端对齐时或当使用文档字体时，间距不可使用。

图 2-71　调整"宽度因子"和"间距"的作用

➢ **使用文档字体**：取消此复选框，可自定义使用另一种字体。

➢ **字体**：单击可以打开"字体"对话框，并可选择字体样式以及设置大小。

● 7. 点

"点"工具在草图绘制中起定位和参考的作用，其操作较为简单。单击"草图"工具栏中的"创建点"按钮，此时指针形状变为，然后在图形区域中单击即可放置该点。

> **提示：**
>
> 需要注意的是，"点"不可在实体内部已经存在的定义点上创建，但是可创建到如曲线中点等虚拟点上。

思考与练习

一、填空题

1. 在 SOLIDWORKS 中绘制圆弧主要有＿＿＿＿＿＿＿＿、＿＿＿＿＿＿和＿＿＿＿＿＿三种方法。

2. ＿＿＿＿＿＿＿是在平面内到一个定点和一条定直线距离相等的点的轨迹，它是圆锥曲线的一种。

二、问答题

1. 什么是法兰？主要用途是什么？本文绘制的法兰件属于何种法兰？

2. 法兰与管接头的区别是什么？它们各有什么应用领域？

三、操作题

绘制图 2-72 所示的草绘图形，并为其标注尺寸。

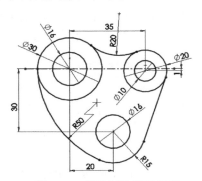

图 2-72　需绘制的草绘图形

实例3　管接头类零件设计

"管接头"主要用于油路连接（或液压系统），如油管与油管之间、油管与液压元件之间进行密闭连接，并保证可拆卸性。管接头主要有卡套式、焊接式和扩口式等形式。

图 2-73 和图 2-74 为卡套式管接头的组件和连接示意图，其主要原理是利用螺母将卡套和油管压紧，保证管路的可靠性和易拆卸性，卡套式管接头主要用于有色金属管和硬质尼龙管等管路。

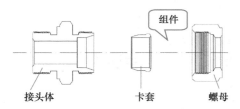

图 2-73　卡套式管接头的组件

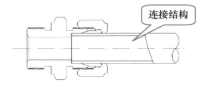

图 2-74　卡套式管接头的连接效果

焊接式管接头没有卡套，主要依靠垫圈进行密闭连接，接管与管路中的钢管需焊接在一起，所以被连接的管路必须采用厚壁钢管。焊接式管接头具有连接牢固、密闭可靠的优点，但是由于焊接较费时，所以多用于连接后不必再拆卸的管路中。

扩口式管接头，主要用于薄壁软管的连接，其在接头体上有个锥面，通过后部的螺钉直接将软管压紧到锥面上，从而可达到密闭管路的效果。

> **提示：**
>
> 此外，每种形式的管接头中，按接头的通路数量和方向，还可以分为直通、直角、三通、四通等类型，需要深入了解的读者可参考其他专业书籍。

本实例将讲解在 SOLIDWORKS 中设计图 2-75 所示的"卡套式管接头"需进行的操作。在设计的过程中将主要用到圆角、倒角、等距实体、剪裁实体等操作。

图 2-75　需设计的卡套式管接头模型

视频文件：配套\\视频\\Unit2\\实例 3.mp4
结果文件：配套\\案例\\Unit2\\实例 3——管接头.SLDPRT

主要流程

通过旋转和简单的切除操作即可创建管接头，如图 2-76 所示。为了防止生锈，管接头的材质通常采用不锈钢或铜。

旋转　　　　拉伸切除　　　　旋转切除

图 2-76　绘制管接头的主要流程

实施步骤

本实例将以图 2-77 所示的工程图为参照，在 SOLIDWORKS 中完成管接头的绘制，步骤如下。

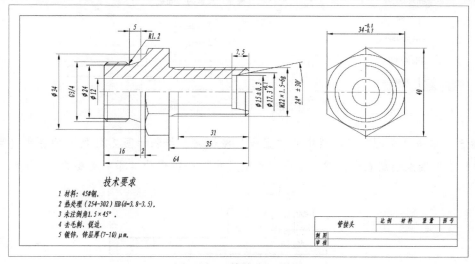

图 2-77　"管接头"图纸

● 1. 绘制草图

步骤 1　新建一个"零件"类型的文件后，单击"草图"工具栏的"草图绘制"按钮 ，选择"前视基准面",进入其草绘模式。

步骤2 单击"草图"工具栏中的"中心线"按钮✐绘制一条水平中心线,再单击"直线"按钮✐绘制一条竖直直线(令两者都经过草图原点),如图 2-78 所示。

步骤3 多次单击"草图"工具栏中的"等距实体"按钮⊏,将直线向右,在 16、18、29、64mm 处,等距出多条直线,将中心线向上,在 6、11、13.5、17、20mm 处,等距出多条直线,如图 2-79 所示。

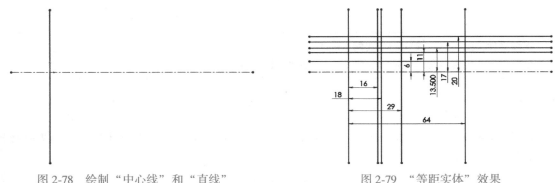

图 2-78 绘制"中心线"和"直线"　　　　　　图 2-79 "等距实体"效果

步骤4 单击"草图"工具栏中的"剪裁"按钮≵,打开"剪裁"属性管理器,如图 2-80 左图所示,选择"强劲剪裁"按钮,用鼠标滑过要修剪的直线部分,得到如图 2-80 右图所示的轮廓线。

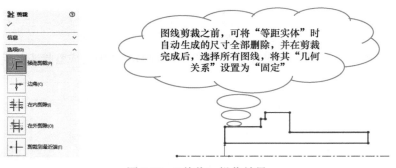

图线剪裁之前,可将"等距实体"时自动生成的尺寸全部删除,并在剪裁完成后,选择所有图线,将其"几何关系"设置为"固定"

图 2-80 "剪裁"操作效果

步骤5 单击"草图"工具栏中的"直线"按钮✐,绘制如图 2-81 所示的直线(可首先在水平线段和右侧端点绘制直线,然后单击"智能尺寸"按钮✎为其添加必要的尺寸)。

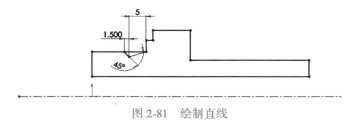

图 2-81 绘制直线

步骤6 通过与"步骤5"相同的操作,单击"草图"工具栏中的"直线"按钮✐,为管接头绘制接口处的图线，如图 2-82 所示（同样可首先随意绘制直线，然后通过添加尺寸，来规范图形的大小）。

步骤 7 单击"草图"工具栏中的"剪裁"按钮 ⚡，使用"强劲剪裁"操作，将图形剪裁到如图 2-83 所示的样式。

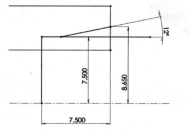

图 2-82 绘制接口处的图线

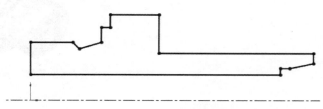

图 2-83 "剪裁"图纸后的效果

步骤 8 单击"草图"工具栏中的"绘制圆角"按钮 ⬝，打开"绘制圆角"属性管理器，如图 2-84 左图所示，设置圆角大小为 1.2mm，单击退刀槽处的尖角，如图 2-84 中图所示，进行圆角处理，效果如图 2-84 右图所示。

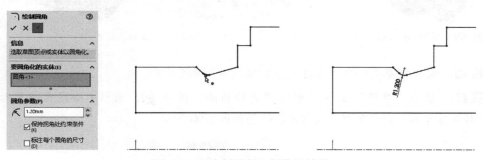

图 2-84 "绘制圆角"操作的效果

步骤 9 单击"草图"工具栏中的"绘制倒角"按钮 ⬊，打开"绘制倒角"属性管理器，如图 2-85 左图所示，设置倒角大小为 1.5mm，在图 2-85 右图所示的位置进行倒角处理。

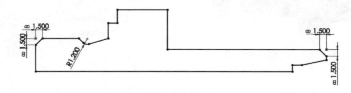

图 2-85 "绘制倒角"操作的效果

● **2. 旋转和切除操作**

步骤 10 单击"草图"工具栏中的"旋转凸台/基体"按钮 🔄，选择"中心线"为旋转轴，"旋转角度"设置为 360°，旋转出管接头的基本形状，如图 2-86 所示。

步骤 11 单击"草图"工具栏中的"多边形"按钮 ⬡，在图 2-87 所示的面绘制内切于实体边界的正六边形，然后单击"拉伸切除"按钮 ⬚，以"完全贯穿""反侧切除"方式，对上面创建的实体进行拉伸切除，效果如图 2-88 所示。

图 2-86　"旋转凸台/基体"操作后的效果

图 2-87　绘制正六边形

图 2-88　拉伸切除操作

步骤 12　在前视基准面中，绘制如图 2-89 所示的草绘图形。

步骤 13　单击"草图"工具栏中的"旋转切除"按钮 🔘，选择中心线为旋转轴，进行 360°的旋转切除操作，完成管接头的创建，效果如图 2-90 所示。

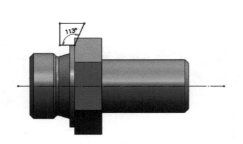

图 2-89　绘制草绘图形

图 2-90　旋转切除操作

知识点详解

结合实例，下面介绍一下在 SOLIDWORKS 中执行圆角、倒角、等距实体、转换实体引用、剪裁实体、延伸实体、分割实体和构造几何线的操作方法。

1. 圆角

利用"绘制圆角"工具可以将草图中两条相交图线进行圆角处理。单击"草图"工具栏中的绘制"圆角"按钮 （或选择"工具" > "草图绘制"工具> "圆角"菜单），在打开的"绘制圆角"属性管理器中设置好圆角半径，然后选择两条不平行的线段，即可以进行"绘制圆角"处理，如图 2-91 所示。

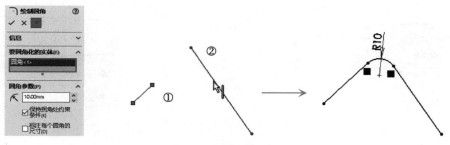

图 2-91 圆角创建完成

创建圆角时，所选取的两个图元可以相交，也可以不相交，如果两条曲线相交，直接单击该交点，即可生成圆角，如图 2-92 所示。

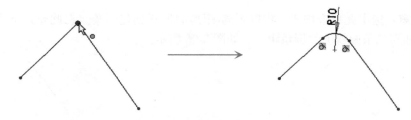

图 2-92 直接单击交点绘制圆角

下面解释一下"绘制圆角"属性管理器中各按钮的作用。

➢ **保持可见**：默认为 ⊞ 形状时，可连续绘制多个圆角；当单击此按钮将其转变为 ⊹ 形状时，执行绘制圆角命令后，系统将自动退出该命令。

➢ **保持拐角处约束条件**：选中此复选按钮，如顶点具有尺寸或几何约束，将保留虚拟交点；如取消此复选框，则生成圆角后将删除这些几何关系，如图 2-93 所示。

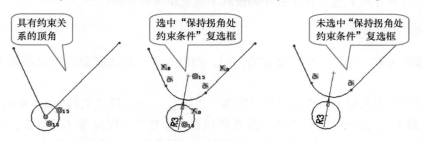

图 2-93 "保持拐角处约束条件"复选框的作用

➢ **撤销**：撤销上一个圆角。当某些圆角是通过一个圆角命令创建时，可通过此按钮顺序撤销一系列圆角。

● **2. 倒角**

绘制倒角与绘制圆角类似，单击"草图"工具栏中的"绘制倒角"按钮 ◥（或选择"工具">"草图绘制工具">"倒角"菜单），弹出"绘制倒角"属性管理器，设置倒角距离后，再选取倒角的两条线段（或直接单击其顶点）即可，如图 2-94 所示。

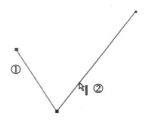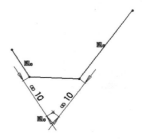

图 2-94　倒角的创建过程

下面解释一下"绘制倒角"属性管理器中各选项的作用。

➢ **角度距离**：以角度和距离的形式来创建倒角，如图 2-95 所示。其中"角度"是选择的第一条边与倒角的夹角；"距离"是所选择的第一条边与倒角的交点距离原来两条曲线交点的距离。

➢ **距离-距离**：选中此单选按钮，将以距离-距离的形式创建倒角。在此模式下可分别设置所选第一和第二条曲线上的倒角距离，如图 2-96 所示。

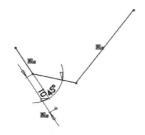　　　　　　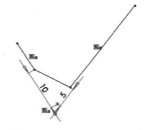

图 2-95　"角度距离"方式创建倒角　　　图 2-96　"距离-距离"方式创建倒角

➢ **相等距离**：选中此复选框可以创建等距倒角。
➢ **距离 1** ⟨⟩ **和方向 1** ↗：用于在不同模式下设置距离和方向。

● 3. 等距实体

利用"等距实体"工具可以按设置的方向，间隔一定的距离复制出对象的副本，具体操作如下。

单击"草图"工具栏中的绘制"等距实体"按钮 ⸦（或选择"工具">"草图绘制工具">"等距实体"菜单），弹出"等距实体"属性管理器，设置等距距离等相关参数，再选中要进行等距处理的实体，单击"确定"按钮 ✓，即可创建等距实体，如图 2-97 所示。

　　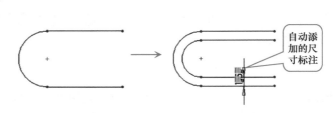

图 2-97　等距实体的创建过程

下面介绍一下"等距实体"对话框中各参数的作用。

➢ **等距距离**：设置原实体与等距实体之间的距离。
➢ **添加尺寸**：自动添加原实体和等距实体之间的尺寸标注，如图 2-97 右图所示。
➢ **反向**：设置在相反方向生成等距实体，如图 2-98 左图所示。
➢ **选择链**：设置生成与选中实体链接的所有连续草图实体的等距实体，如不选中此复选框，将只生成选中实体的等距实体，如图 2-98 中图所示。
➢ **双向**：在内外两个方向上生成等距实体，如图 2-98 右图所示。

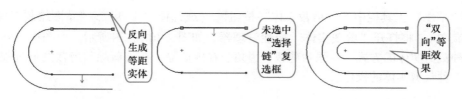

图 2-98　"反向""选择链"和"双向"复选框的作用

➢ **构造几何体**：选中"基本几何体"复选框后，等距实体的基础实体线将在等距操作后被转变为"构造几何体"；选中"偏移几何体"复选框后，等距实体的等距实体线将变为"构造几何体"线（即"构造线"）。
➢ **顶端加盖**：选中"双向"复选框后，此项可用，用于添加一个顶盖来延伸原有非相交草图实体。可选择生成圆弧或直线类型的顶盖，如图 2-99 中图和右图所示。

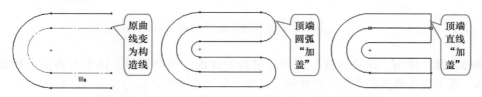

图 2-99　"基本几何体"和"顶端加盖"复选框的作用

● **4. 转换实体引用**

使用"转换实体引用"工具可将现有草图或实体模型的某一表面的边线投影到基准面上，并生成新的草图实体，投影方向平行于绘图平面，下面看一下操作。

进入某个基准面的草绘模式后，如图 2-100 左图所示，首先选中要进行转换实体引用的面（或线），如图 2-100 中图所示，再单击"草图"工具栏中的"转换实体引用"按钮（或选择"工具">"草图绘制工具">"转换实体引用"菜单），即可在基准面上生成所选面的投影草图边线，如图 2-100 右图所示。

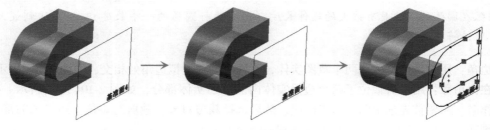

图 2-100　转换实体引用的操作界面

> 提示：

利用转换实体引用生成的草图与原实体间存在着联动关系，若原实体改变，转换实体引用后的草图也将随之改变。

● 5. 剪裁实体

使用"剪裁实体"工具，可以将直线、圆弧或其他曲线的端点进行修剪或延伸，如图 2-101 左图所示。

单击"草图"工具栏中的"剪裁实体"按钮 （或选择"工具" > "草图绘制工具" > "裁剪实体"菜单），将打开"剪裁实体"属性管理器，如图 2-101 右图所示。由图中可知，系统共提供了 5 种裁剪实体的方式——强劲剪裁、边角、在内剪除、在外剪除和剪裁到最近端。下面分别讲述这 5 种裁剪实体的操作。

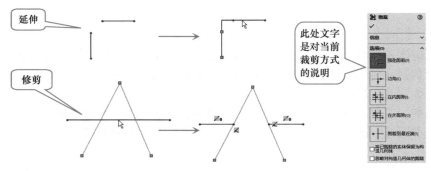

图 2-101　剪裁实体操作和"剪裁"对话框

> **强劲剪裁**：使用"强劲剪裁"可以通过将指针拖过每个草图实体来剪裁多个相邻草图实体，还可以令草图实体沿其自然路径延伸，如图 2-102 所示。

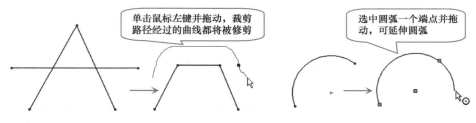

图 2-102　强劲修剪的两种方式

> 提示：

圆弧在圆弧的两边具有最大的延伸长度（通常为补圆弧的一半长度），一旦达到最大延伸长度，延伸将转到另一侧。

> **边角**：用于延伸或剪裁两个草图实体，直到它们在虚拟边角处相交，如图 2-103 所示。
> **在内剪除**：用于剪裁位于两个边界实体内的草图实体部分，如图 2-104 左图所示。执行操作时，需要首先选中两条边界曲线，然后选择裁剪对象，裁剪对象位于边界内的部分将被删除。

图 2-103 "边角"裁剪的两个草图实体

➤ **在外剪除**：用于剪裁位于两个边界实体外的草图实体部分，如图 2-104 右图所示。执行操作时，需要首先选中两条边界曲线，然后选择裁剪对象，裁剪对象位于边界外的部分将被删除。

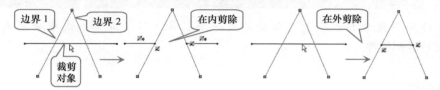

图 2-104 "在内剪除"和"在外剪除"的操作方式

> **提示：**
>
> 　　在执行"在内剪除"或"在外剪除"时，需要注意，被裁剪的对象并不是一定要与边界相交，而只要它们位于两个对象的内部（或外部）即可。所选对象将被完全删除，只是此时被裁剪的对象不可是闭合的实体。

➤ **剪裁到最近端**：使用此种剪裁以自动判断裁剪边界，单击的对象即是要裁剪的对象，无须做其他任何选择，如图 2-105 所示。

● 6. 延伸实体

　　使用"延伸实体"工具，可在保证图线原有趋势不变的情况下向外延伸，直到与另一条图线相交。单击"草图"工具栏中的"延伸实体"按钮 T （或选择"工具" > "草图绘制工具" > "延伸实体"菜单），然后单击要延伸的实体，即可将实体延伸，如图 2-106 所示。

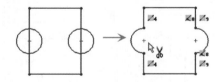
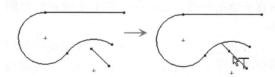

图 2-105 "剪裁到最近端"方式的操作　　　　图 2-106 "延伸实体"操作

> **提示：**
>
> 　　若延伸方向无图线，将尝试沿另一方向延伸，若仍然没有图线，将放弃延伸。

● 7. 分割实体

　　使用"分割实体"工具，可将草图图线在某一位置上一分为二。单击"草图"工具栏中的

"分割实体"按钮 （或选择"工具">"草图绘制工具">"分割实体"菜单），然后在绘图区单击需分割的图线位置即可在此位置分割曲线，如图 2-107 所示。

实体被分割后，可选择单独曲线部分

图 2-107 分割实体操作

> **提示：**
>
> 如果要将两个被分割的草图实体合并成一个实体，则只需单击选中分割点，并按下【Delete】键将其删除即可。

8. 构造几何线

"构造几何线"是一种线型转换工具，用来协助生成草图实体。它既可以将草图的各种实线转换为构造几何线，也可将构造几何线转换为实体图线。

如图 2-108 所示，首先选取图中的实线，再在弹出的快捷菜单中，单击"构造几何线"按钮 ，即可将实线转变为构造线。执行同样的操作可将构造线转变为实线。

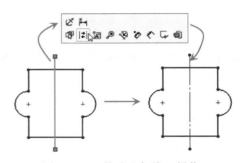

图 2-108 "构造几何线"操作

思考与练习

一、填空题

1. 利用＿＿＿＿工具可以按设置的方向，间隔一定的距离复制出对象的副本。

2. 使用＿＿＿＿工具可将现有草图或实体模型某一表面的边线投影到草绘平面上，其投影方向垂直于绘图平面，在绘图平面上生成新的草图实体。

3. 使用＿＿＿＿工具，可在保证图线原有趋势不变的情况下，向外延伸，直到与另一条图线相交。

二、问答题

1. 管接头主要有哪些类型？它们有何区别，其应用领域又是怎样的？

2. 分割实体后应如何将其合并？

三、操作题

绘制如图 2-109 所示的草绘图形，并为其标注尺寸。

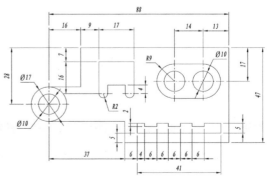

图 2-109 需绘制的草绘图形

实例 4　轴承组件类零件设计

轴承是用于支承轴及轴上零件,并保持轴的旋转精度的一类常用机械件。按运动元件摩擦性质的不同,通常将轴承分为滚动轴承和滑动轴承两类。

滚动轴承是依靠滚珠滚动来保持轴的旋转的一种机械元件,其主要结构如图 2-110 所示。由图可知,在旋转时,滚动轴承的主要摩擦力为滚动摩擦。所以滚动轴承具有摩擦力小、易起动、适应面广、维修方便的优点,缺点是承载能力较差、噪声大,支撑轴承的轴承座结构复杂,成本较高。

滑动轴承是依靠轴与轴套间的滑动来保持轴的旋转的一种机械元件,其主要结构如图 2-111 所示。滑动轴承主要优点是承载能力强、噪声小,因此常用于重载场合(如水泥搅拌机、破碎机等),而在转速上,低、中、高速场合,滑动轴承都有应用。

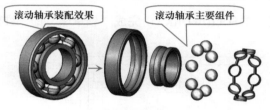

图 2-110　滚动轴承装配体和其主要组件

图 2-111　滑动轴承

由于滚动轴承为装配件,所以本实例不讲述其设计操作,而将设计如图 2-112 所示的滑动轴承"轴承座"模型。在设计的过程中将主要用到镜像实体和阵列实体等草绘工具的使用方法。

图 2-112　需设计的"轴承座"模型

> 视频文件:配套\\视频\Unit2\实例 4. mp4
> 结果文件:配套\\案例\Unit2\实例 4——轴承座 . SLDPRT

主要流程

轴承座的结构较为复杂,但主体仍为"方块"结构,所以在建模过程中,仍然可以首先拉伸出模型主体,然后通过"拉伸切除"和"倒角"等操作来完成模型的创建,如图 2-113 所示。此外,在创建本实例草图的过程中,会用到镜像和阵列实体等草绘操作。

滑动轴承的轴承座,通常使用铸铁或普通钢材;轴瓦由于需要耐磨,材料较特别,多采用轴承合金和铜等(采用铜,主要是因为铜的导热性较好);而对于滚动轴承,滚珠和圈体等基本上采用轴承钢。

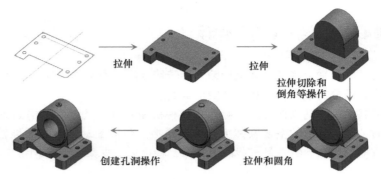

图 2-113 绘制轴承座的主要流程

实施步骤

本实例将以图 2-114 所示的工程图为参照，在 SOLIDWORKS 中完成"轴承座"的三维建模操作，具体如下。

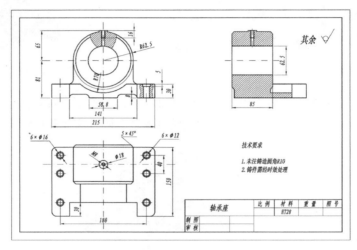

图 2-114 "轴承座"图纸

● 1. 绘制草图并拉伸

步骤 1 新建一个"零件"类型的文件后，单击"草图"工具栏的"草图绘制"按钮 ，选择"前视基准面"，进入其草绘模式。

步骤 2 单击"草图"工具栏中的"中心线"按钮 ，绘制一条竖直并经过草图原点的中心线，再单击"直线"按钮 ，绘制如图 2-115 左图所示的线框（并单击"智能尺寸"按钮适当标注尺寸即可）。

步骤 3 单击"草图"工具栏中的"圆角"按钮 ，在图 2-115 右图所示的位置添加半径为 10mm 的圆角。

步骤 4 首先单击"草图"工具栏中的"圆"按钮 ，在与下部缺口水平线水平的位置绘制一个直径为 12mm 的圆，然后单击"草图"工具栏中的"镜像"按钮 ，选择"圆"后，再选择中心线为"镜像点"，镜像出一个圆，如图 2-116 所示。

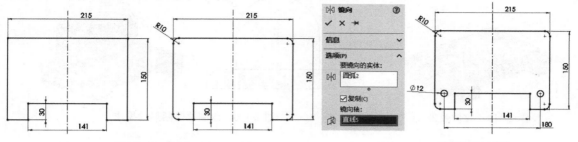

图 2-115　绘制"轴承座"的基本线框　　　　　　　　图 2-116　绘制并镜像圆

步骤 5　单击"草图"工具栏中的"圆"按钮 ⊙，在左侧圆圆心的竖直方向，且离顶部线 17.5mm 处绘制一个 12mm 的圆，如图 2-117 所示。

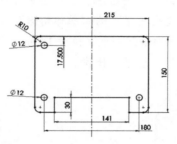

图 2-117　绘制圆操作

步骤 6　单击"草图"工具栏中的"线性草图阵列"按钮，打开"线性阵列"属性管理器，使用默认的阵列轴，设置"方向 1"卷展栏的"阵列个数"为 2 个，"阵列距离"为 180mm；再设置"方向 2"卷展栏的阵列个数为 2 个，"阵列距离"为 40mm（并单击"反向"按钮，适当调整阵列的方向），选择"步骤 5"中绘制的圆为"要阵列的实体"阵列出 3 个圆，如图 2-118 所示。

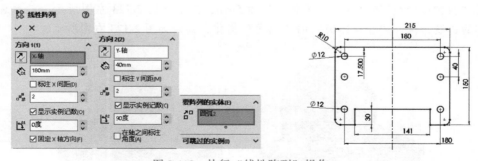

图 2-118　执行"线性阵列"操作

步骤 7　单击"特征"工具栏中的"拉伸凸台/基体"按钮 🗔，选择上面步骤创建的草图拉伸出一个深度为 30mm 的实体，如图 2-119 所示。

步骤 8　再在实体的底部平面绘制如图 2-120 左图所示的草绘图形，并单击"拉伸凸台/基体"按钮 🗔，拉伸出一个深度为 75mm 的实体，如图 2-120 右图所示。

图 2-119 拉伸效果

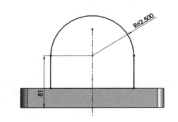
图 2-120 绘制草绘图形的操作

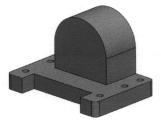

● 2. 拉伸切除和圆角处理

步骤 9 单击"草图"工具栏中的"直槽口"按钮，绘制如图 2-121 所示的两个直槽口（可先绘制左侧槽口，然后单击"镜像"按钮，镜像出另外一个槽口，再单击"智能尺寸"按钮添加适当的尺寸），然后进行"完全贯穿"的"拉伸切除"操作即可。

步骤 10 在图 2-122 所示的平面绘制一个直径为 140mm 的圆（以右侧实体圆弧的圆心绘制圆的圆心），并进行到指定面的"拉伸切除"操作。

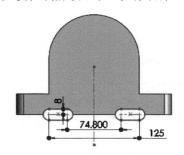
图 2-121 绘制两个直槽口

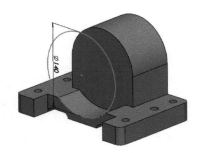
图 2-122 "拉伸切除"操作

步骤 11 在竖向拉伸体的两个面上分别绘制草图（与实体圆弧同圆心、同大小的圆），向两侧执行"拉伸凸台/基体"操作，拉伸深度为 5mm，效果如图 2-123 左图所示，然后选择拉伸出的实体的边线，执行"相等距离"的"倒角"操作，效果如图 2-123 右图所示。

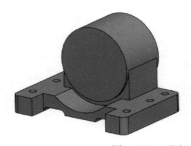
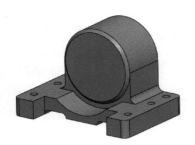
图 2-123 进行拉伸和倒角的操作

步骤 12 在实体底部平面绘制一个直径为 18mm 的圆，并向上拉伸 116mm，创建实体，如图 2-124 左图所示，再单击"特征"工具栏中的"圆角"按钮，设置圆角角度为 1°，选择拉伸体与上面圆弧的交线进行圆角处理，效果如图 2-124 右图所示。

图 2-124　创建实体与圆角处理后的效果

3. 孔洞处理

步骤 13　在竖向实体和板台上分别绘制"圆"，执行拉伸切除操作，其中竖向圆的直径为 62.5mm，拉伸切除的深度为完全贯穿，板台面上的圆的大小为 16mm，拉伸切除的深度为 5mm，如图 2-125 所示。

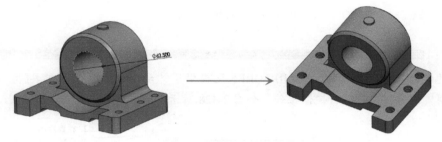

图 2-125　拉伸切除操作

步骤 14　单击"特征"工具栏中的"异形孔向导"按钮，如图 2-126 左图所示，设置孔的各项参数，再切换到"位置"标签，捕捉到顶部凸台圆心，绘制一个直螺纹孔，如图 2-126 右图所示，完成整个模型的创建。

图 2-126　创建整个模型

知识点详解

结合实例，下面介绍一下在 SOLIDWORKS 的草绘环境中执行镜像实体、阵列实体、移动实体、旋转实体、缩放实体、伸展实体和检查草图合法性的操作方法。

● 1. 镜像实体

"镜像实体"操作是以某条直线（中心线）作为参考，复制出对称图形的操作。

如图 2-127 所示，选中要被执行镜像操作的图形，单击"草图"工具栏中的"镜像实体"按钮（或选择"工具">"草图绘制工具">"镜像实体"菜单），再在弹出的"镜像"属性管理器中单击"镜像点"下的选择框，再在操作区中选中镜像参考的线，即可复制出对称图形。

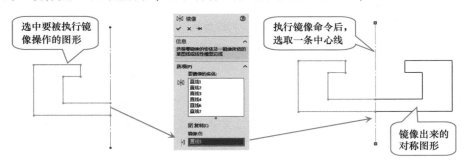

图 2-127 "镜像"实体操作

提示：

除了"镜像实体"工具外，SOLIDWORKS 还提供了"动态镜像"实体工具，使用此工具可在绘制实体时，同时进行镜像操作，如图 2-128 所示。

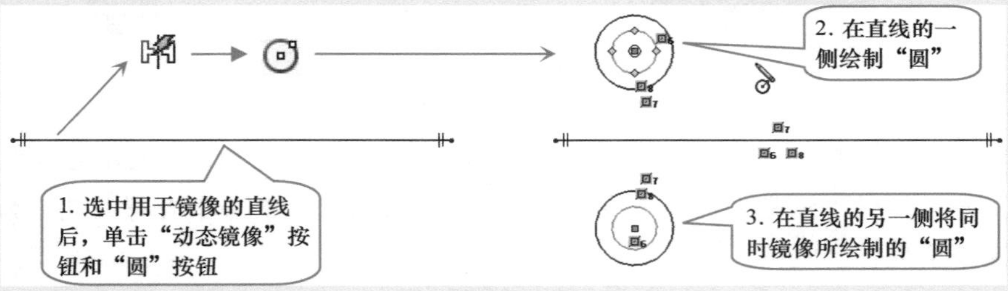

2. 在直线的一侧绘制"圆"

1. 选中用于镜像的直线后，单击"动态镜像"按钮和"圆"按钮

3. 在直线的另一侧将同时镜像所绘制的"圆"

图 2-128 "动态镜像"实体操作

● 2. 阵列实体

"阵列实体"包括"线性草图阵列"和"圆周草图阵列"。首先看一下"线性草图阵列"。所谓"线性草图阵列"就是在横向和竖向两个方向上来阵列图形，如可执行下面的线性草图阵列操作。

如图 2-129 右上图所示，选中要复制的五角星后，单击"草图"工具栏中的"线性草图阵列"按钮（或选择"工具">"草图绘制工具">"线性草图阵列"菜单），弹出"线性阵列"属性管理器，在"方向 1"选项卡和"方向 2"选项卡中设置相应的"间距"和阵列个数，最后单击"确定"按钮，即可生成阵列草图，如图 2-129 所示。

下面解释一下"线性阵列"属性管理器中各选项的作用。

➢"方向 1"卷展栏：用于设置阵列在此方向上的参数。例如可设置阵列的参考轴，各阵列对象间的距离、个数和阵列方向与参考轴间的角度等（如图 2-130 所示）。

➤ **"方向 2"** 卷展栏：用于设置阵列在另一个方向上的参数，其意义同"方向 1"。选中"在轴之间添加角度尺寸"复选框，可在完成阵列后，自动标注两个阵列方向间的角度，如图 2-131 所示。

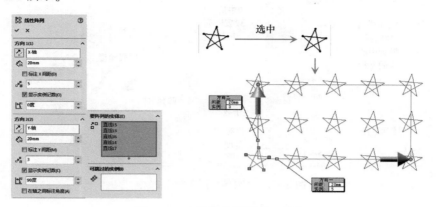

图 2-129 "线性草图阵列"操作

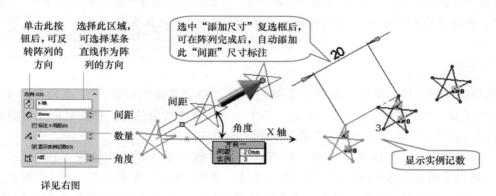

图 2-130 "方向 1"卷展栏的作用

➤ **"要阵列的实体"** 卷展栏：选中此卷展栏中的列表区域后，可在绘图区中选择要进行阵列操作的实体。

➤ **"可跳过的实例"** 卷展栏：选中此卷展栏中的列表区域后，可在阵列中单击不想包括在阵列中的实例，如图 2-132 所示。

图 2-131 标注阵列方向间的角度

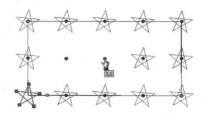

图 2-132 选择可跳过的对象

下面再来看一下"圆周草图阵列"，如图 2-133 所示，首先选中要进行阵列的图形，然后单击"草图"工具栏中的"圆周草图阵列"按钮 ![图标]（或选择"工具" > "草图绘制工具" > "圆周草图阵列"菜单），弹出"圆周阵列"属性管理器，再设置阵列的数量和角度，单击"确定"按钮 ✔ 即可进行圆周阵列。

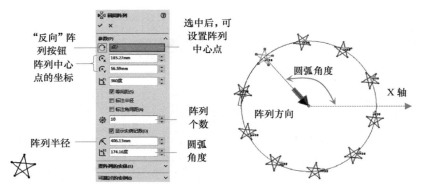

"反向"阵列按钮
阵列中心点的坐标
阵列半径

选中后，可设置阵列中心点
圆弧角度
X 轴
阵列方向
阵列个数
圆弧角度

图 2-133 "圆周草图阵列"操作

提示：

选中"等间距"复选框后，将在"阵列间距"（要进行阵列操作的总弧度）内平均分配阵列对象，如取消其选中状态，"阵列间距"为两个阵列对象间的弧度值。

● 3. 移动实体

选择要移动的实体，单击"草图"工具栏中的"移动实体"按钮 ⚒ （或选择"工具" > "草图绘制工具" > "移动"菜单），单击一点作为移动实体的定位点，移动鼠标到目标点后单击，如图 2-134 所示，再单击"确定"按钮 ✔ 即可移动实体。

在"移动实体"时，在其"属性"管理器的"参数"卷展栏中，如图 2-135 所示，选择"从/到"单选按钮表示选择两个定位点来移动实体；选择"X/Y"单选按钮，表示以设置的 X 轴和 Y 轴上的移动量来移动实体；单击"重复"按钮，表示按相同距离（X 轴和 Y 轴上的移动量）来重复移动实体。

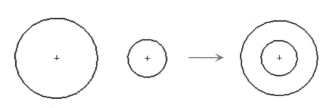

图 2-134 "移动实体"操作　　　　　　　图 2-135 "参数"卷展栏

● 4. 旋转实体

选择需要旋转的实体，单击"草图"工具栏中的"旋转实体"按钮 ✧ （或选择"工具" > "草图绘制工具" > "旋转"菜单），单击一点作为旋转中心，将见到一个坐标系，按下鼠标并拖动即可旋转实体，如图 2-136 所示，最后单击"确定"按钮 ✔ 即可。

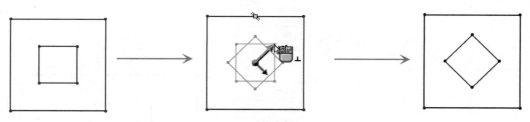

图 2-136 "旋转实体"操作

提示：

在旋转实体的操作过程中，也可通过在左侧"属性"管理器的"角度"文本框中输入旋转的角度值来精确旋转角度。

5. 缩放实体

选择需缩放的实体，单击"草图"工具栏中的"缩放实体比例"按钮（或选择"工具"＞"草图绘制工具"＞"缩放比例"菜单），单击选择比例缩放的相对点，再在"比例因子"文本框中设置缩放的比例，单击"确定"按钮即可缩放实体，如图 2-137 所示。

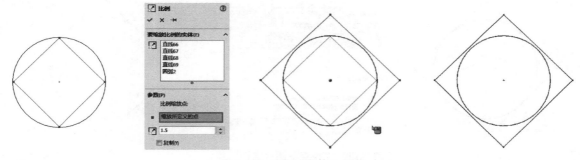

图 2-137 "缩放实体"操作

提示：

选中"比例"属性管理器中的"复制"复选框，可在"缩放"实体时保留原实体，即实现复制实体的操作。

6. 伸展实体

利用"伸展实体"工具可以将多个草图实体作为一个组进行伸展，而不必逐个修改实体的长度。

单击"草图"工具栏中的绘制"伸展实体"按钮（或选择"工具"＞"草图工具"＞"伸展实体"菜单），弹出"伸展"属性管理器，用鼠标框选要编辑的草绘实体，在"伸展"属性管理器中选中"基准点"文本框，如图 2-138 左图所示，然后在操作区中单击一个角点并向右拖放，在合适的位置单击即可完成伸展实体操作，如图 2-138 右图所示。

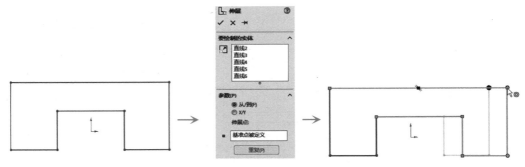

图 2-138 "伸展"属性管理器和伸展实体操作

● 7. 检查草图合法性

检查草图合法性可以及时准确地判断草图到指定特征操作的可行性。

例如,在某一张草图绘制完成后,如图 2-139 所示,选择"工具">"草图工具">"检查草图合法性"菜单,弹出"检查有关特征草图合法性"对话框,在对话框中设置"特征用法"选项为"凸台拉伸",单击对话框中的"检查"按钮,弹出新对话框显示草图有自相交部分,同时草图中自相交的部分会以绿色显示。

图 2-139 "检查草图合法性"操作

草图中有自相交的部分,表明此草绘图形不符合"凸台拉伸"操作(关于"凸台拉伸"操作,将在第 3 章中讲述),因此需要重新绘制草绘图形。

如草图合法,在弹出的对话框中,将出现"没有找到问题"之类的字符,此时表明可以使用此草绘图形进行相应的特征操作。

思考与练习

一、填空题

1. 轴承通常分为_____轴承和_____轴承。

2. 利用_____工具可以将多个草图实体作为一个组进行伸展,而不必逐个修改实体的长度。

3. 使用_____工具,可以及时准确地判断草图到指定特征操作的可行性。

二、问答题

1. 滑动轴承主要用在哪些场合?它的主要优点都有哪些?

2. 简述缩放实体的简单操作方法。

三、操作题

绘制如图 2-140 所示的草绘图形，并为其标注尺寸。

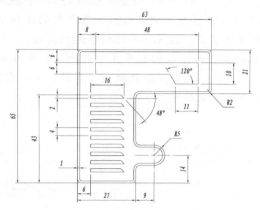

图 2-140　需绘制的草绘图形

实例5　铸锻毛坯类零件设计

　　铸造和锻造是两种重要的金属成形工艺。其中，铸造是最古老的金属成形工艺，即将冶炼好的液态金属，用浇注、压射、吸入等方法注入预先准备好的铸型中，冷却后经落沙等操作处理即可得到铸件（如图 2-141 所示）。在拖拉机、农用机械、机床、内燃机中，铸件应用较多（可达 50% 以上）。

　　而利用锻压机械对金属坯料施加压力，从而得到具有精致颗粒结构，及其他良好力学性能的毛坯件的加工方法，则被称为锻造（同"打铁"，都属于锻造的范畴，如图 2-142 所示）。通过锻造工艺得到的毛坯被称为锻件，锻件的塑性、力学性能和使用寿命等都优于铸件，被广泛应用于飞机（达 85%）和汽车（达 70% 以上）等的机械中。

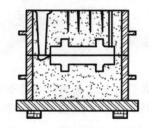

图 2-141　铸造用的"砂箱"　　　图 2-142　"打铁"也是一种锻造工艺

　　本实例介绍磨床中，用于固定被加工零件的"尾座体毛坯件"的设计方法，其效果如图 2-143 所示。

　　磨床是利用磨具对工件表面进行磨削加工的机床，主要用于零件的精加工，如轴类零件，在经过车床车削处理后，还需要进行磨削，以保证满足零件的粗糙度要求。

　　本文所设计的"尾座体"为磨床上的一个滑动组件，它的前部装有顶尖，此顶尖与头架上的顶尖配合，可以固定要加工的零件。

图 2-143　需设计的"尾座体毛坯件"模型

　　视频文件：配套\\视频\Unit2\实例5. mp4
　　结果文件：配套\\案例\Unit2\实例5——尾座体 .SLDPRT

主要流程

　　"尾座体毛坯件"是本章5个实例中最为复杂的一个，在设计的过程中，除了需要定义复杂的草图尺寸，并定义几何关系外，还会用到 SOLIDWORKS 中的拔模、分割线和圆角等特征（如图 2-144 所示），对于这些特征的详细说明，可参考后续章节的内容。

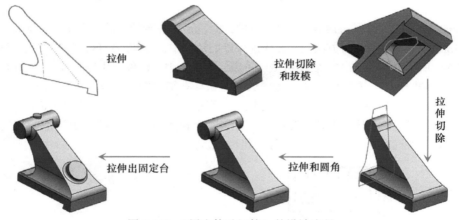

图 2-144 "尾座体毛坯件"的设计流程

　　需要注意的是，在实际设计锻铸毛坯件的过程中，我们首先需要解决的是如何根据"零件图"绘制出"毛坯图"。如本实例，则需要根据图 2-145 的零件图绘制出如图 2-146 所示的毛坯图。

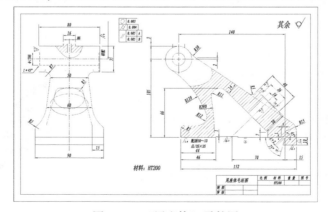

图 2-145 "尾座体"零件图

绘制毛坯图的关键是根据加工要求，在要求加工的面上预留加工余量（实际的加工余量与加工工序和加工方法有关，本文所有加工面的加工余量均取 3.5mm）。

实施步骤

本实例将以图 2-146 所示的"尾座体毛坯图"为参照，在 SOLIDWORKS 中完成"轴承座"的三维建模操作，具体如下。

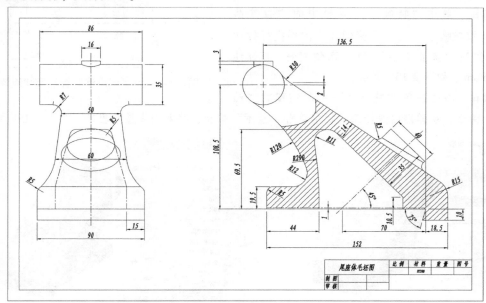

图 2-146 "尾座体"毛坯图

● 1. 绘制草图并拉伸

步骤 1 新建一个"零件"类型的文件，单击"草图"工具栏的"草图绘制"按钮 ，选择"前视基准面"，进入其草绘模式。

步骤 2 单击"草图"工具栏中的"中心线""直线"和"3 点圆弧"按钮，绘制如图 2-147 所示的草绘图形（左上角的圆，以草图原点为圆心），再单击"绘制圆角"按钮，对图中左右两侧的角进行圆角处理。

步骤 3 单击"草图"工具栏中的"添加几何关系"按钮 ，为图 2-148 中的 6 个点两侧的图形分别添加相切约束（分别选中两侧的线，再在"添加几何关系"卷展栏中单击"相切"按钮即可）。

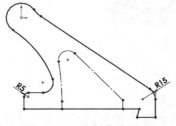  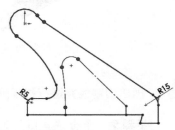

图 2-147 绘制草绘图形   图 2-148 为线框添加必要的几何关系

步骤 4 单击"草图"工具栏中的"智能尺寸"按钮，按照图 2-149 所示为图线标注尺寸（线的尺寸，选择两点或两个边界线，拖动并单击即可；角度尺寸，选择两侧的线，再拖动，并单击即可；标注圆弧的"半径"尺寸时，选择圆弧，再拖动，并在适当位置单击即可）。

步骤 5 单击"特征"工具栏中的"拉伸凸台/基体"按钮，对上面步骤创建的图形执行拉伸操作，拉伸的"终止条件"为"两侧对称"，拉伸深度为 86mm，如图 2-150 所示。

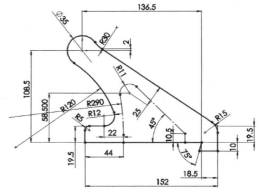

图 2-149 为"尾座体"标注尺寸线效果

步骤 6 右击左侧"特征树"中刚创建的"凸台-拉伸"特征，在弹出的快捷工具栏中单击"显示"按钮，将此图线显示出来，如图 2-151 所示。

图 2-150 拉伸出"尾座体"的基本形状

图 2-151 显示出"草图 1"轮廓线

步骤 7 进入前视基准面的"草绘"模式，以"步骤 6"中显示出来的图线为参照，绘制出与此图线中的虚线部分完全重合的图形（且使用实线绘制），如图 2-152 所示。

步骤 8 单击"特征"工具栏中的"拉伸切除"按钮，使用此图线进行两侧拉伸切除操作（深度为 60mm），效果如图 2-153 所示。

图 2-152 绘制切割用的闭合曲线

图 2-153 执行拉伸切除操作效果

● 2. 创建切割线并进行拔模处理

步骤 9 单击"草图"工具栏中的"直线"按钮，在实体的任一侧平面上绘制一条与前部台面"共线"的直线，如图 2-154 所示（可首先任意绘制水平线，然后单击"草图"工具栏中的"添加几何关系"按钮 <img>，为此线和侧面线添加"共线"约束即可）。

步骤 10　单击"曲线"工具栏中的"分割线"按钮 <img>，选中"投影"单选按钮，然后切换到"分割线"属性管理器的"要投影的草图"选择框区，在操作区中选中"步骤 9"中创建的图线，再切换到"要分割的面"选择框区，并选择内测拉伸切除出的两个侧面，单击"确定"按钮，执行添加分割线操作，如图 2-155 所示。

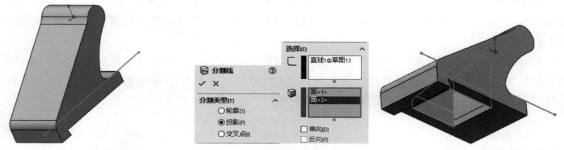

图 2-154　在侧面绘制直线　　　　　　　图 2-155　添加分割线操作

步骤 11　单击"特征"工具栏中的"拔模"按钮 <img>，打开"拔模"属性管理器，如图 2-156 左图所示，选择"分型线"单选按钮，设置"拔模角度"为 15°，选中"分型线"选择框区，选择"步骤 10"创建的分割线为分型线，创建向内拔模面，如图 2-156 右图所示。

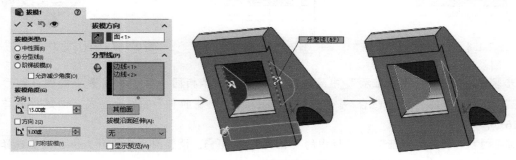

图 2-156　拔模操作

步骤 12　单击"特征"工具栏中的"圆角"按钮 <img>，设置圆角半径为 5mm，选择毛坯件内侧两侧的图线，创建圆角，如图 2-157 所示。

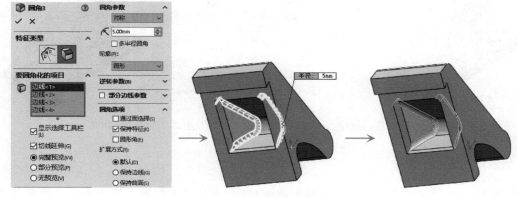

图 2-157　绘制圆角操作

3. 拉伸和圆角处理

步骤 13　进入"右视基准面"的草绘模式，单击"草图"工具栏中的"直线""3 点圆弧"和"中心线"按钮，绘制如图 2-158 所示的图形（其中上部中心线和竖直中心线经过草图原点，右侧圆弧为中心线弧，且分别与水平中心线及左侧图线相切）。

步骤 14　单击"草图"工具栏中的"镜像实体"按钮，以竖直中心线为"镜像点"，对右侧的实线图形进行镜像操作，并单击"直线"按钮，在上下两端使用直线将图形封闭，效果如图 2-159 所示。

步骤 15　单击"特征"工具栏中的"拉伸切除"按钮，选中上面步骤创建草图，以"反侧切除"方式对模型进行拉伸切除，效果如图 2-160 所示（在执行"拉伸切除"时，"终止条件"选择"两侧对称"，深度以完全覆盖整个模型即可）。

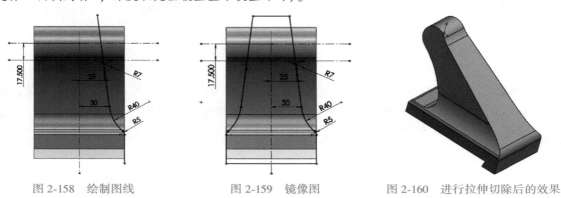

图 2-158　绘制图线　　　　　　图 2-159　镜像图　　　　　　图 2-160　进行拉伸切除后的效果

步骤 16　在"前视基准面"中绘制一个与实体边界相同半径、相同圆心的圆，然后单击"特征"工具栏中的"拉伸凸台/基体"按钮，以"两侧拉伸"86mm 方式，创建拉伸体，如图 2-161 所示。

步骤 17　单击"特征"工具栏中的"圆角"按钮，设置圆角半径为 7mm，然后选择圆柱面与侧面的交线，进行圆角处理，如图 2-162 所示。

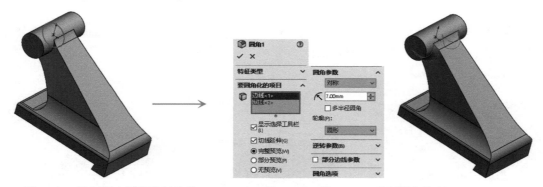

图 2-161　绘制同心圆并进行拉伸　　　　　　图 2-162　进行圆角处理

4. 创建"固定台"操作

步骤 18　在"前视基准面"中绘制如图 2-163 所示的草绘图形（如交点处无法添加尺寸，

可首先单击"草图"工具栏中的"点"按钮■捕捉交点，并添加一个参考点）。

步骤 19　在实体内侧斜面上绘制如图 2-164 所示的草绘图形（注意单击"添加几何关系"按钮┴，为圆心添加"步骤 18"绘制的斜线的"穿透"约束）。

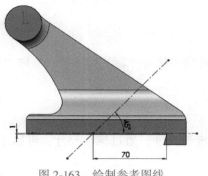

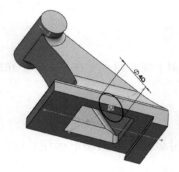

图 2-163　绘制参考图线　　　　　　　　图 2-164　绘制添加了"穿透"约束的圆

步骤 20　单击"特征"工具栏中的"拉伸凸台/基体"按钮，选择"步骤 19"中创建的草图，执行"拉伸"操作，拉伸深度设置为 35mm，效果如图 2-165 左图所示，然后单击"圆角"按钮，在图 2-165 右图所示的位置添加半径为 5mm 的圆角。

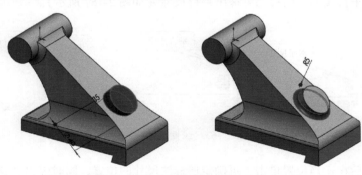

图 2-165　绘制用于将"尾座体"固定在机床上的凸台

步骤 21　在上视基准面中绘制直径为 16mm，且圆心经过草图原点的"圆"，如图 2-166 左图所示，然后单击"拉伸凸台/基体"按钮，向上拉伸出 20.5mm 的凸台，如图 2-166 右图所示，完成"尾座体毛坯件"的创建。

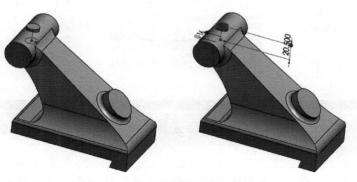

图 2-166　绘制用于固定顶尖的凸台

知识点详解

　　结合实例下面介绍一下在 SOLIDWORKS 的草绘环境中执行"标注尺寸"和添加"几何关系"的操作方法。

● 1. 标注尺寸

　　标注尺寸就是为截面图形标注长度、直径、弧度等尺寸，通过标注尺寸，可以定义图形的大小。

　　在 SOLIDWORKS 中，标注尺寸主要使用"智能尺寸"工具 ✎ 来完成，可标注线性尺寸、角度尺寸、圆弧尺寸和圆的尺寸，下面分别介绍其操作。

> **线性尺寸：** 分为水平尺寸、垂直尺寸和平行尺寸 3 种。单击"草图"工具栏中的"智能尺寸"按钮 ✎ ，单击直线，向下移动鼠标，可拖出水平尺寸；向右拖动鼠标可拖出垂直尺寸；沿垂直于直线的方向移动可拖出平行尺寸（如图 2-167 所示）。

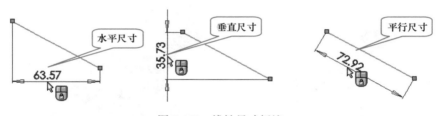

图 2-167　线性尺寸标注

　　拖出尺寸标注后在适当位置单击，可确定所标注尺寸的位置，同时弹出"修改"对话框，如图 2-168 所示。在对话框中键入图形对象的新长度，单击对话框中的"确定"按钮 ✔ ，即可完成尺寸的标注。

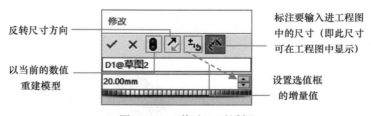

图 2-168　"修改"对话框

> **角度尺寸：** 单击"草图"工具栏中的"智能尺寸"按钮 ✎ ，用鼠标分别单击需标注角度

尺寸的两条直线，移动鼠标并在适当位置单击，即可标注角度尺寸，如图 2-169 所示。

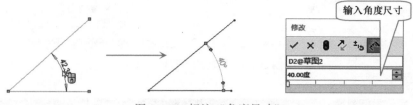

图 2-169　标注"角度尺寸"

知识库：

在标注角度尺寸时，移动鼠标指针至不同的位置，可得到不同的标注形式，如图 2-170 所示。

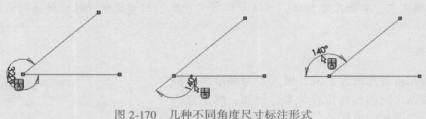

图 2-170　几种不同角度尺寸标注形式

➤ **标注圆弧半径**：单击"草图"工具栏中的"智能尺寸"按钮，单击圆弧，移动鼠标拖出半径尺寸，再次单击确定尺寸的放置位置，并在弹出的"修改"对话框中设置正确的圆弧半径值，即可标注圆弧半径，如图 2-171 所示。

图 2-171　标注圆弧半径尺寸

➤ **标注圆弧弧长**：单击"草图"工具栏中的"智能尺寸"按钮，用鼠标分别单击圆弧的两个端点，再单击圆弧，移动鼠标并单击，并在弹出的"修改"对话框中设置正确的弧长，即可标注圆弧弧长，如图 2-172 所示。

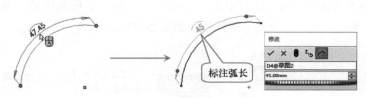

图 2-172　标注圆弧的弧长

➤ **圆的尺寸标注**：单击"草图"工具栏中的"智能尺寸"按钮，单击圆并移动鼠标，再次单击确定尺寸标注的放置位置，即可标注圆的直径，如图 2-173 所示。

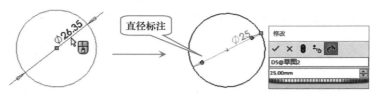

图 2-173　标注圆的直径尺寸

● 2. 几何关系

几何关系是指各几何元素或几何元素与基准面、轴线、边线或端点之间的相对位置关系。例如，两条直线平行或垂直、两圆相切或同心等，均是两个几何元素间的几何关系。

在 SOLIDWORKS 中，可自动添加几何关系，例如在绘制竖直直线时，系统自动添加"竖直"几何关系，且在"线条属性"管理器的"现有几何关系"列表列出了该几何关系，如图 2-174 所示。

图 2-174　带有竖直几何关系的直线和"现有几何关系"列表

当自动几何关系不能满足设计需要时，可以手动添加几何关系，以定义图形元素间的几何约束关系。

例如单击"草图"工具栏中的"添加几何关系"按钮 ┗ （或选择"工具" > "几何关系" > "添加"菜单），再单击倾斜直线，然后单击"添加几何关系"卷展栏中的"水平"按钮 ━ ，即可为该直线添加水平几何关系，令其水平放置，如图 2-175 所示。

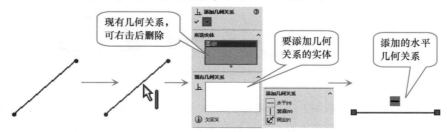

图 2-175　添加水平几何关系

系统会根据用户所选择的草绘实体提供不同的几何关系按钮，可添加水平、竖直、相等、共线、平行、相切、同心、中点、对称等几何关系，下面介绍这些几何关系的意义。

➤ 水平几何关系 ─：可令选择的对象水平放置，如图 2-175 所示。

➤ 竖直几何关系 │：使选取的对象按竖直方向放置，如图 2-176 所示。

➤ 相等几何关系 ＝：使选取的图形元素等长或等径，如图 2-177 所示。

图 2-176　添加竖直几何关系　　　　图 2-177　添加相等几何关系

➤ 共线几何关系 ⁄：使两条或两条以上的直线落在同一直线或其延长线上，如图 2-178 所示。

➤ 平行几何关系 ⟍：使两条或两条以上的直线与一条直线或一个实体边缘线互相平行，如图 2-179 所示。

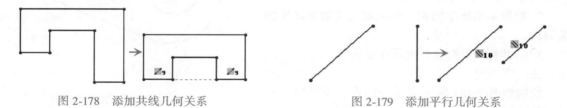

图 2-178　添加共线几何关系　　　　图 2-179　添加平行几何关系

➤ 相切几何关系 ⌔：使两图线（直线、圆、圆弧、椭圆或实体边缘线）相切，如图 2-180 所示。

➤ 同心几何关系 ◎：使两圆或圆弧同圆心，如图 2-181 所示。

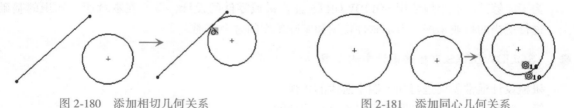

图 2-180　添加相切几何关系　　　　图 2-181　添加同心几何关系

➤ 中点几何关系 ⁄：使点（端点或圆心点）位于线段的中点，如图 2-182 所示。

➤ 对称几何关系 ▣：使两条图线关于一个中心线对称，如图 2-183 所示。

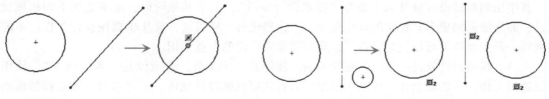

图 2-182　添加中点几何关系　　　　图 2-183　添加对称几何关系

> **提示：**
>
> 在手动添加几何关系时，先选中的图形元素会限制后选中的图形元素；此外，在设置对称几何关系时，所选图形元素中必须包括中心线。

思考与练习

一、填空题

1. 在 SOLIDWORKS 中，标注尺寸主要使用_____工具来完成，可标注线性尺寸、角度尺寸、圆弧尺寸和圆的尺寸。

2. 线性尺寸分为_____、_____和_____
3 种。

3. 几何关系是指各几何元素或几何元素与基准面、轴线、边线或端点之间的_____关系。

二、问答题

1. 锻件和铸件相比较，有哪些显著的特点？它们的成型工艺主要有哪些不同？

2. 根据本章所学知识，尝试叙述绘制毛坯图的关键点。

3. 简述标注圆弧弧长的操作步骤。

三、操作题

绘制如图 2-184 所示的草绘图形，为其标注尺寸，并添加几何关系。

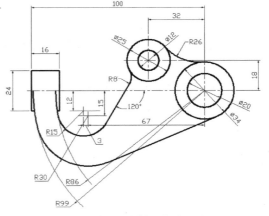

图 2-184　需绘制的草绘图形

 知识拓展

为了能够游刃有余地使用 SOLIDWORKS 进行机械零件的设计，下面在本章所学知识的基础上，进行适当的行业拓展，力求软件使用和实际工作的融会贯通。

● 1. SOLIDWORKS 在机械设计中的作用

机械设计通常需要进行如下四个阶段的操作。
第一阶段：计划阶段，明确机器要具有的功能。
第二阶段：方案设计阶段，明确机器的某项功能，通过何种方案实现，确定工作原理。
第三阶段：技术设计阶段，包括具体的零件设计、三维建模、图纸绘制等。
第四阶段：技术文件编制，包括使用手册等文件。
其中用到机械设计软件的主要是"技术设计阶段"，至于其他阶段，基本上用不到机械设计软件，而所需要的更多是扎实的理论知识、工作经验等。所以说，要从事机械设计工作，不能说只懂得一两个软件就可以进行操作了，而需要非常广泛的专业知识。

当然，机械设计软件还是必须要学习的，软件是一个工具，它就像是一辆"汽车"，使用它可以跑得更快，令机械设计工作效率倍增。而且使用机械设计软件，还可以对方案进行精确的仿真分析，以充分评估设计的可行性，避免错误，减少损失。

> **提示：**
>
> 　　设计工作需要许多人协同才能完成。其中，通常由总工确定产品计划和实施方案，由技术科长和主设计师确定技术参数，而由普通技术人员来设计具体的零件。

● 2. SOLIDWORKS 草图的绘制要点

在 SOLIDWORKS 中绘制草图，通常需要遵循如下原则：

➤ 为提高设计效率，绘制草图时，应首先绘制草图轮廓（大概形状），然后添加几何约束，最后添加尺寸。

➤ 在草图绘制的过程中，应尽量多使用约束关系，而尽量减少草图尺寸的使用，以令草图的构思更加清晰。

➤ 草图绘制完毕后，应处于"完全定义"状态（即任何图线都不可随意拖动）。

➤ 为方便修改特征，每一幅草图应尽量简单，不要包含复杂的嵌套。

● 3. "方程式驱动的曲线"功能的使用

在二维草绘空间中，SOLIDWORKS 还提供了一种使用方程式来绘制曲线的功能，可以绘制很多复杂的规则曲线（不过只能绘制二维曲线，不能绘制三维曲线），下面讲一下其使用方法。

单击"草图"工具栏中的"样条曲线"按钮下的"方程式驱动的曲线"按钮，打开"方程式驱动的曲线"属性管理器，在"y_x"框中输入方程式，然后设置 X 的范围（从 X_1 到 X_2），单击"确定"按钮即可绘制"方程式驱动的曲线"，如图 2-185 所示。

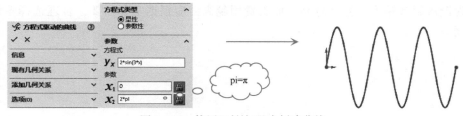

图 2-185　使用显性方程式创建曲线

上面为使用显性方程式创建的曲线，如果单击"参数性"单选按钮，则还可以通过输入参数方程式来生成曲线，如图 2-186 所示。

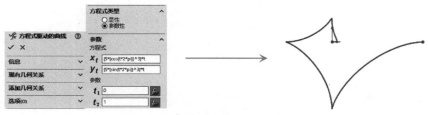

图 2-186　使用参数性方程式生成曲线

> **提示：**
>
> 　　在"方程式驱动的曲线"属性管理器中取消"参数"右侧的"锁定"按钮，可以在曲线上选择点，确定参数的值。

● 4. 了解常用机床（母机）

下面简单介绍一下常用机床的用途。

➢ **车床**：主要用于加工各种回转体的表面（旋转切除），如车削内外圆柱面、圆锥面、环槽及各种常用螺纹等。此外，在车床上还可以做钻孔、扩孔、滚花等工作。

➢ **铣床**：用圆形能旋转的多刃刀具切削金属，可加工平面、沟槽，也可加工回转体表面（铣床与车床的区别是，车床是工件旋转，铣床是刀具旋转，目前也有数控车铣一体机）。

➢ **刨床**：主要使用刨刀对各种平面进行刨削，如配有仿形装置也可加工沟槽或空间曲面。

➢ **镗床**：是一种用旋转的镗刀扩大孔的机械装置。

➢ **磨床**：用砂轮等磨料对工件表面进行磨削加工，可得到较好的表面质量，所以多用于零件的后续精加工。

➢ **钻床**：用钻头在工件上钻孔的机床。

● 5. 机械零件设计工艺常识

采用各种机械加工的方法，直接改变毛坯形状、尺寸和表面质量，使之成为合格产品的过程，称为机械加工的工艺过程。好的加工方法，可以保证费时少、经济成本低，通常遵循如下原则。

➢ **合理生产毛坯**：可以通过锻造、铸造、冲压、焊接等方式得到毛坯，应结合零件要求，合理选择毛坯件的制造途径。

➢ **尽量简化零件结构**：设计零件时，尽量采用简单的表面，以方便后期加工。

➢ **合理选择制造精度**：精度越高，加工费用越高，应根据实际需要，合理选择零件的制造精度。

第 **3** 章

典型机械零件设计 (2) ——建模技巧

本章要点

- ☐ 螺纹紧固件零件设计
- ☐ 操作件类零件设计
- ☐ 叉架类零件设计
- ☐ 箱体类零件设计
- ☐ 轮类零件设计

学习目标

本章接着讲述典型零件的设计方法，包括螺纹紧固件、操作件、叉架、箱体和轮类零件的设计方法，在讲述的过程中，将结合实例讲解 SOLIDWORKS 中的主要建模技巧和基准特征的使用等内容，如拉伸、旋转、扫描、放样、孔、基准面、基准轴和阵列特征的使用等。

 实例6   螺纹紧固件零件设计

用于将两个或两个以上的零件（或构件）紧固连接为一个整体的部件被称为紧固件，其中使用螺纹连接的紧固件为螺纹紧固件，最常见的如螺杆和螺母。紧固件为标准件的一种，是具有明确标准的机械零部件。如在定制螺母时，直接说明需要使用 GB812 标准、规格为 M30 * 1.5 的圆螺母即可，而无须再提供详细图纸。

从事机械工作的设计者，应首先看懂普通螺纹紧固件的标记形式和其表达的意义，如图 3-1 所示，通常标号在前，螺纹规格在后，此外，有特殊要求的螺纹，其标记规格要相对复杂一些，如图 3-2 所示，其意义如图 3-3 所示。

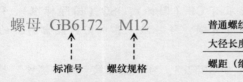

图 3-1　普通螺纹紧固件的标记形式

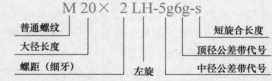

图 3-2　详细螺纹规格

在实际标注螺纹规格时，通常粗牙螺纹不标螺距，右旋也不标注，对于中等公差精度螺纹

67

（中径和顶径的公差相同）可不标公差带。此外，螺纹共有三种旋合长度：S（短旋合）、N（中等旋合）和 L（长旋合），对于"中等旋合"也可不标注旋合长度。

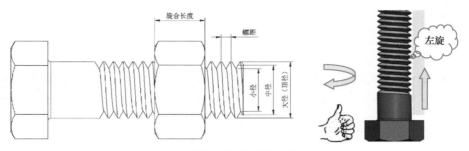

图 3-3　螺纹规格各项参数的意义

知识库：

螺纹有"细牙"和"粗牙"之分，它们的区别是在外径相同的条件下，细牙螺纹比粗牙螺纹螺距小，通常用于密封件和直径较大的紧固件。螺纹的旋合长度与其受力环境有关，受力越大，需要的旋合长度越长（如需使用"长旋合"）。

此外，螺栓螺母的连接分为 A、B、C 三个公差等级：A 级精度要求最高、公差小，用于要求配合精确、防止震动等重要零件的连接；B 级精度多用于受载较大或需要承受变载荷的连接；C 级精度用于一般连接（即常用连接）。

本实例将讲解在 SOLIDWORKS 中设计如图 3-4 所示的 GB/T 923-2009 标准、M12 规格的六角盖形螺母需进行的操作。在设计的过程中，将主要用到拉伸特征、旋转特征和圆顶特征等操作。

图 3-4　需设计的六角盖形螺母

视频文件： 配套\\视频\Unit3\实例 6. mp4
结果文件： 配套\\案例\Unit3\实例 6——螺纹紧固件 . SLDPRT

提示：

下面再说一下紧固件的标准：紧固件的标准有 GB（国标）、ISO（国际标准）、DIN（德制）、JIS（日标）、ANSI/ASME（美标）和 BS（英制）等标准，其中国内最常遇到的标准是 GB（国标）和 DIN（德标）。

国标为 GB 开头，每个标准规范一类零件，如 GB5783，为"全螺纹六角头螺栓"的国家标准；德标以 DIN 开头，很多标准可以找到对应的国标，如 DIN933 即与我国的 GB5783 标准相对应。如找不到对应的国标，则须用国外标准来选用或生产零部件。

主要流程

螺纹紧固件本身结构较为简单，通常使用拉伸和旋转操作，即可在 SOLIDWORKS 中完成建模，本实例创建的六角盖形螺母，结构稍为复杂，在设计的过程中还需使用圆顶特征，如图 3-5 所示（盖形螺母多用于要求密封连接的场合）。

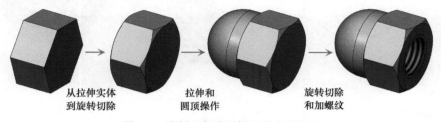

从拉伸实体　　　　　拉伸和　　　　　旋转切除
到旋转切除　　　　　圆顶操作　　　　　和加螺纹

图 3-5　绘制六角盖形螺母的主要流程

螺纹紧固件对材料没有特殊要求，如 13 号钢、45 号钢、304 号不锈钢等都是常用的制造材料（具体用什么材料多与需要的抗拉强度有关）。此外，通常使用"拉丝>冷镦>（热处理）>攻螺纹>表面处理"等几个连续过程来生产紧固件，口径较大的紧固件在"攻螺纹"之前，可能还需要先进行"车孔"操作。

实施步骤

本实例将以图 3-6 所示的工程图为参照，在 SOLIDWORKS 中完成"六角盖形螺母"的绘制，步骤如下。

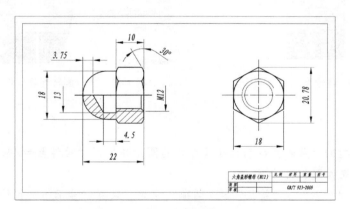

图 3-6　"六角盖形螺母"图纸

● 1. 拉伸操作

步骤 1　新建一个零件类型的文件后，选择"前视基准面"，绘制如图 3-7 所示的草绘图形（令六角形内切圆的圆心约束于草图原点）。

步骤 2　单击"特征"工具栏中的"拉伸凸台/基体"按钮 ，打开"凸台-拉伸"属性管理器，在"终止条件"下拉列表中选择"给定深度"项，在"深度"文本框中设置拉伸深度为 10mm，选择"步骤 1"绘制的草图执行拉伸操作，效果如图 3-8 所示。

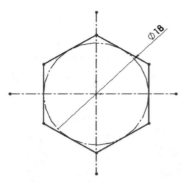

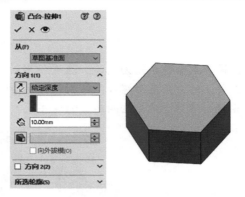

图 3-7　需绘制的草绘图形　　　　　　　图 3-8　执行拉伸操作

● **2. 旋转切除操作**

　　步骤 3　进入"右视基准面"的草绘模式，绘制如图 3-9 所示的草绘图形（令横向中心线经过草图原点）。

　　步骤 4　单击"特征"工具栏中的"旋转切除"按钮 🎩，打开"切除-旋转"属性管理器，单击"步骤 3"中绘制的草图的横向中心线，按默认设置执行旋转切除操作，效果如图 3-10 所示。

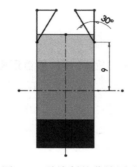

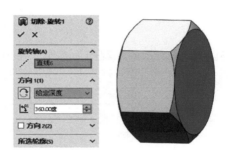

图 3-9　需绘制的草绘图形　　　　　　　图 3-10　执行旋转切除操作

● **3. 圆顶操作**

　　步骤 5　在模型的上部表面绘制与外边相切的圆，并执行"拉伸凸台/基体"操作，拉伸距离设置为 3mm，效果如图 3-11 所示。

　　步骤 6　选择"插入">"特征">"圆顶"菜单，选择"步骤 5"拉伸出的实体平面为生成圆顶的参照面（到圆顶的面），设置圆顶"距离"为 9mm，创建"圆顶"，效果如图 3-12 所示。

图 3-11　拉伸操作效果　　　　　　　　　图 3-12　圆顶操作效果

● 4. 添加装饰螺纹操作

步骤 7 进入"右视基准面"的草绘模式，绘制如图 3-13 所示的草绘图形（令上部横线经过草图原点）。

步骤 8 单击"特征"工具栏中的"旋转切除"按钮 🔚，单击"步骤 7"中绘制的草图经过原点的横向直线，按默认设置执行旋转切除操作，效果如图 3-14 所示。

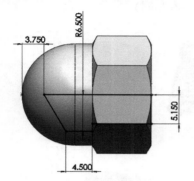

图 3-13　需绘制的草绘图形

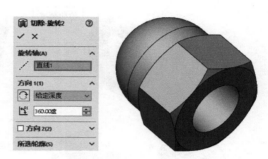

图 3-14　执行旋转切除操作的效果

步骤 9 选择"插入">"注解">"装饰螺纹线"菜单，选择"步骤 8"旋转切除的口部边线为参考线，选用 GB 标准、机械螺纹，大小选用 M12，生成"装饰螺纹线"，如图 3-15 所示。

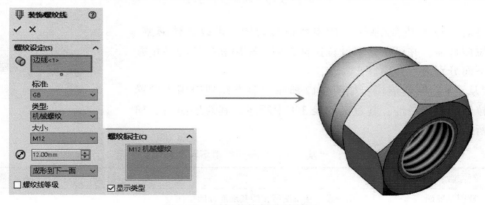

图 3-15　添加装饰螺纹线效果

> **提示：**
>
> 　　可在选项设置对话框的"文档属性"选项卡的"出详图"列表项中选择"上色的装饰螺纹线"复选框，来上色显示装饰螺纹线。此外，在 SOLIDWORKS 中，通常不将螺纹实体切出，而使用装饰螺纹线进行标记，这样做的目的是方便输出工程图。

知识点详解

　　结合实例下面介绍一下在 SOLIDWORKS 中，执行拉伸特征操作、旋转特征操作和圆顶特征操作的技巧，具体如下（拉伸特征和旋转特征是最常用的基础特征，需重点掌握）。

● 1. 拉伸特征

拉伸特征是生成三维模型时最常用的一种特征，其原理是将选择的二维草绘平面图形拉伸一段距离形成实体特征。

拉伸特征主要包括拉伸薄壁、拉伸凸台、切除拉伸和拉伸曲面四种类型，如图 3-16 所示。其中拉伸薄壁和凸台可通过"拉伸凸台/基体"特征 创建，切除拉伸可通过"切除拉伸"特征 创建，拉伸曲面可通过"拉伸曲面"特征 创建（其操作基本相同）。

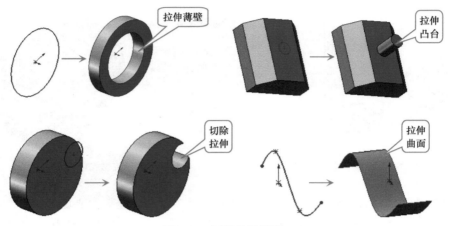

图 3-16　四种拉伸类型

通过对"拉伸凸台/基体"的参数进行设置，可以创建薄壁、拔模等拉伸特征，并可按要求设置拉伸方向、距离和拉伸的终止方式等，下面分别进行介绍。

➤ "从（F）"卷展栏：如图 3-17 所示，该下拉列表用于设置拉伸的起始条件，其意义如表 3-1 中所述，其效果如图 3-18 所示。

图 3-17　"从（F）"选项卡

表 3-1　"从（F）"卷展栏中下拉列表项的作用

拉伸起始条件	意　　义
草图基准面	用于设置从草图所在的基准面开始拉伸
顶点	从选择的顶点处开始拉伸
等距	从与当前草图基准面等距的基准面上开始拉伸
曲面/面/基准面	以选择的某个"曲面""面"或"基准面"处开始拉伸

图 3-18　效果

➢ **"方向 1"** 卷展栏：如图 3-19 所示，用户可在此选项卡中设置凸台或基体在"方向 1"上的拉伸终止条件、拉伸方向以及拔模斜度等（各种终止条件的作用如图 3-20 所示，其意义见表 3-2）。

反向按钮
拉伸方向
拉伸深度
拔模开关
拔模方向
拉伸终止条件
拔模角度

图 3-19 "方向 1"选项卡及"拉伸终止条件"的下拉列表

表 3-2 "拉伸终止条件"各选项的作用

拉伸终止条件	意　义
给定深度	以一定的高度值进行拉伸
完全贯穿	从草图的基准面开始拉伸，直到贯穿几何体的所有部分
成形到下一面	从拉伸方向开始，拉伸到实体当前面的下一面
成形到一顶点	拉伸到所选顶点所在的面
成形到一面	拉伸到某个面
到离指定面指定的距离	拉伸到距离指定面一定距离的位置
成形到实体	拉伸到某个实体
两侧对称	以指定距离向两侧拉伸

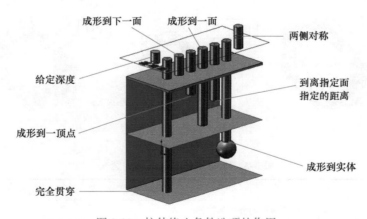

图 3-20 拉伸终止条件选项的作用

提示：

　　单击"反向"按钮 ⤢ 可以反转拉伸的方向；通过"拉伸方向"选项可以自定义拉伸的方向，如图 3-21 所示（默认为垂直拉伸）；选择"合并结果"复选框，可将执行拉伸操作后产生的实体合并到现有实体；选择"拔模"选项，并设置拔模角度可以一定倾斜角度执行拉伸操作，如图 3-22 所示。

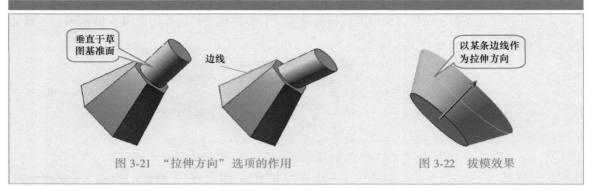

图 3-21 "拉伸方向"选项的作用   图 3-22 拔模效果

➤ **"方向 2"** 卷展栏：用于设置在另外一个方向上的拉伸效果，它与"方向 1"卷展栏类似，不同的是"方向 2"不能设置拉伸方向（"方向 2"与"方向 1"相反）。

➤ **"薄壁特征"** 卷展栏："薄壁特征"卷展栏（如图 3-23 所示）用于设置进行"薄壁拉伸"。"薄壁"是指具有一定厚度的实体特征，可以对闭环和开环草图进行薄壁拉伸。各"类型"选项的意义如表 3-3 所示，其作用如图 3-24 所示。

图 3-23 "薄壁特征"选项卡

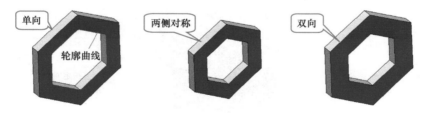

图 3-24 薄壁特征的类型

表 3-3 薄壁"类型"选项的意义

薄壁类型	意义
单向	设置薄壁向外单侧拉伸
两侧对称	设置薄壁向内外两侧以相同距离拉伸
双向	设置薄壁以不同距离向内外两侧分别拉伸

提示：

选中"顶端加盖"复选框，可以为薄壁特征的顶端加上顶盖；此外，如果轮廓草图是开环的，则会在"薄壁特征"选项卡中出现"自动加圆角"复选框，选择此复选框可在具有夹角的相交边线上自动生成圆角。

> **"所选轮廓"** 卷展栏：通过此卷展栏，允许用户选择当前草图中的部分草图生成拉伸特征。

● 2. 旋转特征

旋转特征是将草绘截面绕旋转中心线旋转一定角度而生成的特征。首先绘制一条中心线，并在中心线的一侧绘制出轮廓草图，然后单击"旋转凸台/基体"按钮 ，选择轮廓草图，设置中心线为旋转轴，设置旋转角度后，即可创建旋转特征，如图 3-25 所示。

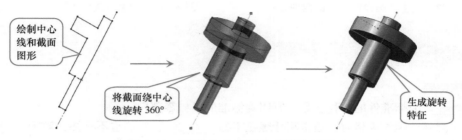

图 3-25 "旋转凸台/基体"的操作过程

通过"旋转凸台/基体"的属性管理器（如图 3-26 左图所示），可设置旋转轴、旋转方向、旋转角度和薄壁特征等参数。旋转轴可为中心线、直线或边线，通过设置旋转角度（角度以顺时针从所选草图测量）可以生成部分旋转体，如图 3-26 右图所示。

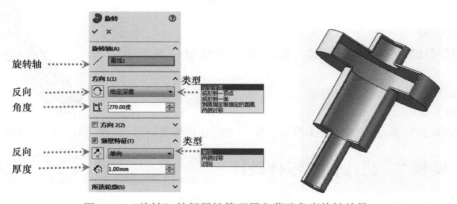

图 3-26 "旋转"特征属性管理器和薄壁角度旋转效果

● 3. 圆顶特征

圆顶特征是指在零件的顶部面上创建类似于圆角类的特征，创建圆顶特征的顶面可以是平面或曲面。选择"插入" > "特征" > "圆顶"菜单，然后选择用于生成圆顶的基础面，再设置基础面到圆顶面顶部的距离，即可生成圆顶特征，如图 3-27 所示。

下面解释一下"圆顶"属性管理器中（如图 3-27 左图所示）部分选项的作用。

> **"约束点或草图"** 选项 ：通过草图或点来约束圆顶面，如图 3-28 左图所示。

> **"方向"** 选项 ：通过选择一条不垂直于基础面的边界线来定义拉伸圆顶的方向。

> **"椭圆圆顶"** 选项：选择此项可生成椭圆形的圆顶特征。

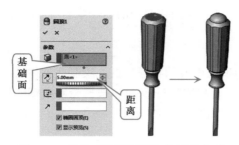

图 3-27 创建"圆顶特征"的两种方式

图 3-28 "约束点或草图"选项的作用

思考与练习

一、填空题

1. _____为标准件的一种，是具有明确标准的机械零部件。

2. 在实际标注螺纹规格时，通常粗牙螺纹不标_____，右旋也不标注，对于_____（中径和顶径的公差相同）可不标公差带。

3. 螺纹共有三种旋合长度：S _____、N _____和 L _____，对于_____也可不标注旋合长度。

4. 单击_____按钮可以创建切除拉伸特征，即以拉伸体作为"刀具"在原有实体上去除材料。

5. 旋转特征是将_____绕_____旋转一定角度而生成的特征。

二、问答题

1. 简述螺纹紧固件的标记形式，并尝试解释螺纹 M4 * 0.7-6H 的规格。

2. 尝试归纳拉伸特征的三要素。

三、操作题

绘制如图 3-29 所示的螺栓实体模型，样子大概相似即可。

图 3-29 需绘制的螺栓实体模型

实例7 操作件类零件设计

通常将操纵仪器、设备、机器的操作类零件，如手柄、手轮和扳手等，称为操作件。目前操作件有部分已经标准化，标准化的操作件与前面实例讲述的螺纹紧固件相同，在实际生产的过程中，无须提供详细图纸，而只需提供操作件的标记，如"手轮 GB 4141.22—84"规格，然后合作厂家即可按照此规格进行生产。

当然，也有很多操作件可根据实际需要自行设计，再找合作厂家生产，或直接加工制造。

本实例将讲解在 SOLIDWORKS 中设计如图 3-30 所示的自定义"手轮"模型需进行的操作。在设计的过程中，将主要用到拉伸特征、拉伸切除特征、扫描特征和放样特征等操作。

图 3-30 需设计的"手轮"模型

视频文件：配套\\视频\Unit3\实例 7.mp4
结果文件：配套\\案例\Unit3\实例 7——手轮操作件.SLDPRT

主要流程

通常使用"扫描特征"或"放样特征"来创建手轮转盘的波形实体和手轮的辐条，使用旋转和拉伸切除特征来创建手轮的键连接台体，使用拉伸操作创建手轮外圈的标志，如图 3-31 所示。

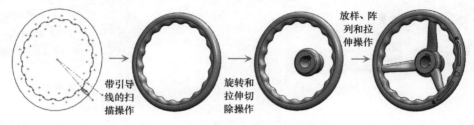

图 3-31　创建手轮实体的主要流程

此外，在设计手轮时，应主要考虑手轮的操作力大小、安装操作的空间大小和操作的方便性等因素。阀门手轮的材料多为铸铁，在一些特殊要求的场合也采用胶木和塑料手轮。

实施步骤

本实例将以图 3-32 所示的工程图为参照，在 SOLIDWORKS 中完成"手轮"的绘制，步骤如下。

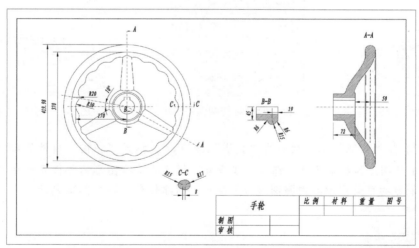

图 3-32　"手轮"图纸

● 1. 创建基准面和扫描转盘操作

步骤 1　新建一个零件类型的文件后，选择"前视基准面"，单击"特征"工具栏中的"基准面"按钮，在打开的"基准面 1"属性管理器中设置偏移"距离"为 15mm，单击"确定"按钮，创建一个基准面，如图 3-33 所示。

步骤 2 通过相同的操作，在另外一个方向上，创建距离"前视基准面"15mm的基准面（可通过选择"反转"复选框调整基准面偏移的方向），如图3-34所示。

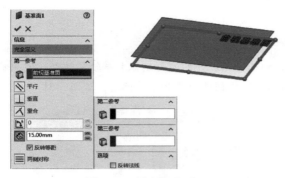

图 3-33 创建基准面 1

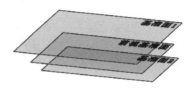

图 3-34 创建基准面 2

步骤 3 分别进入新创建"基准面 1"和"基准面 2"的草绘环境，并分别绘制以草绘原点为圆心，半径为 370mm 的圆，如图 3-35 所示。

步骤 4 进入"前视基准面"的草绘环境，绘制如图 3-36 所示的草绘图形（相切的圆弧，可通过阵列草图得到）。

步骤 5 进入"上视基准面"的草绘环境，绘制如图 3-37 所示的草绘图形（令两个圆弧的圆心通过水平虚线，端点"穿透"其他基准面中的弧线）。

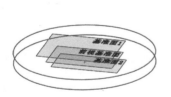

图 3-35 绘制两个圆

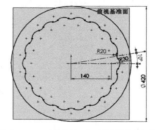

图 3-36 绘制相切圆弧等图形

图 3-37 绘制"穿透"弧线

步骤 6 单击"特征"工具栏中的"扫描"按钮 🔌，打开"扫描"属性管理器，选择"步骤 5"创建的草绘图形为扫描轮廓，选择"步骤 4"创建的草绘图形的外圈图形为扫描路径，选择"步骤 4"创建的草绘图形的内圈图形为引导线，创建转盘，如图 3-38 所示。

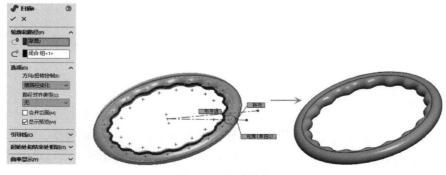

图 3-38 创建转盘

2. 旋转键连接台体操作

步骤 7　进入"上视基准面"的草绘环境，绘制如图 3-39 左图所示的草绘图形，再执行"旋转凸台/基体"操作，以中心线为旋转轴旋转出连接台体，如图 3-39 右图所示。

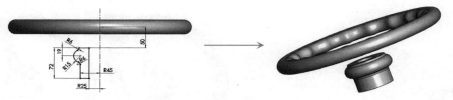

图 3-39　旋转出连接台体

步骤 8　进入台体上表面的草绘环境，绘制如图 3-40 左图所示的草绘图形，然后单击"特征"工具栏中的"拉伸切除"按钮 ◙，执行"完全贯穿"形式的切除操作，切除出手柄的键槽，如图 3-40 右图所示。

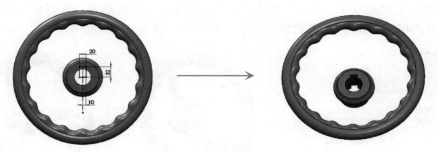

图 3-40　拉伸切除操作

3. 放样辐条操作

步骤 9　单击"特征"工具栏中的"基准面"按钮 ◙，在距离"上视基准面"35mm 和 185mm 处分别创建基准面，如图 3-41 所示。

步骤 10　在距离"上视基准面"35mm 的基准面中创建如图 3-42 上图所示的草绘图形，再在距离"上视基准面"185mm 的基准面中创建如图 3-42 下图所示的草绘图形。

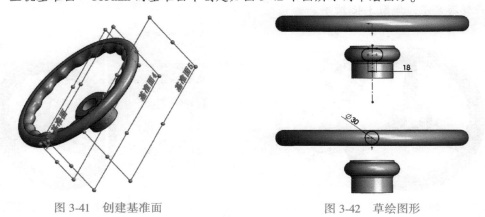

图 3-41　创建基准面　　　　　　　　图 3-42　草绘图形

步骤 11 单击"特征"工具栏中的"放样凸台/基体"按钮，打开"放样"属性管理器，依次选择两个草绘图形作为放样轮廓，然后打开"放样"属性管理器的"开始/结束约束"卷展栏，在"开始约束"和"结束约束"下拉列表中选择"垂直于轮廓"项，令放样面与放样轮廓面的垂线相切，如图 3-43 所示，放样出手轮的一根辐条。

图 3-43　放样辐条操作

步骤 12 单击"特征"工具栏中的"圆周阵列"按钮，打开"圆周阵列"属性管理器，选择"步骤 11"创建的辐条为要阵列的特征，选择台体的内圆周面为"阵列轴"的参考面，设置阵列角度为 360°，个数为 3，执行阵列操作，如图 3-44 所示。

图 3-44　阵列辐条操作

步骤 13 创建一个距离"前视基准面"30mm 的基准面，并在此基准面中创建如图 3-45 所示的草绘图形（需使用"文字"工具创建箭头上部和下部的"开"和"关"文字）。

步骤 14 单击"拉伸凸台/基体"按钮，"开始条件"设置为"曲面/面/基准面"，然后选择手轮的外表面为拉伸参照面，设置拉伸深度为 1mm，执行从曲面开始的拉伸操作，拉伸出手轮的开关标志文字，如图 3-46 所示。

图 3-45　创建草图操作

图 3-46　拉伸出手轮的开关标志文字

知识点详解

结合实例下面介绍一下在 SOLIDWORKS 中，执行扫描、放样、旋转等操作的技巧，以及包覆特征、基准面、基准轴和坐标系的创建技巧，具体如下（扫描特征和放样特征是常用基础特征，需重点掌握）。

● 1. 扫描特征

扫描特征是指草图轮廓沿一条路径移动获得的特征，在扫描过程中用户可设置一条或多条引导线，最终可生成实体或薄壁特征（此外也可执行"扫描切除"操作），如图 3-47、图 3-48 所示。

图 3-47　简单扫描特征　　　　　　　　　　图 3-48　引导线扫描特征

单击"特征"工具栏中的"扫描"按钮　，分别选择扫描"轮廓"和扫描"路径"，需要设置引导路径时，在"引导线"卷展栏中设置好引导线，即可执行扫描操作（需要注意的是，引导线应与扫描轮廓相交于一点，应在引导线中添加到轮廓线的穿透关系）。

通过"扫描"属性管理器（如图 3-49 所示），可对扫描的各个选项进行设置，下面集中解释一下其意义。

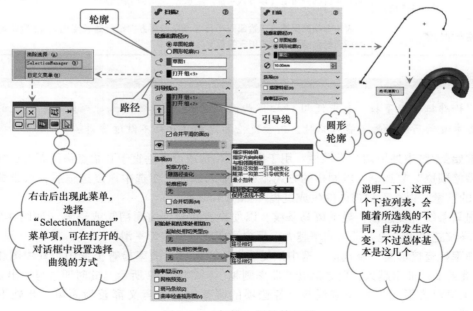

图 3-49　"扫描"属性管理器

- ➢ **"轮廓和路径"** 卷展栏：用于选择扫描"轮廓"和扫描"路径"。
- ➢ **"引导线"** 卷展栏：此卷展栏用于选择和设置引导线，可选择多条引导线。选中"合并平滑的面"按钮，可在引导曲线曲率不连续时，对自动生成的曲面进行平滑处理。单击"显示截面"单选按钮 ⚫，可显示扫描截面在某个位置处的截面形状。
- ➢ **"选项"** 卷展栏：其中"方向/扭转控制"下拉列表用于设置"截面"图形在扫描过程中的方向和扭转方式，如表 3-4 所示；如果扫描轮廓具有相切线段，选中 **"合并切面"** 复选框，可使所产生的相应扫描曲面相切；选中 **"显示预览"** 复选框，用于在设置扫描曲线时预览扫描效果；选中 **"合并结果"** 复选框，当扫描体与其他实体相交时，在扫描后将与相交实体合并成一个实体；选中 **"与结束端面对齐"** 复选框，可令扫描轮廓延伸或缩短，以与扫描端点处的面相匹配。

表 3-4 "方向/扭转控制"下拉列表项的作用

方向扭转选项		意 义
保持法向（线）不变		无：表示使截面总是与起始截面保持平行
随路径变化	无	表示使截面与路径的角度始终保持不变（仅用于路径线为 2D 图线）
	指定方向向量	选择一个能够确定方向的参照物，如直线、面等，令截面轮廓在扫描时间始终与其垂直
	与相邻面相切	将扫描附加到现有几何体时可用，使相邻面在轮廓上相切
	随路径和第一引导线变化	表示中间截面的扭转角度由路径到第一条引导线的向量决定
	随第一和第二引导线变化	表示中间截面的扭转方向由第一条到第二条引导线的向量决定
	最小扭转	表示在路径线为 3D 图线时，令轮廓线与 3D 图线的角度不变，或满足生成实体的情况下，尽量少发生变化
	自然（路径线为 3D 图线时，显示该选项）	表示在路径线为 3D 图线时，当轮廓沿路径扫描时，在路径中其可绕轴转动以相对于曲率保持同一角度（该方式可能产生意想不到的扫描结果）
指定扭转值		表示令截面保持与开始截面平行（或令截面方向跟随路径变化），然后在此基础上，令截面轮廓沿路径扭转指定的角度值

> **提示：**
>
> 在"轮廓扭转"下拉列表中使用"扫描曲面"命令 🎵 扫描曲面时，具有较明显的作用，当路径曲率波动而使轮廓不能对齐时，用于使轮廓稳定（此处不做过多讲解）。

- ➢ **"起始处/结束处相切"** 卷展栏：用于设置不相切或设置垂直于开始点路径而生成扫描。
- ➢ **"网格预览"** 复选框：以网格的方式显示扫描的截面，在选中该复选框后，可设置预览截面的数量，以查看扫描体的生成过程（如图 3-50 所示）。
- ➢ **"斑马条纹"** 复选框：显示斑马条纹，以便更容易看到曲面褶皱或缺陷（如图 3-51 所示，斑马纹越密集的地方说明曲率越大，反之说明此处面较为平滑）。
- ➢ **"曲率检查梳形图"** 复选框：选中该复选框后，可显示曲率检查梳形图，其中图线越长说明此处面的曲率越大，反之该处的曲率则越小，如图 3-52 所示（此时通过显示出来的相应选项可对梳形图进行相应调整，各选项的调整方法和意义都较为简单，此处不做过多讲解）。

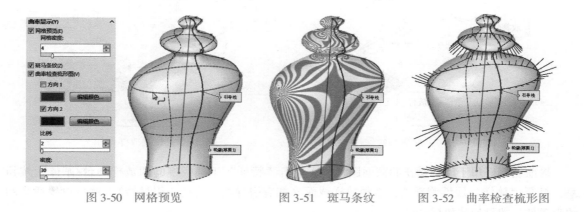

図 3-50　网格预览　　　　図 3-51　斑马条纹　　　图 3-52　曲率检查梳形图

另外，还可进行薄壁扫描，此时将出现"薄壁特征"卷展栏，此卷展栏中各选项的作用与前面介绍的"旋转"特征相同，所以此处不再重复叙述。

最后讲一下，单击"特征"工具栏中的"扫描"按钮 🔗，弹出"扫描"属性管理器后，选中"图形轮廓"按钮，如图 3-53 所示，可进行默认为圆形截面的扫描。

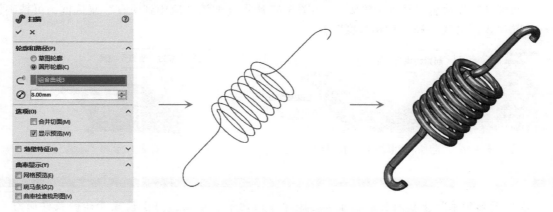

图 3-53　"扫描"属性管理器之"圆形轮廓"创建扫描操作界面

此时只需要选择扫描路径即可，然后设置系统默认添加的圆形轮廓的直径，即可进行扫描（该功能是新版本的添加的新功能，目的是在执行扫描弹簧件等操作时，不必再绘制烦琐的圆形扫描轮廓，可以提高绘图效率）。

> **提示：**
>
> "圆形轮廓"扫描时，"扫描"属性管理器中的大部分按钮的功能，在"草图轮廓"扫描方式下都已做了相应讲解，此处不再重复叙述。

● 2. 放样特征

三维模型的形状是多变的，扫描特征解决了截面方向变化的难题，但不能让截面形状和尺寸也随之发生变化，这时需要用放样特征来解决这个问题。

放样特征可以将两个或两个以上的不同截面进行连接，是一种相对比较复杂的实体特征，如图 3-54 和图 3-55 所示。

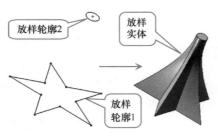

图 3-54　无引导线放样操作

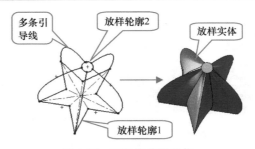

图 3-55　引导线放样操作

　　提前创建好用于放样操作的截面图形后，单击"特征"工具栏中的"放样凸台/基体"按钮 ，打开"放样"属性管理器，选择放样截面（如有引导线，再选择引导线），然后设置适当的约束条件，即可创建放样特征。

　　"放样"特征的属性管理器与"扫描"特征有很多相似之处，比如都具有"轮廓和路径"卷展栏"引导线"卷展栏等，而且其功能基本相同，所以下面仅讲述一下其与扫描特征不同的属性，具体如下。

　　➢ **"起始/结束约束"**卷展栏（如图 3-56 所示）：用于设置产生的放样面与轮廓面间的关系，如可设置开始端"垂直于轮廓"，如图 3-57 所示（取消"应用到所有"复选框，可精确设置"拔模角度"和"相切长度"）。

图 3-56　"起始/结束约束"卷展栏

图 3-57　设置开始端"垂直于轮廓"

提示：

　　在"开始约束"下拉列表中也可以选择"方向向量"选项，用于设置开始的放样面与某个参照方向相切。

　　➢ **"引导线"**卷展栏："放样"特征的"引导线"卷展栏与"扫描"特征相比，增加了设置引导线影响范围的"引导线感应类型"下拉列表（其作用如图 3-58 所示），另外还可设置拉伸面与引导线的相切类型。

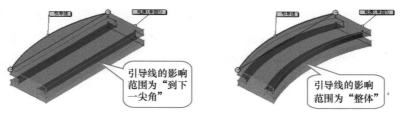

图 3-58　设置"引导线感应类型"的作用

　　➢ **"中心线"**卷展栏：为了控制"放样"操作扫描截面的方向，在"放样"特征中引入了"中心线"，令所有中间截面的草图基准面都与"中心线"垂直，如图 3-59 所示，从而可以更有效地进行放样操作（中心线可与引导线共存）。

图 3-59　中心线的作用

➤ **"草图工具"** 卷展栏：单击此卷展栏中的"拖动草图"按钮，可以在编辑"放样"特征时，对 3D 草绘图形进行编辑操作。

● 3. 包覆特征

包覆特征是将草绘图形包覆在模型表面，以形成浮雕、蚀雕或刻画效果，主要用于印制公司商标以及零件型号等内容。

包覆特征的绘图意义与拉伸特征有些相似，绘制一个草绘图形，选择"插入">"特征">"包覆"菜单，设置好拔模方向和包覆类型，即可生成包覆特征，如图 3-60 所示。

图 3-60　"包覆特征"操作

如图 3-60 所示，共有 2 种包覆方法（分析 和样条曲面 ），三种包覆类型（浮雕 、蚀雕 和刻划 ），下面做一下简单介绍。

➤ **"分析"** 包覆方法 ：该方法下，只可以在平面、圆柱面、圆锥面、拉伸面或旋转面（包含实体的此类面）上，通过投影草图的方式，生成包覆特征（该方式下，用于生成包覆特征的草图所在的草图面。必须与上述面相切，或移动后相切）。

➤ **"样条曲面"** 包覆方法 ：该方法下，可以在任何面上（含实体面），生成包覆特征（如图 3-61 所示）。

图 3-61　"分析"和"样条曲面"的包覆特征

85

➤ **"浮雕"** 🔘、**"蚀雕"** 🔘 和 **"刻划"** 🔘：分别用于生成向外凸出的包覆特征（相当于向外拉伸）、向内凹陷的包覆特征（相当于拉伸切除），以及仅仅是面上刻划线条的包覆特征（相当于投影分割线），如图 3-62 所示。

图 3-62　不规则面上的"包覆特征"

然后解释一下"拔模方向"的作用，"拔模方向"可用于设置一个参照的包覆拉伸的方向，如果不设置该方向，那么默认包覆拉伸方向为垂直于包覆面，如图 3-63 所示。

图 3-63　"包覆特征"中拔模方向的作用

提示：

简单说明一下"样条曲面"包覆特征中"精度"的作用，如图 3-61 所示，通过拖动"精度"栏中的滑块，可以调整包覆线在包覆面上所生成线与原曲线的投影相似度，由于该线往往是不能通过方程来表达的，所以是一条由很多取样点构成的近似的线。在满足机械加工要求的前提下，应使用较小的精度来生成包覆特征。

● 4. 基准面

使用系统默认提供的前视、右视和上视三个互相垂直的基准面来设计零件，很多情况下远远不够，此时即需要创建其他基准平面。

实际上，在 SOLIDWORKS 中创建基准面更类似于使用位置约束定义面的位置。单击"参考几何体"工具栏的"基准面"按钮📐，打开"基准面"属性管理器，然后选择面、直线或点等参照物，设置一个或多个约束条件，令基准面完全约束，即可创建新的基准面（如图 3-64 所示）。

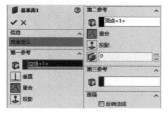 

通过"直线"和"点"定义基准面

图 3-64　通过一条"直线"和"点"来定义新的基准面

● 5. 基准轴

基准轴是创建其他特征的参照线，主要用于创建孔特征、旋转特征，以及作为阵列复制与旋转复制的旋转轴，如图 3-65 所示。

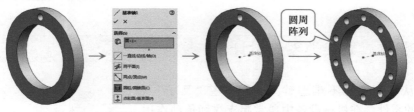

图 3-65　创建 "基准轴"、再根据 "基准轴" 创建的圆周阵列效果

要创建如图 3-65 所示的基准轴，需单击 "参考几何体" 工具栏中的 "基准轴" 按钮 ✐，然后选择圆环的内表面即可。

● 6. 坐标系

在 SOLIDWORKS 中，用户创建的坐标系也被称为基准坐标，主要在装配和分析模型时使用。单击 "参考几何体" 工具栏中的 "坐标系" 按钮 ⏚，选择一点作为坐标系的位置，再依次选择几条边线（或点）确定坐标系三条轴的方向即可创建坐标系，如图 3-66 所示。

图 3-66　创建 "坐标系" 的操作

思考与练习

一、填空题

1. 扫描特征是指草图轮廓沿一条＿＿＿＿＿＿＿移动获得的特征，在移动过程中，用户可设置一条或多条＿＿＿＿＿＿＿，最终可生成＿＿＿＿＿＿或＿＿＿＿＿＿特征。

2. ＿＿＿＿＿＿＿可以将两个或两个以上的不同截面进行连接，从而形成特征。

3. _____是创建其他特征的参照线，主要用于创建孔特征、旋转特征，以及作为阵列复制与旋转复制的旋转轴。

二、问答题

1. 有几种拉伸特征？分别通过哪些按钮创建？

2. 简述包覆特征可以附着的面。

三、操作题

绘制如图 3-67 所示的元宝实体模型（提示：使用"扫描特征"）。

图 3-67　需绘制的元宝实体模型

 实例8　叉架类零件设计

"叉架"从字面意思不难理解，就是一些"叉子"和"架子"形状的零件，在机械设备中通常起支撑和传动作用，如拨叉、支架、杠杆、连杆等都属于叉架的范畴。

本节讲述典型"叉架"类零件——"拨叉"的设计方法，如图 3-68 所示。"拨叉"是用来横向拨动零件的装置，主要用在变速器中。如汽车变速器、车床变速器等，都是通过拨叉的左右拨动，来调节输出速率的。

需要注意的是，目前，"手动挡"汽车中，仍然使用拨叉拨动齿轮，通过整合不同的齿轮组合来换挡调速；而在"自动挡"汽车中，则多采用整合了"离合器"的"行星齿轮机构"进行变速。

图 3-68　要设计的拨叉实体模型

视频文件：配套\\视频\Unit3\实例 8.mp4
结果文件：配套\\案例\Unit3\实例 8——拨叉.SLDPRT

主要流程

"拨叉"零件稍显复杂，在使用 SOLIDWORKS 对其进行建模的过程中，除了将用到拉伸和拉伸切除等基础建模特征外，还将用到孔、拔模、筋和圆角等附加建模特征，如图 3-69 所示。"附加特征"是放置在基础特征之上的一类特征，因此又称为"放置特征"，其与基础特征的不同之处在于：基础特征可以独立创建出零件实体，而附加特征必须在已有的实体上进行操作，是对实体的修改。在本实例的操作过程中应注意掌握此类特征的操作方法。

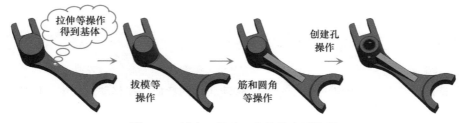

图 3-69　创建"拨叉"实体的主要流程

拨叉零件的毛坯多通过铸造得到，然后进行切削等加工处理，得到最终零件；不过，如果考虑到零件在工作过程中遇到的变载荷和冲击性载荷较大，为了延长拨叉的使用寿命，有的拨叉毛坯也采用锻件或铝合金。

实施步骤

本实例将以图 3-70 所示的拨叉工程图为参照，在 SOLIDWORKS 中完成"拨叉"模型的创建，步骤如下。

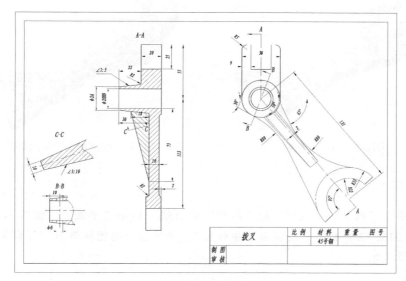

图 3-70　"拨叉"零件图纸

1. 拉伸出基体

步骤 1　新建一个"零件"类型的文件后，单击"草图绘制"按钮，选择"前视基准面"，进入其草绘模式，绘制如图 3-71 所示的草绘图形。

步骤 2　单击"特征"工具栏中的"拉伸凸台/基体"按钮，设置拉伸深度为 12mm，选择"步骤 1"绘制的草图执行拉伸操作，效果如图 3-72 所示。

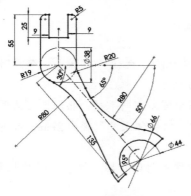

图 3-71　需绘制的草绘图形

图 3-72　执行拉伸操作

步骤 3 单击"特征"工具栏中的"拉伸凸台/基体"按钮，选择新创建的实体的上表面，绘制一个与实体圆弧相切且同圆心的圆，拉伸深度设置为 30mm，执行拉伸操作，效果如图 3-73 所示。

步骤 4 再通过相同的操作，单击"拉伸凸台/基体"按钮，选择实体上表面，绘制草图，执行拉伸操作（草图与模型上部外表面完全相同，拉伸深度设置为 8mm），效果如图 3-74 所示。

图 3-73 拉伸出凸台　　　　　图 3-74 拉伸出不同厚度部分

2. 拔模等操作

步骤 5 单击"特征"工具栏中的"拔模"按钮，选择"中性面"拔模方式，设置"拔模角度"为 11.31°，选择凸台上表面为"中性面"，选择凸台侧圆柱面为"拔模面"，执行拔模操作，如图 3-75 所示。

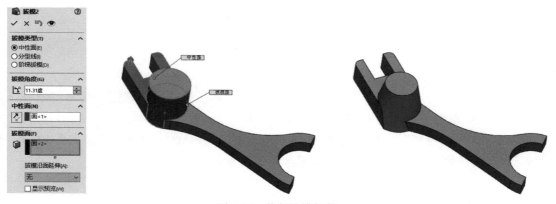

图 3-75 执行拔模操作

步骤 6 单击"特征"工具栏中的"拉伸切除"按钮，选择"步骤 1"本实例前面绘制的第一个草图，执行"反侧切除"操作，效果如图 3-76 所示。

步骤 7 再在模型上表面中绘制一个与模型末端两个圆弧相同半径、相同圆心的圆弧，并在圆弧末端使用直线封闭草绘图形，再执行"拉伸"操作，将拉伸深度设置为 2mm，拉伸出末端实体，效果如图 3-77 所示。

步骤 8 在模型的下表面绘制与两侧直线和弧线相同的封闭草图，执行"拉伸切除"操作，效果如图 3-78 所示。

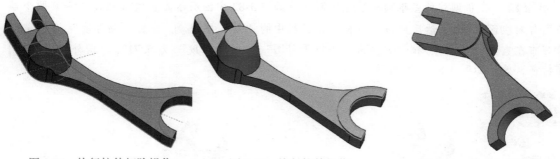

图 3-76　执行拉伸切除操作　　　图 3-77　执行拉伸操作　　　图 3-78　拉伸切除效果

3. 添加筋和圆角

步骤 9　单击"特征"工具栏中的"圆角"按钮，打开"圆角"属性管理器，如图 3-79 左图所示，设置圆角"半径"为 2mm，选择如图 3-79 中图所示的边线，执行圆角操作，效果如图 3-79 右图所示。

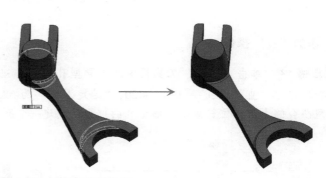

图 3-79　圆角操作及效果

步骤 10　显示出本实例创建的第 1 个草图，然后在模型上表面的草绘模式中，绘制一条与其斜虚线垂直，且长度为 3 的直线，如图 3-80 所示。

步骤 11　单击"特征"工具栏中的"基准面"按钮，选择"步骤 10"中创建的直线的端点，创建一个基准面，如图 3-81 所示。

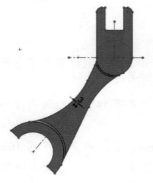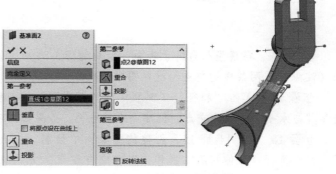

图 3-80　绘制草绘图形　　　　　　　图 3-81　创建基准面操作

步骤 12　在新创建的基准面中首先绘制一条如图 3-82 中图所示的直线（注意要令其两个端点分别与对应面重合），然后单击"特征"工具栏中的"筋"按钮，设置"筋厚度"为 10mm，并且分布在直线"两侧"，拉伸方向为"平行于草图"，"拔模角度"为 5.71°，"向外拔模"，创建筋特征，效果如图 3-82 右图所示。

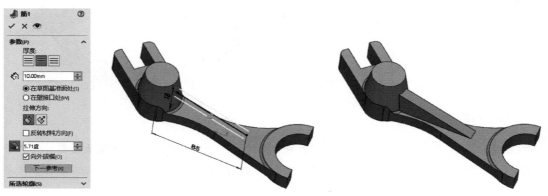

图 3-82　创建筋操作及效果

4. 添加"孔"操作

步骤 13　单击"特征"工具栏中的"异型孔向导"按钮，打开"孔规格"属性管理器，设置孔规格为"直螺纹孔"、ISO、M20，"给定深度"为 52.5mm，然后切换到"位置"选项卡，在模型凸台的上圆心位置单击，确定孔的位置，创建一个孔，如图 3-83 所示。

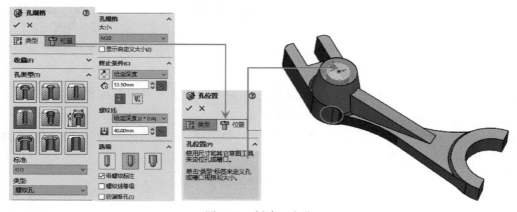

图 3-83　创建一个孔

步骤 14　在模型凸台的上表面，绘制如图 3-84 所示的草绘图形，作为创建参考基准面的基础（注意设置两条线的交点经过草图原点）。

步骤 15　单击"特征"工具栏中的"基准面"按钮，捕捉"步骤 14"中绘制的倾斜中心线和其与水平中心线的交点，创建一个基准面，效果如图 3-85 所示。

步骤 16　在"步骤 15"创建的基准面中绘制一个大小为 6mm，且距离上部平面 10mm 的圆，然后执行"拉伸切除"操作，以"完全贯穿"方式执行拉伸切除操作，切出拨叉的侧面固定孔，效果如图 3-86 所示。

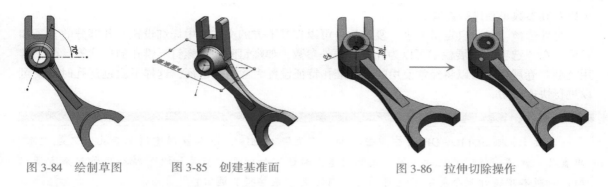

图 3-84　绘制草图　　　　图 3-85　创建基准面　　　　　　图 3-86　拉伸切除操作

知识点详解

结合实例下面介绍一下在 SOLIDWORKS 中，添加孔、圆角、筋等特征的操作方法，以及进行拔模、自由形、变形等操作的技巧，具体如下（孔特征、圆角特征、拔模和筋特征是常用特征，需重点掌握其使用方法）。

1. 孔特征

单击"特征"工具栏中的"异型孔向导"按钮，可在模型上生成螺纹孔、柱形沉头孔、锥孔等多功能孔。

单击"异型孔向导"按钮后，打开"孔规格"属性管理器，如图 3-87 所示，设置好孔的类型、标准和大小等参数后，切换到"孔位置"选项卡，在要生成孔的实体面上单击，即可生成异型孔（可在此界面下设置孔的位置关系，以将孔定位到特定位置）。

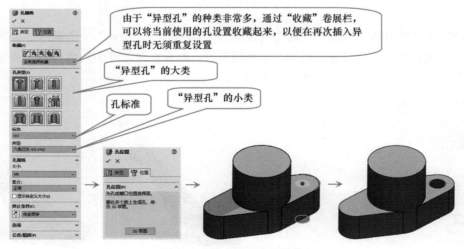

由于"异型孔"的种类非常多，通过"收藏"卷展栏，可以将当前使用的孔设置收藏起来，以便在再次插入异型孔时无须重复设置

"异型孔"的大类

"异型孔"的小类

孔标准

图 3-87　创建异型孔的操作

由图 3-87 左图所示可以发现，"异型孔向导"共提供了柱孔、锥孔、孔、直螺纹孔、锥形螺纹孔和旧制孔等多个大类的孔类型，而且提供了 ISO（国际标准）和 ANSI（美国标准）等多种孔标准，在创建孔时，根据需要选择创建即可。

其中旧制孔是在 SOLIDWORKS 2000 版本之前生成的孔，在其下又包括很多孔类型，而且可以对其参数单独进行设置。

另外选择"显示自定义大小"复选框，可以在其下方的文本框中详细设置孔各部分的直径和长度；在"选项"卷展栏中可以为孔设置额外参数，如螺钉间距和螺钉下锥孔的尺寸等；在"常用类型"卷展栏中可以将经常使用的非标准孔特征设置为常用孔特征，这样下次创建孔时，就可以进行快速调用。

> **提示：**
>
> 实际上，在 SOLIDWORKS 中单击"简单直孔"按钮 🔘，还可以创建简单直孔，只是"简单直孔"无法直接定义孔的位置，实际创建孔时还不如使用"拉伸切除"特征操作起来方便，所以新版本中将此命令屏蔽了（可通过"自定义"菜单将其调出）。

● 2. 倒角特征

倒角又称为"倒斜角"或"去角"，可以在所选边线或顶点上生成一个倒角，以令产品的棱角不至于过于尖锐。SOLIDWORKS 中的倒角类型包括"角度距离""距离-距离"和"顶点"三种形式，如图 3-88 所示。

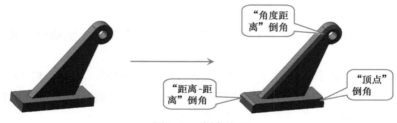

图 3-88　倒角类型

单击特征工具栏中的"倒角"按钮 🔷（或选择"插入">"特征">"倒角"菜单），在弹出的"倒角"属性管理器中设置倒角的类型和倒角值，然后选择需要倒角的边线（或顶点），单击"确定"按钮 ✔ 即可生成倒角，如图 3-89 所示。

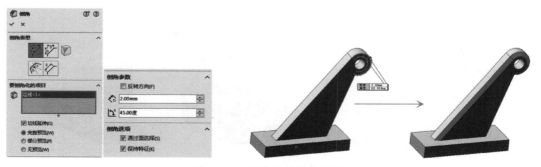

图 3-89　"倒角"的操作过程

下面看一下"倒角"各参数（如图 3-89 左图所示）的意义，具体如下：

➤ **"角度距离"** 🖊、**"距离-距离"** 🖊 和 **"顶点"** 🔻：是 SolidWorks 之前版本中提供三种倒角方式，其中"角度距离"和"距离-距离"方式通过选择一条边进行倒角，"顶点"方式通过选择顶点进行倒角，较易理解（如图 3-90 所示）。

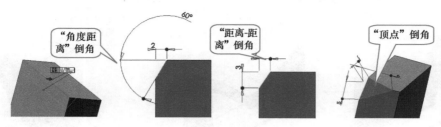

图 3-90 "倒角"的三种方式

➤ **"等距面"**按钮：选中后，可执行"等距面"倒角，该方式下，可通过偏移选定边线相邻的面来求解等距面倒角（注意：该方式也是通过选中边线进行倒角的），如图 3-91 所示，软件将首先计算等距面的交叉点，然后计算从该点到每个面的法向以创建倒角。

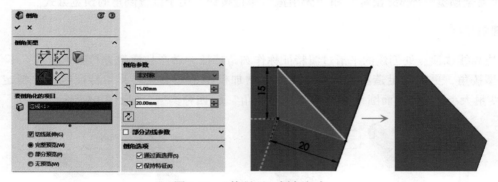

图 3-91 "等距面"倒角方式

选中"部分边线参数"复选框，可通过该卷展栏设置倒角的范围（可通过"开始条件"和"终止条件"设置），如图 3-92 所示。

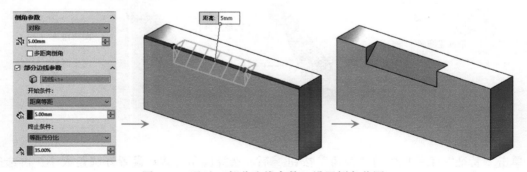

图 3-92 通过"部分边线参数"设置倒角范围

➤ **"面-面"**按钮：选择两个面进行倒角，通常情况下（当两个面有共线时），该倒角方式与"角度距离"倒角方式基本相同。当两个面没有共线时，可用于创建实体，如图 3-93 所示。

➤ **"反转方向"**复选框：反转"角度距离"倒角方式时角度和距离所在的边线。

➤ **"通过面选择"**单选按钮：选中后，可以选择隐藏边线作为倒角的引导线，如图 3-94 所示。

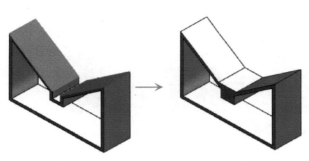

图 3-93 "面-面"倒角的使用

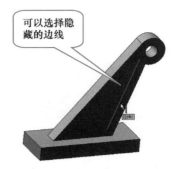

图 3-94 "通过面选择"的作用

➤ **"切线延伸"** 复选框：用于将倒角延伸到与所选实体相切的面或边线。
➤ **"完全预览""部分预览"** 和 **"无预览"** 单选按钮：用于设置倒角的预览方式。

● 3. 圆角特征

在边界线或顶点处创建的平滑过渡特征称作圆角特征。对产品模型进行圆角处理，不仅可以去除模型棱角，更能满足造型设计美学要求，增加模型造型变化。圆角特征包括"恒定大小"、"变量大小"、"面圆角"和"完整圆角"四种类型，如图 3-95 所示。

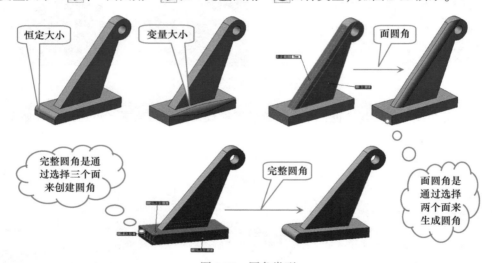

图 3-95 圆角类型

单击"特征"工具栏中的"圆角"按钮后，选择圆角方式，设置好圆角大小，再选择要进行圆角处理的边线、顶点或面，即可进行圆角处理。

选择的圆角类型不同，"圆角"属性管理器也不相同，通常前两个卷展栏用于选择圆角参照，并设置圆角的大小，此处不对其做过多的介绍，仅介绍几个不易理解的卷展栏。

➤ **"恒定大小"** 方式下的 **"圆角选项"** 卷展栏（如图 3-96 所示）："保持边线"复选框，用于令模型边线保持不变，而圆角自动调整（如图 3-97 所示）；"保持曲面"复选框，令圆角边线连续和平滑，而模型边线被更改（如图 3-98 所示）。
➤ **"面圆角"** 方式下的 **"圆角参数"** 和 **"圆角选项"** 卷展栏（如图 3-99 所示）：这两个卷展栏中相关参数的作用，如表 3-5 所示。

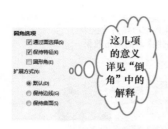

这几项的意义详见"倒角"中的解释

图 3-96　"圆角选项"卷展栏　　　图 3-97　"保持边线"复选框的作用　　　图 3-98　"保持曲面"复选框的作用

表 3-5　"圆角选项"卷展栏各选项的作用

选　　项		意　　义
圆角参数	对称	选择该项，可生成圆角半径不变的面间圆角（如图 3-100 所示，可以想象令一个球在图示位置滚动，球面与两个圆柱的接触面，就是圆角面）
	弦宽度	选择该项，可生成圆角弦宽度不变的面间圆角，如图 3-101 所示（弦就是圆角的对应两个端点的连线，选用该项时，该弦的长度不变，实际上在图示状况下，圆角的半径在不断发生变化）
	非对称	创建一个由两个半径定义的非对称圆角，如图 3-102 所示，此时圆角截面线为与两个面分别相切的样条曲线
	包络控制线	选择零件边线或一投影分割线作为面圆角的边界，系统根据圆角边界自动确定圆角半径大小，如图 3-103 所示
轮廓	圆形	用于设置生成的圆角面，与相邻的两个面相切连续，如图 3-104 左图所示
	曲率连续	用于设置生成的圆角面，与相邻的两个面曲率连续，曲率连续比相切连续要更加平滑，如图 3-104 右图所示
	圆锥 Rho	用于设置生成的圆角面，与相邻的两个面间以圆锥线连续，其中 Rho 是圆锥线的饱满值（计算方法，如图 3-105 所示），Rho 的值越小，曲线越平坦，Rho 值越大，曲线越饱满。当 Rho<0.5 时，曲线为椭圆；当 Rho = 0.5 时，曲线为抛物线；Rho>0.5 时，曲线为双曲线
	圆锥半径	用于设置生成的圆角面，与相邻的两个面间以圆锥线连续，而此时确定圆锥线曲率的是圆锥线肩点（肩点就是圆锥线，最顶部的那个点）处的曲率半径，如图 3-106 所示
圆角选项	通过面选择	可参见"倒角特征"中的相关解释
辅助点		当两个曲面有多个不连续区域相交时，可以通过选择辅助点来定位插入混合面的位置，如图 3-107 所示

图 3-99　"圆角选项"卷展栏　　　图 3-100　"对称"圆角　　　图 3-101　"弦宽度"圆角

图 3-102 "非对称"圆角　　　　　　　图 3-103 "包络控制线"的作用

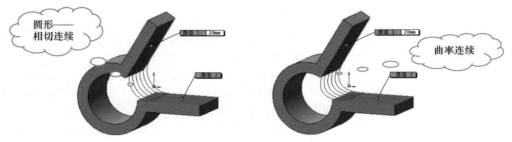

图 3-104 "相切连续"和"曲率连续"的不同

图 3-105 "圆锥 Rho"设置圆角曲率　　　　　图 3-106 "圆锥半径"设置圆角曲率

图 3-107 "辅助点"选项的作用

知识库：

　　曲率连续圆角的横断面曲线是一样条曲线，标准圆角为圆形。曲率连续圆角比标准圆角更为平滑，因为它们在边界处曲率连续，而标准圆角在边界处相切连续，曲率存在跳跃。

● 4. 拔模特征

在工业生产中，为了能够让注塑件和铸件顺利从模具腔中脱离出来，我们需要在铸模上设计出一些斜面，这样在铸模和模具之间就会形成 1°~5°甚至更大的斜角（具体视产品的类型和制造材质而定），这就是拔模处理。

用户既可以在已有零件上插入拔模特征，也可以在创建拉伸特征时，单击"拔模开/关"按钮 进行拔模。在已有零件上插入拔模特征包括"中性面拔模""分型线拔模"和"阶梯拔模"三种拔模类型，其意义如下。

➢ **中性面拔模**：可以选择中性面和需拔模的面来生成拔模特征。单击特征工具栏中的"拔模"按钮 ，打开"拔模"属性管理器，选择"中性面"拔模类型，再设置好拔模角度 ，并在"中性面"卷展栏和"拔模面"卷展栏中分别选择中性面和拔模面，即可进行中性面拔模操作，如图 3-108 所示。

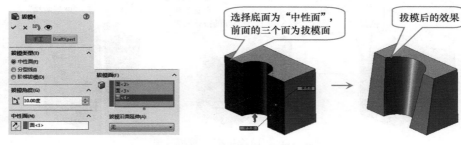

图 3-108 "中性面"拔模操作

> **提示：**
>
> 中性面决定了拔模方向，中性面的 Z 轴方向为零件从铸型中弹出的方向。可单击"反向"按钮 来翻转拔模方向。
>
> 此外，在"拔模"属性管理器中，DraftXpert 为"专家"拔模模式，在此模式下可在拔模的过程中进行分析，本文不过多讲述其操作。

➢ **分型线拔模**：可对分型线周围的曲面进行拔模，分型线可以是分割线（关于分割线，详见第 4 章）也可以是现有的模型边线。其创建方法与"中性面"拔模特征基本相同，如图 3-109 所示，只需选择"分型线"拔模类型，设置拔模角度、设置拔模方向、选择"分型线"即可生成分型线拔模，如图 3-110 所示。

> **提示：**
>
> 执行"分型线"拔模时，需要注意的是对"拔模方向"和"分型线方向"的设置，分型线方向的一侧是对实体进行修改的一侧，拔模方向决定了拔模角度的计算位置。

➢ **阶梯拔模**：阶梯拔模是分型线拔模的变体，即将令分形线绕拔模方向旋转而生成一个面，以代表阶梯，如图 3-111 所示。其创建方法也与"分型线"拔模操作相同，需要注意的是"阶梯拔模"无法选择"边线"作为拔模的参考方向，而且作为拔模参考方向的面，通常是面积不变的面。

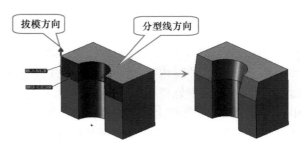

图 3-109 "分型线"拔模操作　　　　图 3-110 "分型线"拔模效果

提示:

"阶梯拔模"包括"锥形阶梯"和"垂直阶梯"两种拔模方式。其中,"锥形阶梯"以与锥形曲面相同的方式生成曲面;而"垂直阶梯"是垂直于原有主要面而生成曲面。

图 3-111 "阶梯拔模"拔模效果

● 5. 筋特征

　　筋特征是用来增加零件强度的结构,它是由开环的草图轮廓生成的特殊类型的拉伸特征,可以在轮廓与现有零件之间添加指定方向和厚度的材料。

　　单击特征工具栏中的"筋"按钮，选择绘制好的筋特征横断面曲线（或选择一个面，绘制筋特征横断面曲线），设置筋特征的宽度和拉伸方向，单击"确定"按钮，即可生成筋特征，如图 3-112 所示。

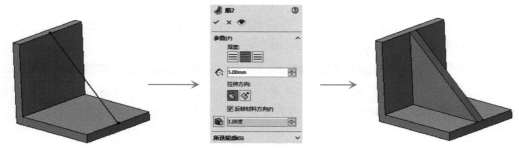

图 3-112 筋特征的创建过程

　　下面解释一下如图 3-112 中图所示的"筋"特征属性管理器中各选项的作用:

➤ "厚度"下的按钮用于设置筋特征厚度的拉伸方向;

➤ 单击 "平行于草图方向" 按钮 ⬡ 可设置筋特征以平行于草图的方向进行延伸；
➤ 单击 "垂直于草图方向" 按钮 ⬡ 可设置筋特征以垂直于草图的方向进行延伸（以上两个按钮的不同效果如图 3-113 所示）；
➤ 单击 "拔模" 按钮 ⬡ 还可设置筋特征的拔模角，其效果如图 3-114 所示。

图 3-113　对筋特征延伸方向的设置　　　　图 3-114　设置 "拔模角" 的作用

● 6. 变形特征

变形特征是指根据选定的面、点或边线来改变零件的局部形状，共有三种变形方式："点""曲线到曲线" 和 "曲面推进"，如图 3-115～图 3-117 所示。

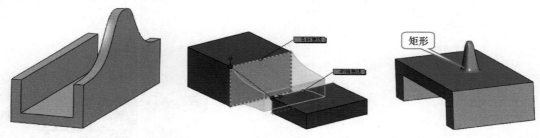

图 3-115　"点" 变形　　　图 3-116　"曲线到曲线" 变形　　　图 3-117　"曲面推进" 变形

选择 "插入" > "特征" > "变形" 菜单，然后选择一种变形方式，并设置相应的选项，如选择设置 "初始曲线" 和 "目标曲线"，如图 3-118 所示，单击 "确定" 按钮即可。

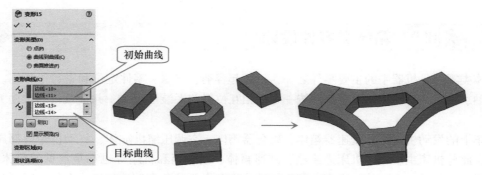

图 3-118　使用 "变形特征" 完成的模型设计操作

通过 "变形区域" 卷展栏可以选择设置固定不变的面或线（否则整个实体都将会跟随点、边线等发生变化），"形状选项" 卷展栏用于控制变形过程中变形形状的刚性，此处不做过多解释。

思考与练习

一、填空题

1. 利用异型孔向导，可在模型上生成_____、_____、_____等多功能孔。

2. 圆角操作时，选择_____复选框，圆角边线将调整为连续和平滑，而模型边线被更改，以与圆角边线相匹配。

3. 拔模特征中，_____决定了拔模方向，_____的 Z 轴方向为零件从铸模中弹出的方向。

二、问答题

1. 在创建倒角时，"保持特征"的作用是什么？

2. 创建拔模特征的目的是什么？

三、操作题

根据图 3-119 左图所示的图纸，绘制出如图 3-119 右图所示的"泵盖"模型（注意拉伸特征和孔特征的使用）。

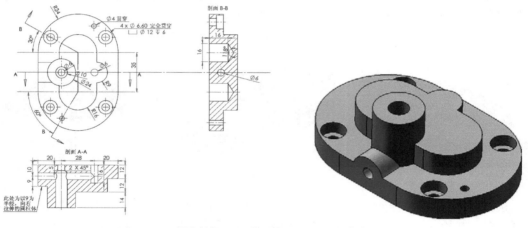

图 3-119 需绘制的"泵盖"模型工程图和其效果

 实例 9 箱体类零件设计

箱体类零件是机器中的主要零件之一，一般起容纳、支撑、零件定位和密封等作用。它将其内部的轴、轴承、套和齿轮等零部件按一定的相互位置关系装配起来，并按预订的传动关系协调运动。

汽车上的发动机缸体、变速器箱体、离合器箱体、空调压缩机缸体、驱动桥箱等都属于箱体类零件，此外机床主轴箱、机床进给箱、减速箱体、蜗轮箱和机座等也都是常见的箱体类零件。很多箱体类零件是一个整体，也有一些箱体被分为多个部分分别铸造加工，在使用时再与内部零件一同装配为整体，如汽车的发动机缸体。

本实例讲述如图 3-120 所示的蜗轮箱的创建，蜗轮箱是蜗轮和蜗杆传动的重要支撑件，常用来传递两个交错轴之间的运动和动力（如图 3-121 所示为蜗轮/蜗杆传动示意图）。

图 3-120　需绘制的"蜗轮箱"模型

图 3-121　蜗轮/蜗杆传动示意图

视频文件：配套\\视频\Unit3\实例 9. mp4
结果文件：配套\\案例\Unit3\实例 9——蜗轮箱 . SLDPRT

　　汽车的"方向机"（也叫作转向器）多采用蜗轮蜗杆方式传动。"方向机"是汽车用于转向的重要机构，在汽车行驶的过程中发挥着重要的作用。

主要流程

　　工业设计中的建模过程，基本上遵循"怎么制造就怎么建模"的建模理念。在前面的实例中，此理念体现尚不明显，本节的"蜗轮箱"实例有较好的体现，基本上先创建主体，然后进行抽壳、添加孔等操作即可，如图 3-122 所示。这就像是木工在做家具之前，先选择一块合适的木材，然后进行精雕细琢一样，实际上我们的机械建模过程也是如此。

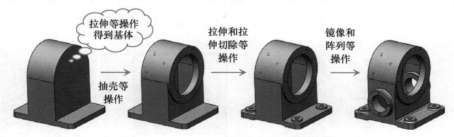

图 3-122　创建"蜗轮箱"实体的主要流程

　　"怎么制造就怎么建模"的理念在"钣金"件的设计过程中体现更为明显。如有些钣金件，如果不按照制造过程建模，在钣金展平后，将得不到正确的用料。

　　箱体通常为铸件，材料多使用铸铁或铸钢，铸造好箱体毛坯后，再进行后续的加工和处理得到最终箱体。加工时，因为箱体孔的精度要求较高，所以多遵循先加工面后加工孔的加工顺序，以加工好的平面定位，再来加工孔。

实施步骤

　　本实例将以图 3-123 所示的工程图为参照，在 SOLIDWORKS 中完成"蜗轮箱"实体的绘制，步骤如下。

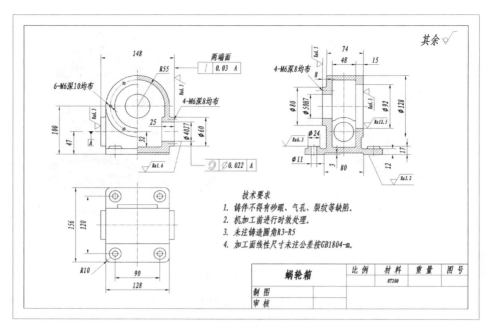

图 3-123 "蜗轮箱"工程图

● 1. 拉伸出零件主体

步骤1 新建一个"零件"类型的文件后，在"前视基准面"的草绘模式中绘制如图 3-124 左图所示的草绘图形，然后执行拉伸操作，拉伸深度为 70mm，效果如图 3-124 右图所示。

步骤2 进入"步骤1"创建的实体底面的草绘模式，绘制如图 3-125 左图所示的草绘图形，然后执行拉伸操作，拉伸深度为 12mm（向上），效果如图 3-125 右图所示。

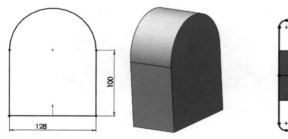

图 3-124 拉伸的主要实体

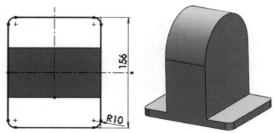

图 3-125 拉伸底部固定座

● 2. 创建蜗轮轴承孔

步骤3 单击"特征"工具栏中的"抽壳"按钮，不设置移除的面，而在"多厚度设定"卷展栏中设置"顶部弧面"和"与弧面相切的面"的壳厚度为 9mm，两侧面的壳厚度均为 11mm，底面的壳厚度为 15mm，执行抽壳操作，如图 3-126 所示。

步骤4 在抽壳后的实体的一个侧面创建与圆弧面完全相同的圆，执行拉伸操作，拉伸深度设置为 4mm，向外拉伸出轴承孔的基体，效果如图 3-127 所示。

图 3-126　抽壳操作

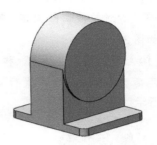

图 3-127　向外拉伸的效果

步骤 5　在"步骤 4"拉伸出的基体上创建一个与外圆弧同心的圆，直径为 92mm，执行拉伸切除操作，切除效果如图 3-128 所示（切除深度大于 19mm，小于 67mm 即可）。

步骤 6　单击"特征"工具栏中的"异型孔向导"按钮，在离轴承孔圆心水平 55mm 处，创建一个 ISO 标准的"直螺纹孔"，孔规格为 M6，孔深度为 13mm，"螺纹深度"为 10mm，如图 3-129 所示。

图 3-128　切除效果

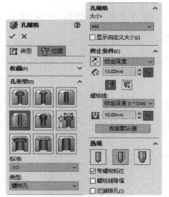

图 3-129　创建直螺纹孔操作及效果

步骤 7　单击"特征"工具栏中的"圆周阵列"按钮，设置阵列个数为 6 个，阵列角度为 360°，选择轴承孔圆柱面的轴为阵列轴，选择"步骤 6"创建的孔特征为阵列特征，执行阵列操作，阵列出此处的所有螺栓孔，如图 3-130 所示。

图 3-130　孔的阵列效果

步骤 8 通过拉伸操作，在实体的另外一个侧面创建一个直径为 80mm、拉伸深度为 8mm 的轴承孔基体，效果如图 3-131 所示。

步骤 9 通过拉伸切除操作，在"步骤 8"创建的实体上拉伸切除出一个直径为 50mm 的孔，效果如图 3-132 所示。

步骤 10 同前面"步骤 6"和"步骤 7"的操作，在此固定孔实体上同样创建 M6 的孔，孔离圆心的距离为 32.5mm，并执行阵列操作，个数为 4，阵列出此处的所有螺栓孔，效果如图 3-133 所示。

图 3-131 创建另外一侧的轴承孔基体孔　　　图 3-132 拉伸切除效果　　　图 3-133 孔和孔阵列效果

● 3. 创建箱体固定孔

步骤 11 在实体底部绘制如图 3-134 左图所示的草绘图形，然后执行拉伸操作，拉伸深度为 17mm（向上拉伸），效果如图 3-134 右图所示。

步骤 12 执行拉伸切除操作，在"步骤 11"创建的实体上拉伸切除出直径为 11mm 的 4 个孔，效果如图 3-135 所示。

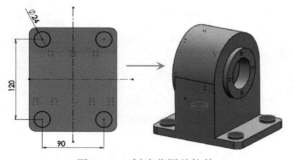

图 3-134 创建草图并拉伸　　　　　　　　图 3-135 拉伸切除效果

步骤 13 在实体的侧面位置创建如图 3-136 左图所示的草绘图形，并执行"完全贯穿"的拉伸切除操作，对底部实体进行切除处理，效果如图 3-136 右图所示。

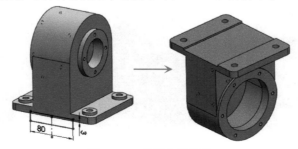

图 3-136 拉伸切除操作

● 4. 创建蜗杆轴承孔

步骤 14　在实体的侧面创建如图 3-137 左图所示的草绘图形，然后执行拉伸操作，拉伸深度设置为 10mm（向外拉伸），效果如图 3-137 右图所示。

步骤 15　在壳体内表面上绘制与"步骤 14"中创建的实体完全相同的圆弧和到底部的封闭图线，并执行拉伸操作，拉伸深度设置为 6mm（向内拉伸），效果如图 3-138 所示。

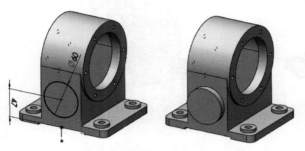

图 3-137　拉伸侧面轴承孔基体

图 3-138　拉伸内侧基体

步骤 16　单击"特征"工具栏中的"圆角"按钮，设置圆角半径大小为 3mm，选择"步骤 15"创建的实体上部的两条边线，执行"恒定大小"圆角处理，效果如图 3-139 所示。

步骤 17　与前面的操作相同，在离圆心 25mm 的竖直位置创建 M6 螺纹孔，螺纹深度为 8mm，并执行圆周阵列操作，阵列个数为 4，效果如图 3-140 所示。

图 3-139　执行"恒定大小"圆角处理效果

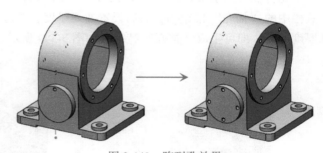

图 3-140　阵列孔效果

步骤 18　单击"特征"工具栏中的"镜像"按钮 ，选择"右视基准面"为"镜像面"，选择"步骤 14"到"步骤 17"创建的实体，执行镜像操作，如图 3-141 所示。

图 3-141　镜像操作

步骤 19 执行拉伸切除操作，在前面创建的实体上，拉伸出一直径为 40mm，"完全贯穿"形式的孔，作为轴承孔，如图 3-142 所示。

步骤 20 单击"特征"工具栏中的"圆角"按钮，选择图 3-143 所示的位置，执行半径为 3mm 的"恒定大小"圆角处理，完成模型的创建。

图 3-142 拉伸切除效果　　　　　　图 3-143 圆角效果

知识点详解

结合实例下面介绍一下在 SOLIDWORKS 中，创建抽壳特征、压凹特征和加厚特征的相关知识和操作技巧，具体如下。

1. 抽壳特征

抽壳特征常见于塑料或铸造零件，用于挖空实体的内部，留下有指定壁厚度的壳。单击特征工具栏中的"抽壳"按钮，然后设置抽壳厚度，并选择移除的面（也可不移除面），再设置特殊厚度的面，即可生成"抽壳"特征，如图 3-144 所示。

图 3-144 抽壳操作

> **提示：**
> 在"抽壳"属性管理器中，选择"壳厚朝外"复选框可以令壳体向外延伸。此外，若需在零件上添加圆角，应在生成抽壳特征之前，对零件进行圆角处理。

2. 压凹特征

压凹特征是指使用一个实体去冲击另外一个实体或片体，就像将片体冲模一样，产生与工具实体类似形状的特征。

选择"插入">"特征">"压凹"菜单，打开"压凹"属性管理器，在绘图区选择进行目标冲压的实体或片体，然后选择工具实体，单击"确定"按钮即可令片体冲压（将实体隐藏后，可见到冲压效果），如图 3-145 所示。

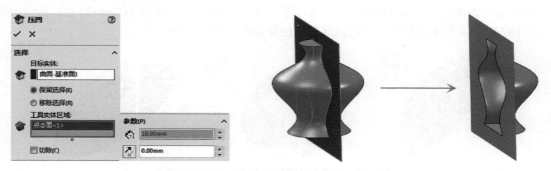

图 3-145　"压凹特征"操作

下面解释一下"压凹"属性管理器中部分不易理解选项的作用。

➤ **"保留选择"** 单选按钮：用于设置单击的工具实体部分为目标实体或片体被冲压出来的部分，"移除选择"单选按钮正好与此相反。

➤ **"切除"** 复选框：选中后将用工具实体区域对目标实体进行切除。

➤ **"厚度"** 📐文本框：用于设置生成的压凹特征的厚度。

➤ **"间隙"** ⤢文本框：用于设置工具实体到压凹特征的距离。

● 3. 加厚特征

这里再讲一个比较常用的加厚特征，此特征主要用于将片体（曲面）加厚生成实体（当同时加厚多个曲面时，曲面必须缝合）。

选择"插入">"凸台/基体">"加厚"菜单，选择一个片体，并设置好加厚的方向和加厚厚度，单击"确定"按钮即可将片体加厚，如图 3-146 所示。

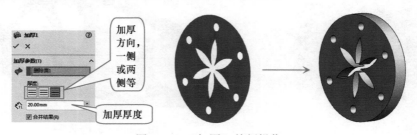

图 3-146　"加厚"特征操作

思考与练习

一、填空题

1. _____是蜗轮和蜗杆传动的重要支撑件，常用来传递两个交错轴之间的运动和动力。

2. 工业设计中的建模过程，基本上遵循_____的建模理念。

3. _____特征常见于塑料或铸造零件，用于挖空实体的内部，留下有指定壁厚度的壳。

二、问答题

1. 加厚特征的加厚对象是什么？尝试简述其操作过程。

2. 如果模型中包括圆角、壳和拔模特征，三者的创建顺序是什么？

三、操作题

打开本文提供的素材文件实例9——练习题（SC）.SLDPRT，对其执行2mm厚度的抽壳操作，如图3-147所示（如无法抽壳，可尝试对部分位置先进行圆角操作）。

图3-147　特殊盘体和其执行抽壳操作后的效果

实例10　轮类零件设计

轮类零件是指齿轮、带轮、链轮等用于传递轴间运动和转矩的零件，轮的轮毂通常带有键槽，以方便通过键、销等与轴连接。

本节讲述"链轮"零件的设计方法，如图3-148所示。链轮是与链条相啮合的带齿的轮形机械零件，主要用于构造链轮传动系统。

齿轮传动、链传动和带传动是机械设备中使用的主要传动方式。其中，链传动靠链条链节与链轮轮齿的啮合带动从动轮回转并传递运动和动力，如图3-149所示。

图3-148　链轮效果　　　　　图3-149　链传动系统

视频文件：配套\\视频\Unit3\实例10.mp4

结果文件：配套\\案例\Unit3\实例10——链轮.SLDPRT

链传动与带传动相比，具有预紧力小、轴压力小的优势，与齿轮传动相比，具有制造与安装精度要求低、成本低廉的优势；链传动的缺点是不能保持恒定的瞬时链速，平稳性较差，且有噪声，易磨损。因此，链传动主要适用于不宜采用带传动和齿轮传动，且工况较为恶劣、功率较大、传动比精度要求不是很高的场合。

主要流程

在国标中没有对链轮的齿形进行具体规定，所以其设计较为灵活。在实际使用链轮时，主要是确定链轮的结构和尺寸，以保证链轮的齿形能平稳自如地进入和退出啮合，且易于加工，以及选择要使用的材料和热处理方法等。

通常将链轮分为轮齿、轮缘、轮辐和轮毂四部分，其基本参数是配用链条的齿距 p、套筒的最大外径 di、排距 pt 和齿数 z。

在 SOLIDWORKS 中设计链轮较为简单，如图 3-150 所示，通过简单的旋转、拉伸切除、阵列和倒角等处理，即可创建链轮模型。

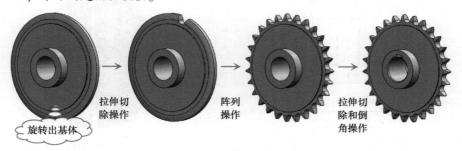

图 3-150　链轮的创建流程

链轮轮齿要具有足够的耐磨性和强度，所以链轮轮齿一般采用经过渗碳、淬火或回火等热处理的钢材或合金钢制成。此外，由于小链轮轮齿的啮合次数比大链轮多，所受的冲击也较大，所以相比大链轮应采用更好的材料制造。

实施步骤

本实例将以图 3-151 所示的"链轮"工程图为参照，在 SOLIDWORKS 中完成"链轮"实体的绘制，步骤如下。

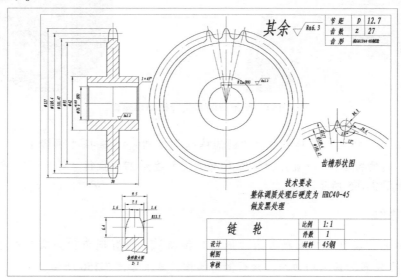

图 3-151　"链轮"工程图

● 1. 旋转出零件主体

步骤1 新建一个"零件"类型的文件后，在"前视基准面"的草绘模式中绘制如图 3-152 所示的草绘图形。

步骤2 单击"特征"工具栏中的"旋转凸台/基体"按钮，选择"步骤1"中创建的草绘图形，执行旋转操作，旋转出模型主体，如图 3-153 所示。

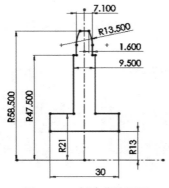

图 3-152　创建草绘图形

图 3-153　旋转出模型主体

● 2. 创建链齿操作

步骤3 在"右视基准面"中绘制如图 3-154 左图所示的草绘图形，然后用其执行"完全贯穿"的拉伸切除操作，效果如图 3-154 右图所示。

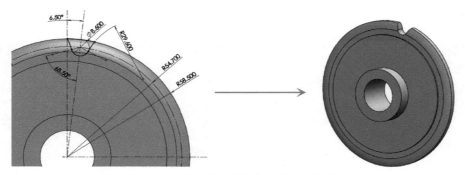

图 3-154　绘制草图并执行拉伸切除操作

步骤4 单击"特征"工具栏中的"圆周阵列"按钮，选择"步骤1"中创建的拉伸切除特征为"要阵列的特征"，设置阵列角度为 360°，个数为 27，执行"等间距"阵列操作，创建链轮的轮齿，如图 3-155 所示。

● 3. 创建键槽操作

步骤5 单击"特征"工具栏中的"倒角"按钮，设置倒角"距离"为 1mm，"角度"为 45°，选择模型轮毂的两条内边线，执行倒角操作，效果如图 3-156 所示。

步骤6 在轮毂的一个侧面上绘制如图 3-157 左图所示的草绘图形，然后用其执行"完全贯穿"的拉伸切除，效果如图 3-157 右图所示，完成链轮模型的创建。

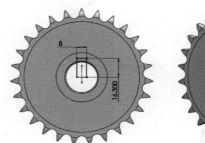

图 3-155　执行圆周阵列操作

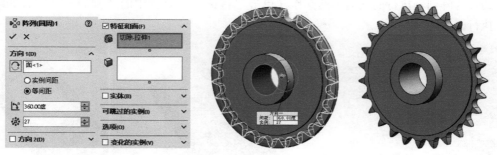

图 3-156　执行倒角操作　　　　　图 3-157　绘制草图并拉伸切出键槽

知识点详解

　　结合实例下面介绍一下在 SOLIDWORKS 中，创建镜像特征、阵列特征，以及执行压缩/解除压缩操作、编辑特征参数和动态修改特征等的相关知识和操作技巧，具体如下。

● 1. 镜像与阵列

　　SOLIDWORKS 提供了镜像、线性阵列、圆周阵列、曲线驱动的阵列、草图驱动的阵列、表格驱动的阵列和填充阵列 7 种创建相同特征或实体的工具，其原理与草图中的镜像和阵列基本相同，下面先来看一下较具代表性的线性阵列的操作。

　　单击"特征"工具栏的"线性阵列"按钮 ，打开"线性阵列"属性管理器，选择一条边线作为"方向 1"的参照，并设置此方向上阵列的"间距"和"实例数"，然后打开"方向 2"卷展栏，并进行同样的设置，以确定此方向上的阵列模式，然后打开"要阵列的特征"卷展栏，选择要阵列的特征，单击"确定"按钮可执行线性阵列操作，如图 3-158 所示。

> **提示：**
>
> 　　"阵列"属性管理器中，通过"要阵列的实体"卷展栏可以选择实体进行阵列；"选项"卷展栏中的"随形变化"和"几何体阵列"复选框用于设置阵列特征随"尺寸约束"变化。其他选项的作用可参考第 2 章中草图阵列的讲述。

　　下面简单介绍一下其他阵列特征的意义和操作方法。

　　➤ **圆周阵列**：是指绕一轴线生成指定特征的多个副本的操作。创建圆周阵列时，必须有一个用来生成阵列的轴，该轴可以是实体边线、基准轴或临时轴等。图 3-159 为选择轴心圆孔的轴为阵列轴执行的圆周阵列操作（单击"特征"工具栏中的"圆周阵列"按钮🔠，可执行圆周阵列操作）。

图 3-158　线性阵列操作

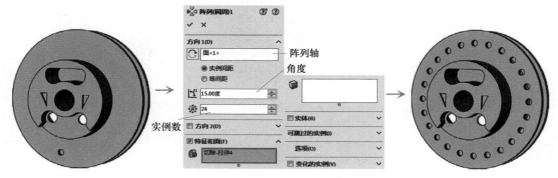

图 3-159　圆周阵列操作

➤ **镜像**：是指沿着某个平面镜像产生原始特征的副本。镜像特征一般多用来生成对称的零部件，如图 3-160 所示，单击"特征"工具栏中的"镜像"按钮▐▌，分别选中镜像特征和镜像面，即可执行镜像操作。

图 3-160　镜像操作

➤ **曲线驱动的阵列**：是指按照固定的成员间隔或成员数量，沿着某条曲线来放置阵列成员，以此生成阵列。单击"特征"工具栏中的"曲线驱动的阵列"按钮👆，选择一条曲线作为阵列方向，再选择阵列个数和阵列间距，选择被阵列的特征，并设置对齐方式，即可进行曲线驱动的阵列操作，如图 3-161 所示。

图 3-161　曲线驱动的阵列操作

提示：

　　"曲线驱动的阵列"特征参数较多，其中"曲线方法"栏中的按钮用于设置阵列特征与曲线间距离的计算方法；"对齐方法"栏中的按钮用于设置阵列特征与曲线的对齐方式，如可设置"与曲线相切"等。

➤ **草图驱动的阵列**：是指使用草图中的草图点定义特征阵列，使源特征产生多个副本。在使用"草图驱动的阵列"特征进行阵列操作前，应首先绘制具有多个草图"点"的草绘图形，然后选择草图，单击"草图驱动的阵列"按钮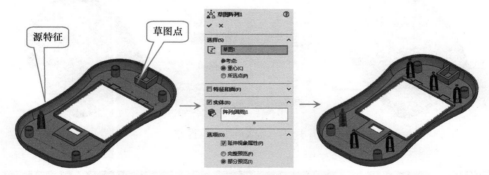，执行阵列操作，将在每个草图点位置生成阵列特征，如图 3-162 所示。

图 3-162　"草图驱动的阵列"操作

➤ **表格驱动的阵列**：是指通过编写阵列成员的阵列表来创建阵列，阵列表中包括阵列特征相对于特定坐标系的位置，每添加一行就创建一个阵列成员。在创建"表格驱动的阵列"特征前，需要首先创建被阵列特征的参考坐标系，然后单击"特征"工具栏中的"表格驱动的阵列"按钮，然后设置要复制的特征或要复制的面，并在下面列表中输入阵列特征相对于上面坐标系的多个坐标值，即可执行"表格驱动的阵列"操作，如图 3-163 所示。

提示：

　　在执行"表格驱动的阵列"操作时，也可以在"由表格驱动的阵列"对话框中单击"浏览"按钮，选择已编辑好的文本文件作为阵列偏移的数据（文本文件由两排数据构成，第 1 排数据为阵列模型的 X 坐标，第 2 排数据为阵列模型的 Y 坐标）。

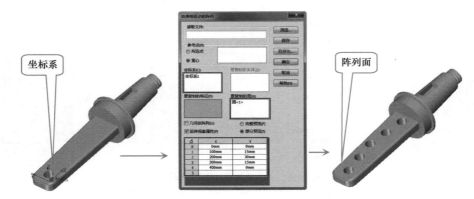

图 3-163 "表格驱动的阵列"操作

➤ **填充阵列**：填充阵列是指用某个原始特征填充到指定区域，以此生成阵列。可以选择平面或平面上的草图作为填充的区域。单击"特征"工具栏中的"填充阵列"按钮🔳，选择一个面作为填充边界，并设置"阵列布局"和阵列特征的源特征，单击"确定"按钮，即可生成填充阵列，如图 3-164 所示。

图 3-164 "填充阵列"操作

知识库：

"填充阵列"特征提供了多种阵列布局，如"方形"🔳"多边形"⚙️等，不同的布局类型，需要对不同的选项进行设置，此处不再一一讲解。此外，如果设置了源特征的"顶点和草图点"⊙位置，在填充区域中将呈现不完整的阵列布局。

➤ **变量阵列**：变量阵列是指以某个特征的尺寸为变量，以类似于表格驱动的方式，通过设置一个或多个尺寸变量的方式，对所选特征进行阵列的方式，如图 3-165 所示（需要注意的是，阵列后不能由于阵列而生成新的实体，否则阵列无法执行）。进行变量操作时，先选中要执行变量阵列的特征，然后单击"编辑阵列表格"按钮（参照面可以不选，见图中说明），打开"阵列表"对话框，在操作区中添加要参与到阵列中的尺寸，然后单击对话框底部的"添加实例"按钮（要阵列多少个，就添加多少个），最后修改每个实例的尺寸值即可。

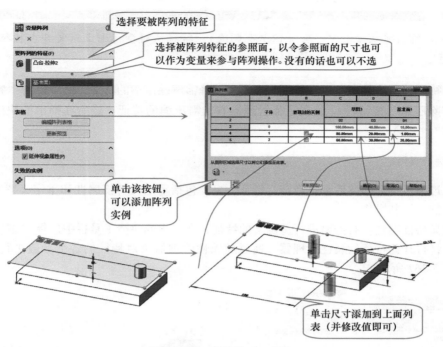

图 3-165 "变量阵列" 操作

提示：

图 3-165 "变量阵列" 属性管理器中的 "延伸现象属性" 复选框，作用是选中后可以使阵列后的特征使用源特征的外观和颜色；"失败的实例" 列表框，由系统自动控制，当某些实例无法生成时，系统将在此处自动列出失败的实例。

● **2. 压缩/解除压缩**

当模型非常大时，为了节约创建、选择对象、编辑和显示的时间，或者为了分析工作和在冲突几何体的位置创建特征，可压缩模型中的一些非关键特征，将它们从模型和显示中移除，具体操作如下。

在特征管理器中选择需压缩的特征，单击 "特征" 工具栏中的 "压缩" 按钮 ↓🏛 （或在特征管理器中右击需压缩的特征，然后在弹出的快捷工具栏中选择 "压缩" 按钮，如图 3-166 左图所示），可将特征压缩，如图 3-166 右图所示。

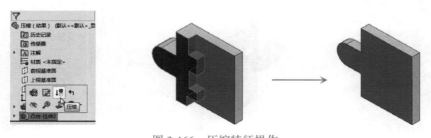

图 3-166 压缩特征操作

特征被压缩后将从模型中移除（但没有删除），特征从模型视图上消失并在特征管理器中显示为灰色。

要解除特征的压缩状态，可在特征管理器中选择需解除压缩的特征，然后单击"特征"工具栏中的"解除压缩"按钮↑ （或在特征管理器右击需压缩的特征，然后在弹出的快捷工具栏中选择"压缩"按钮）。

● 3. 编辑特征参数

可以通过编辑特征的参数来重新定义特征，主要包括重定义特征属性和重定义特征草图等方式，下面分别介绍其操作。

➤ **重定义特征属性**：右击要进行重定义的特征，在弹出的快捷工具栏中选择"编辑特征"按钮，将打开此特征的属性管理器，通过此属性管理器可对特征的各个参数进行重新设置，如图 3-167 所示。

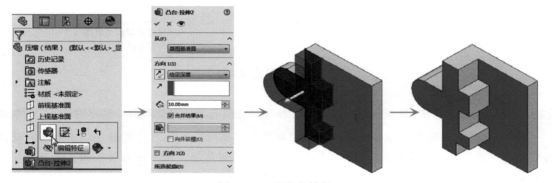

图 3-167　重定义特征

重定义特征属性的操作与创建特征的操作基本相同，不同的特征对应不同的属性管理器，应注意重定义特征属性后，对其他特征的影响。

➤ **重定义特征草图**：可以直接重定义特征草图来编辑特征。右击要进行重定义的特征，在弹出的快捷工具栏中选择"编辑草图"按钮，将进入此特征的草绘模式，然后对草图进行修改即可达到编辑特征的目的，如图 3-168 所示。

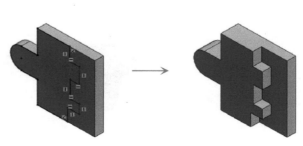

图 3-168　重定义特征草图

● 4. 动态修改特征

单击特征工具栏的"Instant3D"按钮 ，可以通过拖动控标或标尺来动态修改模型特征，如图 3-169 所示。

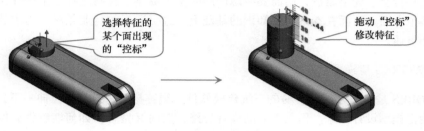

选择特征的某个面出现的"控标"

拖动"控标"修改特征

图 3-169　通过拖动控标动态修改特征

提示：

在动态修改特征的过程中，可通过将鼠标移动到标尺的刻度上来精确模型修改后的尺寸。

思考与练习

一、填空题

1. 当模型非常大时，为了节约创建、对象选择、编辑和显示的时间，或者为了分析工作和在冲突几何体的位置创建特征，可_____模型中的一些非关键特征，将它们从模型和显示中移除。

2. 可以通过编辑特征的参数来重新定义特征，主要包括_____和_____方式。

3. 单击特征工具栏的_____按钮，可以通过拖动控标或标尺来动态修改模型特征。

二、问答题

1. 链传动与带传动、齿轮传动相比，有哪些优缺点？链传动主要用在哪些场合？

2. "线性阵列特征"中的"随形变化"复选框有何作用？

三、操作题

打开本文提供的素材文件实例 10——练习题（SC）.SLDPRT，如图 3-170 左图所示，对其执行如图 3-170 右图所示的填充阵列操作（阵列布局为"圆周"，"环间距"为 12mm，"实例间距"为 15mm，"边距"为 3mm，圆孔半径为 8mm）。

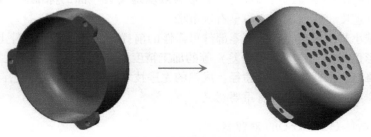

图 3-170　填充阵列素材和填充阵列的效果

知识拓展

机械设计绝对不是简单的涂鸦，某些产品如果涉及实际销售和使用，可以做得比较时尚，但是绝对不能天马行空、凭空臆造，而需要考虑产品的生产成本、材料选择、生产加工工艺和表面处理工艺等多个方面。下面在本章所学知识的基础上，进行适当的行业拓展，力求软件使用和实际工作的融会贯通。

● 1. SOLIDWORKS 建模要点

SOLIDWORKS 是一款入门较容易的三维建模软件，很容易上手，左边拉伸一下，右边再切除一点，终究会把模型设计出来。但是不好的设计思路，费时又费力，如何能够做到既快速又精准呢？在实际工作中，不妨遵循如下要点：

➢ **建模之前，应对建模的顺序有通篇考虑**：先做什么，后做什么，用什么特征做，都要提前考虑清楚。
➢ **应合理选择主要草图轮廓和其基准面**：应选择最能代表零件主要形状信息的轮廓作为建立模型的首个草绘图形。草图图形所在的基准面，要考虑到此零件在装配体中的位置和出工程图的便利性。
➢ **应遵循"先大后小、先粗后细"的原则**：先做大尺寸形状，再完成局部的细化，形状也是先粗略，再细化，如圆角和倒角等应该到建模的最后阶段进行。
➢ **应重视 SOLIDWORKS 的二维工程图**：SOLIDWORKS 的优势在于可通过三维模型快速出二维工程图，而且通过审查和修改二维工程图，还可以对模型进行修改。
➢ **单个特征中最好不要包含太多草绘要素**：草绘要素多了后，模型的后续更改会产生很多意想不到的错误。
➢ **能用现有工具做的最好不要自己生成**：如在插入孔特征时，使用"异型孔向导"插入孔，既方便快捷，又利于后续工程图的输出。

● 2. 零件设计原则

合理的零件设计，可以在保证产品必备功能的前提下，使制造成本最低。在实际设计零件的过程中，通常应遵循如下原则。

➢ **遵循"零件越简单越好"的原则**：用最简单的零件形状或机械机构，实现最复杂的功能，是高级工程师的核心理念，也是降低制造成本最有效的途径。
➢ **坚持"三化"原则**：任何零件的研发、设计到生产，都需要不小的制造成本，因此能用标准件的地方一定要尽量选用标准件，并最大限度地实现产品的标准化、通用化和系列化，以加快设计速度，降低成本，尽早占领市场。
➢ **尽可能地减小加工难度**：在保证零部件可靠性的前提下，尽量降低零件上尺寸公差、表面粗糙度和形位公差（也叫几何公差）等的加工精度要求。
➢ **新技术是降低生产成本的有效途径**：成熟的先进技术、新材料和新工艺，对于降低生产成本和提高产品的可靠性，具有重要意义。

● 3. 几种螺母标准件 GB-ISO-DIN 对照表

表 3-6 为几种螺母标准件 GB-ISO-DIN 对照表。

表 3-6　几种螺母标准件 GB-ISO-DIN 对照表

品　名	中国标准（新）	国 际 标 准	德国标准
1 型六角螺母	GB/T 6170-2015	ISO 4032：2023	DIN EN ISO 4032—2023
六角螺母 C 级	GB/T 41-2016	ISO 4034：2013	DIN EN ISO 4034—2013
六角薄螺母	GB/T 6172.1-2016	ISO 4035：2013	DIN EN ISO 4035—2023
六角薄螺母，无倒角	GB/T 6174-2016	ISO 4036：2013	DIN EN ISO 4036—2012
1 型六角螺母，细牙	GB/T 6171-2016	ISO 8673：2023	DIN EN ISO 8673—2023
2 型六角螺母，细牙	GB/T 6176-2016	ISO 8674：2023	DIN EN ISO 8674—2023
六角薄螺母，细牙	GB/T 6173-2015	ISO 8675：2023	DIN EN ISO 8675—2023
1 型非金属嵌件六角锁紧螺母	GB/T 889.1-2015	ISO 7040：2012	DIN EN ISO 7040—2013
2 型全金属六角锁紧螺母	GB/T 6185.1-2016	ISO 7042：2012	DIN EN ISO 7042—2013

第 **4** 章

输送机械设计——曲线与曲面

本章要点

- 螺旋输送机设计
- 双曲面搅拌机设计
- 桨状轮筛选机构设计
- 振动盘设计
- 选粉机设计

学习目标

零件的加工或组装通常需要很多工序，而这些工序不可能在一个节点一次完成，当一个工序完成后，零件需要被传送到另外一个节点继续进行加工，这种传送零件的设备，即被称为输送机械。

本节讲述在现代工业中，较常使用的螺旋输送机、搅拌机、桨状轮筛选机构、振动盘和选粉机等输送机械的设计方法（主要用到 SOLIDWORKS 的曲线和曲面的绘制功能）。

实例11　螺旋输送机设计

使用旋转的螺旋叶片将物料推移的机械被称为螺旋输送机，如图 4-1 所示。螺旋输送机主要用于水平（倾斜）输送粉状、粒状或小块状物料，如煤矿和粮食等。螺旋输送机的特点是：结构简单、工作可靠、制造成本低，便于中间装料和卸料。

本实例将讲解使用 SOLIDWORKS 设计螺旋输送机的关键零件——"绞龙"的操作，如图 4-2 所示。在设计的过程中将主要用到 SOLIDWORKS 的螺旋线和扫描特征。

图 4-1　螺旋输送机

图 4-2　本实例要设计的"绞龙"零件

> 视频文件：配套\\视频\Unit4\实例 11.mp4
> 结果文件：配套\\案例\Unit4\实例 11——绞龙.SLDPRT

主要流程

螺旋输送机绞龙的建模，关键是其绞龙叶片的创建，如图 4-3 所示，需要创建三维的螺旋线。首先使用螺旋线扫描出绞龙叶片的曲面，再进行加厚处理，并在两端切除出绞龙的固定孔，即可创建出要使用的绞龙模型。

创建螺旋线后 进行扫描处理

加厚和创建两 边固定孔操作

图 4-3　制作绞龙的主要流程

绞龙叶片通常使用普通钢板制作，不过在实际生产的过程中，绞龙叶片的下料是一个大问题，由于绞龙叶片外边缘和内边缘的半径不同，使用普通钢板无法直接弯折成形。

通常有两种方法来生产绞龙叶片：一种是冷轧成形法，即将钢带在模具中直接滚压成形，此方法多用于批量生产；另一种是单个叶片焊接法，先将平面钢板切成带有缺口的单个圆环，制出单个螺旋叶片，然后逐个焊接，此方法主要用于单件和小批量生产。

实施步骤

本实例将以图 4-4 所示的"绞龙"工程图为参照，在 SOLIDWORKS 中完成螺旋输送机"绞龙"的绘制，步骤如下。

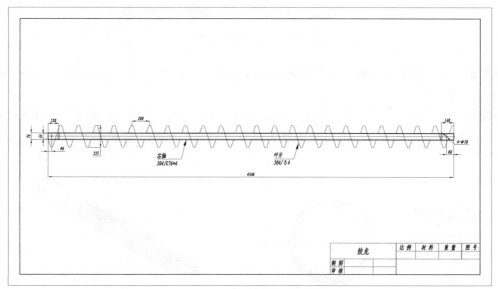

图 4-4　"绞龙"工程图

步骤1 新建一个零件类型的文件，在"前视基准面"中绘制如图4-5左图所示的草绘图形，然后单击"特征"工具栏中的"拉伸凸台/基体"按钮🗔，设置拉伸深度为4548mm，对草图进行拉伸，效果如图4-5右图所示。

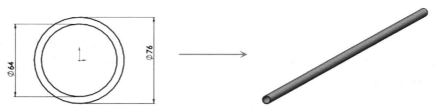

图4-5 拉伸出绞龙中心的旋转柱

步骤2 首先在"前视基准面"中绘制一个与圆柱外边缘完全相等的圆，如图4-6左图所示，然后单击"曲线"工具栏中的"螺旋线/涡状线"按钮⧖，选择绘制的圆作为螺旋线的截面曲线，打开"螺旋线/涡状线"对话框，如图4-6中图所示。

步骤3 设置螺旋线的定义方式为"高度和螺距"，并且设置参数为"恒定螺距"、"高度"为4548mm、螺距为200mm、起始角度为0°、"逆时针"旋转，单击"确定"按钮，创建螺旋线，如图4-6右图所示。

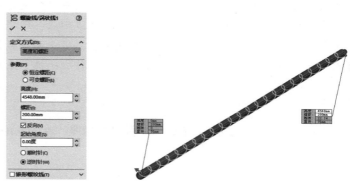

图4-6 创建螺旋线

步骤4 在"前视基准面"中绘制如图4-7所示的草绘图形，注意设置其中一个端点与螺旋线的几何关系为"穿透"。

步骤5 单击"曲面"工具栏中的"扫描曲面"按钮🖋，选择"步骤4"中创建的直线为扫描"轮廓"，选择"步骤3"中创建的螺旋线为"扫描"路径，扫描出绞龙的叶片曲面，如图4-8所示。

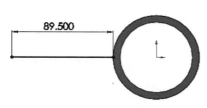

图4-7 绘制草绘图形　　　　　　　图4-8 扫描出绞龙的叶片曲面

步骤 6　选择"插入">"凸台/基体">"加厚"菜单，选择"步骤 5"创建的曲面为"要加厚的面"，加厚方式设置为"加厚两侧"，厚度为 6mm，并取消"合并结果"复选框的选中状态，单击"确定"按钮，创建叶片实体，如图 4-9 所示。

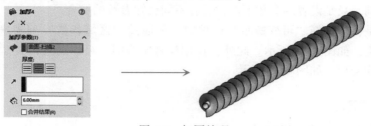

图 4-9　加厚处理

步骤 7　分别在上视和右视基准面中绘制直径为 18mm 的 4 个圆，执行拉伸切除操作，创建绞龙的固定孔，如图 4-10 所示，完成绞龙模型的创建。

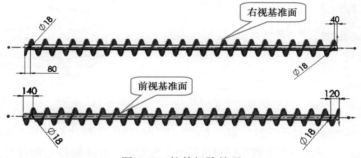

图 4-10　拉伸切除处理

知识点详解

结合实例下面介绍一下在 SOLIDWORKS 中，创建"螺旋线/涡状线"，以及拉伸、旋转、扫描和放样曲面的技巧，具体如下。

1. 螺旋线/涡状线

单击"曲线"工具栏中的"螺旋线/涡状线"按钮，首先选择一个面并绘制一圆作为螺旋线的横断面曲线，然后设置各种参数即可绘制螺旋线或涡状线（如图 4-11 所示）。

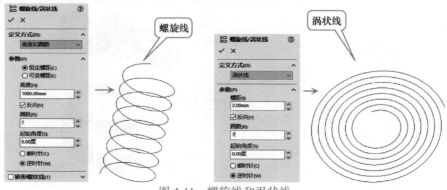

图 4-11　螺旋线和涡状线

通常将"螺旋线/涡状线"作为扫描特征的一个路径来使用，也可作为放样特征的引导曲线。

在上面的实例中，我们介绍了通过设置"高度和螺距"方式创建螺旋线的方法。此外，还可以通过"螺距和圈数""高度和圈数"方式创建螺旋线，这两种方式与"高度和螺距"方式相比，操作基本相同，只是设置的参数不同，适合不同已知参数的场合。

需要注意的是，当选择"可变螺距"选项时，可通过"区域参数"列表来设置螺旋线特定距离上不同的螺距，如图 4-12 所示。此外，在创建螺旋线时，可以通过设置"锥形螺纹线"卷展栏设置螺旋线为锥形，如图 4-13 所示。

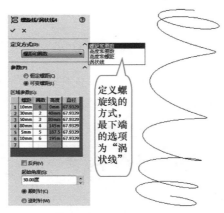
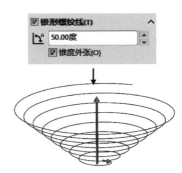

图 4-12　创建"可变螺距"螺旋线　　　　图 4-13　创建"锥形"螺旋线

如在"螺旋线/涡状线"对话框的"定义方式"下拉列表中选择"涡状线"列表项，可以创建涡状线。在创建涡状线时，只需设置圈数和螺距这两个参数即可，其他操作与创建螺旋线的方法相同。

● 2. 拉伸、旋转、扫描和放样曲面

拉伸、旋转、扫描和放样曲面与拉伸、旋转、扫描和放样实体的操作基本相同，如图 4-14 所示，详细操作方法可参考第 3 章，此处不再赘述。

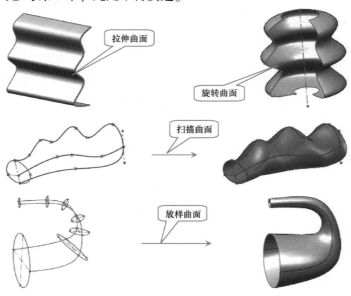

图 4-14　拉伸、旋转、扫描和放样曲面

思考与练习

一、填空题

1. 在零件中绘制的螺旋线或涡状线可以作为扫描特征的_____，或放样特征的_____。

2. 在创建螺旋线时，可以通过设置"锥形螺纹线"卷展栏设置螺旋线为_____。

二、问答题

1. 简述螺旋输送机的特点。

2. 绞龙叶片通常有哪两种制作方法？它是如何制作的？并叙述其应用范围。

三、操作题

绘制如图 4-15 所示的灯管实体模型，样子大概相似即可。

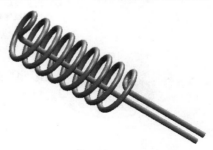

图 4-15 需绘制的灯管实体模型

 实例 12 双曲面搅拌机设计

使用桨状轮来搅拌水体或其他混合体时，多数只能形成单向层流，难以搅拌均匀。双曲面搅拌机的双曲面叶轮类似于洗衣机的波轮，如图 4-16 所示，能够对混合体进行更好的搅拌，且具有循环水流大，能耗低的优点，得到了广泛应用。

本实例将讲解使用 SOLIDWORKS 设计双曲面搅拌机的关键零件——"叶轮"的操作，如图 4-17 所示。在设计的过程中将主要用到 SOLIDWORKS 的投影曲线、扫描和阵列特征。

图 4-16 双曲面搅拌机 　　 图 4-17 本实例要设计的"叶轮"零件

> **视频文件：** 配套\\视频\Unit4\实例 12.mp4
> **结果文件：** 配套\\案例\Unit4\实例 12——叶轮.SLDPRT

主要流程

创建"叶轮"的关键是搅拌翼肋的建模过程。如图 4-18 所示，在创建的过程中，需要使用投影曲线，在叶轮的表面生成曲线，并创建截面曲线，然后使用这些曲线进行扫描处理，得到搅拌翼肋。叶轮的其他部分可通过旋转、拉伸和阵列操作得到。

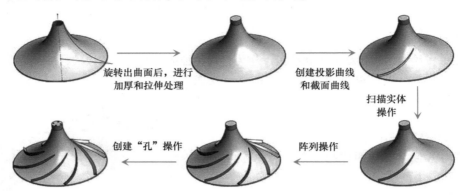

图 4-18　制作叶轮的主要流程

　　需要注意的是，在实际使用双曲面搅拌机搅拌混合体时，在搅拌机的上部接近电动机的位置要搭建固定电动机的平台或支架（如搅拌池底部平整，也可将电动机和叶轮做成一体，使用框架一并固定到搅拌池的底部，只是此时应当增设固定电缆的浮标）。

　　另外，双曲面搅拌机的叶轮可通过一次铸造成形，也可以通过拼接多块钢板焊接而成，搅拌翼肋也可进行拼焊，只是在拼焊之前应做好焊接点的规划工作。

实施步骤

　　步骤 1　新建一个零件类型的文件，在"前视基准面"中绘制如图 4-19 左图所示的草绘图形，然后单击"曲面"工具栏中的"旋转曲面"按钮 🌐，选择绘制的草绘图形，旋转出叶轮的双曲面，如图 4-19 右图所示。

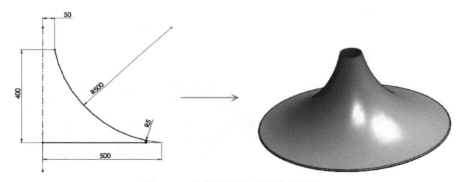

图 4-19　绘制草图并进行旋转操作

　　步骤 2　选择"插入">"凸台/基体">"加厚"菜单，选择"步骤 1"创建的曲面为"要加厚的面"，加厚方式设置为"加厚侧边 2"（内侧），厚度为 10mm，单击"确定"按钮，创建叶轮实体，如图 4-20 所示。

　　步骤 3　单击"曲面"工具栏中的"平面"按钮 ▱，选择叶轮上部内侧的边界线，创建一个平面（也可在此处创建基准面，实际生产的过程中，此处可通过焊接工艺将叶轮与下面要创建的实体焊接起来），如图 4-21 所示。

图 4-20 加厚处理

图 4-21 创建平面

步骤 4 在"步骤 3"创建的平面上绘制与上部外边缘全等的圆，并向上执行拉伸操作，拉伸距离为 50mm，效果如图 4-22 所示。

步骤 5 在"上视基准面"中绘制如图 4-23 所示的草绘图形（主要参数用于定义圆弧线的位置和大小，圆心位于水平中心线上）。

图 4-22 拉伸操作

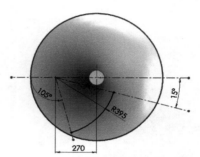

图 4-23 绘制草绘图形 1

步骤 6 再在"上视基准面"中绘制如图 4-24 所示的草绘图形（注意此图形中弧线的两个端点位于"步骤 5"所绘制圆弧的边界线上），且与"步骤 5"中所绘圆弧的两个端点的距离分别为 0.5mm 和 5mm（圆心不必位于水平中心线上）。

步骤 7 再在"上视基准面"中绘制如图 4-25 所示的草绘图形（同样令弧线的两个端点位于"步骤 5"所绘制圆弧的边界线上），且与"步骤 5"中所绘圆弧的两个端点的距离分别为 2mm 和 20mm（处于"步骤 5"所绘圆弧的另外一侧）。

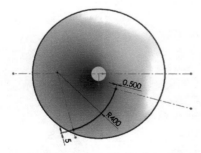

图 4-24 绘制草绘图形 2

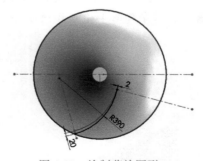

图 4-25 绘制草绘图形 3

步骤 8 单击"曲线"工具栏中的"投影曲线"按钮，打开"投影曲线"对话框，如图 4-26 左图所示，选择"步骤 5"绘制的草图为"要投影的草图"，选择叶轮上表面为"投影面"，以"面上草图"方式创建投影曲线，如图 4-26 右图所示。

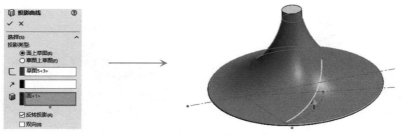

图 4-26 创建投影曲线操作

步骤9 通过与"步骤8"相同的操作，分别选择"步骤6"和"步骤7"创建的草绘图形，在叶轮的上表面执行投影曲线操作，效果如图 4-27 所示。

步骤10 单击"特征"工具栏中的"基准面"按钮，以经过"步骤5"所绘制草绘图形的一个端点，且垂直于"步骤5"所绘制圆弧的方式，创建一个基准面，如图 4-28 所示。

图 4-27 创建投影曲线效果

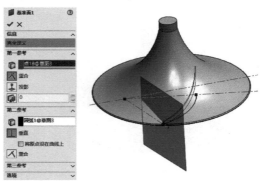

图 4-28 创建基准面操作

步骤11 在"步骤10"创建的基准面中绘制如图 4-29 所示的草绘图形，注意令图形底部的两个端点"穿透"两侧的投影线，并为右侧边添加"竖直"约束，为中间虚线添加到底部边的"相等"约束。

步骤12 单击"特征"工具栏中的"扫描"按钮，打开"扫描"对话框，如图 4-30 左图所示，以"步骤11"创建的图形为轮廓线，以中间投影线为路径，两侧投影线为引导线，执行扫描实体操作，效果如图 4-30 右图所示。

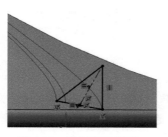

图 4-29 绘制草绘图形 4

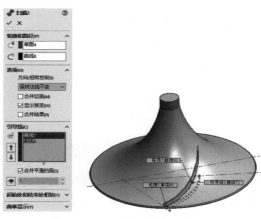

图 4-30 扫描实体操作

步骤 13 单击"特征"工具栏中的"圆周阵列"按钮![icon]，选择"步骤 12"创建的扫描特征为"要阵列的特征"，阵列个数设置为 8，以 360°的等间距方式，以顶部圆柱面的中心轴为旋转轴，执行"阵列"操作，效果如图 4-31 所示。

步骤 14 单击"特征"工具栏中的"异型孔向导"按钮![icon]，创建"ISO"标准的"螺纹孔"，大小为 M16，终止条件等使用系统默认值，通过添加约束定义孔的位置，效果如图 4-32 所示，完成叶轮的创建。

图 4-31　阵列效果

图 4-32　创建孔操作

知识点详解

结合实例下面介绍一下在 SOLIDWORKS 中，创建"投影曲线""分割线""组合曲线""通过 XYZ 点的曲线"和"通过参考点的曲线"的技巧，具体如下。

● 1. 投影曲线

单击"曲线"工具栏中的"投影曲线"按钮![icon]，可以两种方式创建 3D 曲线：一种是将基准面中绘制的草图曲线投影到某一面上，从而生成一条 3D 曲线，如图 4-33 左图所示；另外一种方法是在两个相交的基准面上分别绘制草图，两个草图各自沿着所在平面的垂直方向进行投影，得到一个曲面，两个曲面的交线即为 3D 曲线，如图 4-33 右面两图所示。

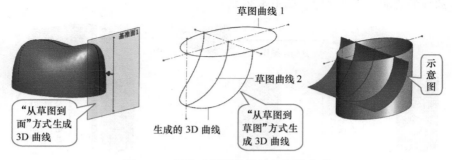

图 4-33　创建"投影曲线"的两种方式

在上面的实例中，我们讲述了"从草图到面"方式创建投影曲线的操作，实际上"从草图到草图"方式创建投影曲线的操作与其基本相同：单击"曲线"工具栏中的"投影曲线"按钮![icon]，在"投影曲线"属性管理器中选择"草图上草图"单选按钮，然后分别选择两个草绘图形，单击"确定"按钮，即可生成"草图上草图"的投影曲线，如图 4-34 所示。

图 4-34 创建"草图上草图"的投影曲线

2. 分割线

分割线是将草图投影到模型面上所生成的曲线，分割线可以将所选的面分割为多个分离的面，进而可以单独选取每个面。共有三种创建分割线的方式，具体如下。

➢ 投影：将草图投影到曲面上，并将所选的面分割，如图 4-35 左图所示。
➢ 轮廓：在一个圆柱形零件上生成一条分割线（即生成分模方向上的最大轮廓曲线），并将所选的面分割，如图 4-35 中图所示。
➢ 交叉：生成两个面的交叉线，并以此交叉线来分割曲面，如图 4-35 右图所示。

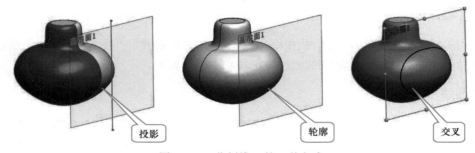

图 4-35 "分割线"的三种方式

实际上分割线主要用于在进行面操作时将面切割，并将多余的面删除，或者在进行放样曲面操作时，令放样的边能够相互对应，如图 4-36 所示。

图 4-36 "分割线"的主要用途

创建"分割线"的操作与创建"投影曲线"的操作相似：使用"轮廓"分割类型时，需选择"拔模方向"和"要分割的面"；使用"投影"分割类型时，需要选择"要投影的草图"和"要分割的面"；使用"交叉点"分割类型时，需要选择"分割实体/面/基准面"和"要分割的面"，如图 4-37 所示。

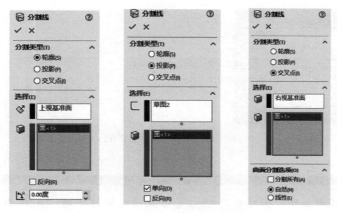

图 4-37 "分割线"的主要用途

提示:

当使用"面与面"的"交叉点"分割类型时,可在"曲线分割选项"卷展栏中设置分割面的延伸方式,或设置对所有通过分割面的面进行分割。

3. 组合曲线

组合曲线就是指将所绘制的曲线、模型边线或者草图曲线等进行组合,使之成为单一的曲线,组合曲线可以作为放样或扫描的引导线,如图 4-38 所示。

图 4-38 组合曲线的作用

生成"组合曲线"的操作非常简单,单击"曲线"工具栏中的"组合曲线"按钮,打开"组合曲线"属性管理器。然后顺序选择要生成"组合曲线"的曲线、直线或模型的边线(注意,这些线段必须连续),单击"确定"按钮即可。

4. 通过 XYZ 点的曲线

通过 XYZ 点的曲线是通过输入 XYZ 的坐标值建立点后,再将这些点使用样条曲线连接成的曲线。在实际工作中,此方法通常应用在逆向工程的曲线生成上,此时会由三维向量床 CMM 或激光扫描仪等工具对实体模型进行扫描取得三维点的资料,然后将这些扫描数据代入软件中,从而创建出需要的曲线。

可通过如下操作创建"通过 XYZ 点的曲线":单击"曲线"工具栏中的"通过 XYZ 点的曲线"按钮 ♂,打开"曲线文件"对话框,如图 4-39 左图所示,然后在此对话框中连续输入曲线文件的多个坐标值(或单击"浏览"按钮,选择坐标值文件,此文件的值比较多,其意义详见下面提示),单击"确定"按钮即可生成三维曲线,如图 4-39 右图所示。

 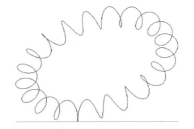

图 4-39　组合曲线的作用

知识库:

　　上面创建"曲线螺旋线"的操作与 Creo 等工业设计软件中的"规律曲线"功能相近,只是"规律曲线"是直接使用曲线方程来生成曲线,而"通过 XYZ 点的曲线"则是首先使用曲线方程算出多个曲线的坐标点,然后将这些点连接来生成曲线。

　　上面实例创建的曲线也有它的求解方程式,这里简单说明一下:

主方程:

$x = x0 + r * \cos(r0) * \cos(t)$;　　　　//r 是直线的长度,t 是旋转角度

$y = y0 + r * \cos(r0) * \sin(t)$;

$z = r * \sin(r0)$;　　　　　　　　　　//x、y、z 是螺旋线上的点坐标

辅助方程:

$x0 = Rx * \cos(t)$;　　　　//Rx 是圆半径!

$y0 = Rx * \sin(t)$;　　　　//x0、y0 是穿透点坐标。

$r0 = k * t$;　　　　　　　//r0 是旋转角,k 用来控制直线旋转速度,值越大螺旋线越密。

　　可参照图 4-40 来理解此方程,一端点穿透于母线的直线沿该母线前进,同时直线绕穿透点旋转,该直线的另一端点的轨迹即为要绘制的曲线。

　　此外,组成曲线的 XYZ 点往往有多个,单独计算每个点非常麻烦,而 SOLIDWORKS 又不能直接使用方程式,此时可以借助 Excel 的功能,如图 4-40 右图所示,计算完成后,将所计算的数据复制到 txt 文件中即可(需注意使用 RADIANS 函数)。

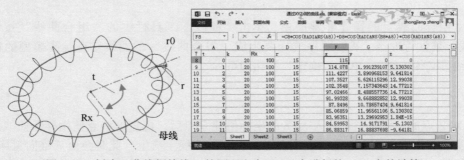

图 4-40　创建"曲线螺旋线"的原理和在 Excel 中进行的 XYZ 点的计算

● 5. 通过参考点的曲线

　　"通过参考点的曲线"就是利用定义点或已存在的端点作为曲线型值点而生成的样条曲线。单击"曲线"工具栏中的"通过参考点的曲线"按钮 🗠 ,打开"通过参考点的曲线"属性管理

器，选中"闭环曲线"复选框，然后依次选择多个三维点，单击"确定"按钮，即可创建"通过参考点的曲线"，如图 4-41 所示。

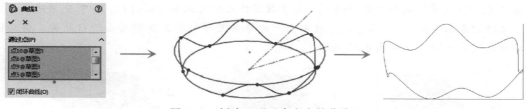

图 4-41　创建"通过参考点的曲线"

思考与练习

一、填空题

1. _____是将草图投影到模型面上所生成的曲线，_____可以将所选的面分割为多个分离的面，从而可以单独选取每一个面。

2. 组合曲线就是指将所绘制的_____、_____线或者_____等进行组合，使之成为单一的曲线，组合曲线可以作为放样或扫描的_____。

3. 在实际工作中，_____通常应用在逆向工程的曲线生成上。

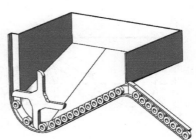

二、问答题

1. 简述双曲面搅拌机的特点。

2. 有哪几种创建分割线的方式？并简述其操作。

三、操作题

绘制如图 4-42 所示的"瓶子"模型（可使用本书提供的素材文件创建曲线）。

图 4-42　需绘制的"瓶子"模型

　实例 13　桨状轮筛选机构设计

可以通过桨状轮配合特定结构的外部输送槽来筛选和传送不易变形的盘状零件，如图 4-43 所示（本图为剖面图，桨状轮连接驱动机构，且输送槽的左侧应封闭）。

为了保证能够正确筛选和输送零件，桨状轮筛选机构的输送槽必须进行特殊的设计。本实例将讲解在 SOLIDWORKS 中设计如图 4-43 所示的桨状轮筛选机构输送槽的操作。在设计的过程中将主要用到平面、边界曲面、直纹曲面和缝合曲面等操作。

图 4-43　桨状轮筛选机构

视频文件：配套\\视频\Unit4\实例 13.mp4
结果文件：配套\\案例\Unit4\实例 13——桨状轮\桨状轮输送槽.SLDPRT

主要流程

桨状轮"输送槽"的创建过程体现了大多数零件曲面的基本建模过程，即首先创建平面（或拉伸、旋转出基本平面），然后通过直纹曲面、边界曲面等特征工具将曲面进行延伸，最后通过加厚操作得到实体即可（如图4-44所示）。

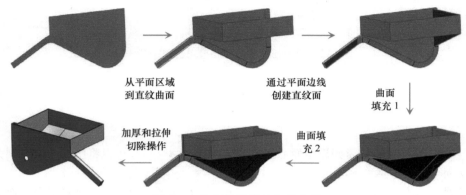

图4-44 绘制输送槽的主要流程

需要注意的是，对于薄的、较软的零件，在使用桨状轮筛选机构进行筛选传送时，容易造成堵塞，且桨状轮筛选机构具有适应面小、筛选条件单一和传送过程中零件无法转向等缺点，所以在实际设计时，应尽量避免设计成此类零件，特别是在自动装配生产线中。

另外，桨状轮的"输送槽"通常使用普通钢板拼合焊接即可，此外为了保证输出流道的光滑，部分钢板可以采用冷轧成形的制造工艺。

实施步骤

步骤1 新建一个零件类型的文件，在"前视基准面"中绘制如图4-45左图所示的草绘图形，然后单击"曲面"工具栏中的"平面"按钮▣，选择绘制的草绘图形创建一个平面，如图4-45右图所示。

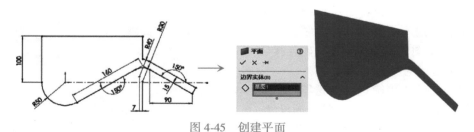

图4-45 创建平面

步骤2 单击"曲面"工具栏中的"直纹曲面"按钮⟋，以"正交于曲面"方式，选择如图4-46所示的边线，创建直纹曲面，曲面距离平面的距离为8mm。

步骤3 再次单击"曲面"工具栏中的"直纹曲面"按钮⟋，同样以"正交于曲面"方式，选择如图4-47所示的边线，创建直纹曲面，曲面与平面的距离为150mm。

步骤4 首先在"上视基准面"中绘制一条与"步骤3"中创建的平面共线的直线，然后单击"曲线"工具栏中的"分割线"按钮，使用绘制的直线，对上部的圆弧面进行分割，如图 4-48 所示。

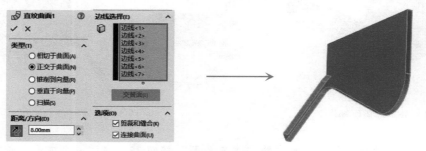

图 4-46　创建直纹曲面操作 1

图 4-47　创建直纹曲面操作 2

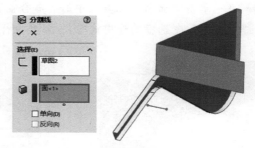

图 4-48　分割圆弧面操作 1

步骤 5　执行两次"直纹曲面"按钮，以"正交于曲面"方式，选择如图 4-49 所示的曲面边线，创建直纹曲面，底部直纹曲面与平面的距离为 13mm，顶部直纹曲面与平面的距离为 200.5mm。

步骤 6　单击"曲面"工具栏中的"平面"按钮，选择零件出口处的两对边线，创建平面，如图 4-50 所示。

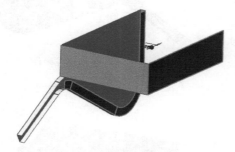

图 4-49　创建直纹曲面操作 3

图 4-50　通过边线创建平面

步骤 7　在"前视基准面"中绘制一条与"步骤 3"中创建的平面共线的竖直直线，然后单击"曲线"工具栏中的"分割线"按钮，使用绘制的直线，对"步骤 6"中生成的圆弧面进行分割，如图 4-51 所示。

步骤 8　单击"曲面"工具栏中的"删除面"按钮，选择"步骤 7"分割的右侧面，将其"删除"，效果如图 4-52 所示。

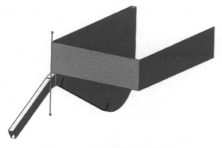

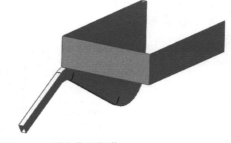

图 4-51　分割圆弧面操作 2　　　　　　　　　图 4-52　删除曲面操作

步骤 9　单击"曲面"工具栏中的"边界曲面"按钮，在同一个方向上选择"输送槽"右侧的一对边线生成边界曲面，如图 4-53 所示。

步骤 10　单击"曲面"工具栏中的"缝合曲面"按钮，选择与输送槽底部边线相接的面（取消"缝隙控制"复选框的选中状态），对其执行缝合操作，如图 4-54 所示。

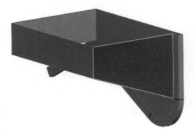

图 4-53　生成边界曲面　　　　　　　　　图 4-54　缝合曲面操作 1

步骤 11　单击"草图"工具栏中的"3D 草图"按钮，再单击"直线"按钮，在如图 4-55 所示的两点之间绘制一条三维的直线。

步骤 12　单击"曲面"工具栏中的"填充曲面"按钮，选择输送槽右侧几个面的边线和与其相接的 3D 直线，以"相触"方式创建填充曲面，如图 4-56 所示。

图 4-55　创建直线操作

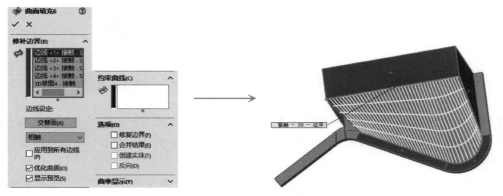

图 4-56　创建填充曲面操作 1

步骤 13 在"步骤 3"创建的面中绘制一条与输出槽零件出口后侧的面"共线",且"竖直"的直线,然后单击"曲线"工具栏中的"分割线"按钮 🔲,使用绘制的直线,对"步骤 3"中绘制的面进行分割,如图 4-57 所示。

步骤 14 单击"曲面"工具栏中的"填充曲面"按钮 ◈,选择输送槽未闭合区域外侧的几条边线,同样以"相触"方式创建填充曲面,如图 4-58 所示。

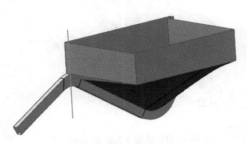

图 4-57 分割面操作

图 4-58 创建填充曲面操作 2

步骤 15 单击"曲面"工具栏中的"缝合曲面"按钮 🗓,选择所有面(取消"缝隙控制"复选框的选中状态),执行缝合曲面操作,如图 4-59 所示。

步骤 16 选择"插入">"凸台/基体">"加厚"菜单,选择创建的所有曲面为"要加厚的面",加厚方式设置为"加厚侧边 2"(外侧),厚度为 6mm,单击"确定"按钮,执行加厚操作;最后通过拉伸切除操作,在"步骤 1"创建的平面上,拉伸切除一个直径为 15mm 的孔,即可完成桨状轮输出槽的创建操作,如图 4-60 所示。

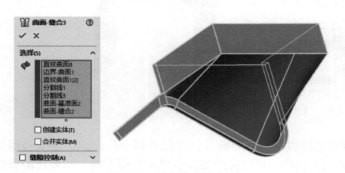

图 4-59 缝合曲面操作 2

图 4-60 加厚操作

知识点详解

结合实例下面介绍一下在 SOLIDWORKS 中,创建"边界曲面""填充曲面""平面""等距曲面"和"直纹曲面"的技巧,具体如下。

◉ 1. 边界曲面

"边界曲面"可用于生成在两个方向(可理解为横向和竖向)上与相邻边相切或曲率连续的曲面,如图 4-61 所示。

在使用"边界曲面"特征创建曲面时,所选边界可以为曲面的边界线,也可以是绘制的草绘线或 3D 曲线，而且可以同时设置两个方向的边界线来生成边界曲面，也可以只使用一个方向的边界线来生成边界曲面。

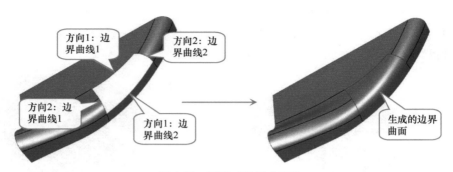

图 4-61　创建"边界曲面"

单击"曲面"工具栏中的"边界曲面"按钮，选择好用于生成曲面的边界线，对其他选项进行适当设置，或者保持系统默认，单击"确定"按钮，即可生成边界曲面，如图 4-62 所示。

图 4-62 左图为设置一个方向上的边线时，"边界-曲面"属性管理器的主要参数，下面分别解释一下各参数的含义：

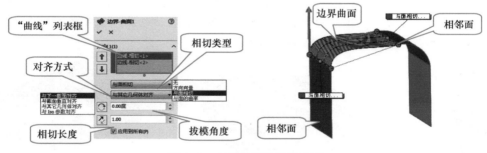

图 4-62　有相邻面的边界曲面

➤ "曲线"列表框：用于确定此方向生成边界曲面的曲线，可以选择草绘曲线、面或边线作为边界曲线（如果边界曲线的方向有错误，可以在绘图区中单击鼠标右键，从弹出的快捷菜单中选择"反转接头"菜单项）。

➤ "相切类型"下拉列表：用于设置所生成的边界曲面在某个边界处与边界面的相切类型，如可设置为"无""方向向量"和"与面相切"等，其设置效果如图 4-63 所示。

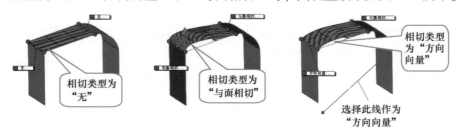

图 4-63　不同相切类型所生成的曲面

➢ "对齐方式" 下拉列表：此下拉列表只在单方向时可用，用于控制 iso 参数的对齐方式（相当于控制所生成的边界曲面 "横向" 和 "纵向" 的参数曲线的方向），从而控制曲面的流动。

➢ "拔模角度" 文本框：用于设置开始或结束曲线处的拔模角度。

➢ "相切长度" 文本框：用于设置在边界曲线处，相切幅值的大小，其设置效果如图 4-64 所示。

图 4-64 "相切长度" 设置效果

当在两个方向上设置边线时，可以设置曲线的感应类型，如图 4-65 左上图所示，各感应类型的意义如下（可参考图 4-65 进行理解）。

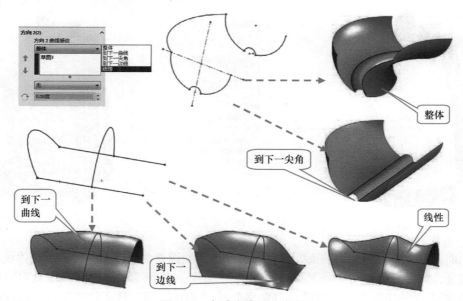

图 4-65 各感应类型的意义

➢ 整体：将曲线影响延伸至整个边界曲面。

➢ 到下一尖角：将曲线影响延伸至下一尖角，超过尖角的区域将不被影响（两个不相切的面形成的边角即为尖角）。

➢ 到下一曲线：只将曲线影响延伸至下一曲线。

➢ 到下一边线：只将曲线影响延伸至下一边线。

➢ 线性：将曲线的感应线性地延伸至整个边界曲面上。

此外，"边界曲面" 属性管理器中还有如图 4-66 左图所示的两个卷展栏，在 "选项与预览" 卷展栏中选择 "按方向 X 剪裁" 复选框，可以设置当曲线不形成闭合的边界时，按方向剪裁曲面，如图 4-66 右图所示；"显示" 卷展栏主要用于设置创建 "边界曲面" 时曲面的预览效果，此处不对其做详细叙述。

图 4-66　其他卷展栏和按方向剪裁的作用

● 2. 填充曲面

使用"填充曲面"工具可以沿着模型边线、草图或曲线定义的边界对曲面的缝隙（或空洞等）进行修补，从而生成符合要求的曲面区域。

单击"曲面"工具栏中的"曲面填充"按钮，打开"曲面填充"对话框，如图 4-67 所示，选中素材内部缺口的所有边线，在"曲率控制"下拉列表中选择"相切"列表项，并选中"应用到所有边线"复选框，单击"确定"按钮，即可生成"填充曲面"。

图 4-67　填充曲面操作

"填充曲面"工具与"边界曲面"工具的区别是无须设置曲面方向，但是所选边线必须闭合（如果不闭合，需要使用自动"修复边界"功能）。此外，使用"填充曲面"工具可以设置生成填充曲面与原曲面的连接条件，如设置"曲率"或"相切"等，从而使填充后的曲面变得更加光滑。

下面解释一下"填充曲面"属性管理器（如图 4-67 中图所示）中部分选项的作用。

➢ "交替面"按钮：当在实体模型上生成填充曲面时，此按钮有效，如图 4-68 所示，单击此按钮可为填充曲面反转边界面。

➢ "曲率控制"下拉列表：用于定义所生成的"填充曲面"与邻近面之间的连接关系，可以选择"相触""相切"和"曲率"三种类型。

➢ "应用到所有边线"复选框：填充曲面与所有连接面之间的连接关系相同，如同为"相切"。

➢ "优化曲面"复选框：优化曲面可以令填充曲面的重建时间加快，并可增强填充曲面的稳定性。

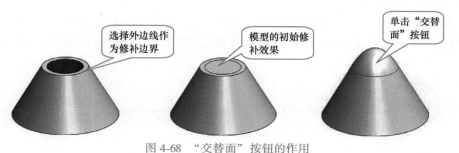

图 4-68 "交替面"按钮的作用

➤"反转曲面"按钮：当所有边界曲线共面时，将显示此按钮，用于改变曲面修补的方向，如图 4-69 所示。

图 4-69 "反转曲面"按钮的作用

➤"选项"卷展栏中的"修复边界"复选框：选中此复选框后，将自动修补边界缺口，从而生成填充曲面，如图 4-70 所示。

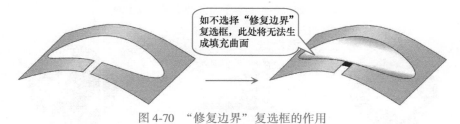

图 4-70 "修复边界"复选框的作用

➤"约束曲线"卷展栏：用于给修补曲面添加约束线控制，可以使用草绘点或样条曲线作为约束曲线，控制填充曲面的形状，如图 4-71 所示。

图 4-71 "约束曲线"的作用

● 3. 平面

使用"平面"工具 可以通过处于一个平面内的曲线来生成平面（之前的版本称为"平面

区域"）。在如下情况时，可以使用此命令：一组闭合边线、非相交闭合草图、多条共有平面分型线、一对平面实体，如图 4-72~图 4-75 所示（执行此命令后，选择边线或草图即可）。

图 4-72　通过一组闭合边线来生成平面

图 4-73　通过非相交闭合草图来生成平面

图 4-74　通过多条共有平面分型线来生成平面

图 4-75　通过一对平面实体来生成平面

● 4. 等距曲面

　　"等距曲面"是指将选定曲面沿其法向方向偏移一定距离后生成的曲面，可同时偏移多个面，并可根据需要改变偏移曲面的方向，如图 4-76 所示。

图 4-76　等距曲面

"等距曲面"操作较简单，单击曲面工具栏的"等距曲面"按钮，打开"曲面-等距"对话框，如图 4-76 左图所示，在绘图区中选中等距曲面的基础面，设置一定的等距距离，单击"确定"按钮，即可创建一个等距曲面（等距多个面时，选择多个面即可）。

5. 直纹曲面

"直纹曲面"是指将曲面或实件的边界按照某个规则进行拉伸而得到的曲面，通常在模具设计中用于创建分型面。

"直纹曲面"分为"相切于曲面""正交于曲面""锥削到向量""垂直于向量"和"扫描" 5 种创建类型，下面结合图例介绍每种类型的作用。

- **相切于曲面**：此类型生成的直纹曲面与共享一条边线的曲面相切，如图 4-77 所示（此时通过"直纹曲面"对话框中的文本框可以设置直纹曲面延伸的长度）。

图 4-77　采用"相切于曲面"方式创建直纹曲面的操作

- **正交于曲面**：此类型创建的直纹曲面与共享一条边线的曲面垂直，如图 4-78 所示，创建曲面时，可调整直纹曲面的方向与距离值。

图 4-78　采用"正交于曲面"方式创建直纹曲面的操作

- **锥削到向量**：此类型用于在"矢量参照"指定的方向上创建直纹曲面，创建曲面时，需指定参考矢量，而创建的直纹面与参考矢量间有一个锥削角度值，创建过程中可对这个值进行修改，也可更改直纹面的延伸长度，如图 4-79 所示。

图 4-79　采用"锥削到向量"方式创建直纹曲面的操作

➤ **垂直于向量**：此类型创建的直纹曲面与所指定的参考向量垂直，创建曲面时，需指定参考向量，如图 4-80 所示。

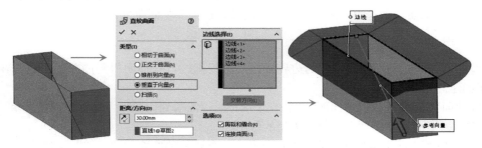

图 4-80 采用"垂直于向量"方式创建直纹曲面的操作

➤ **扫描**：此类型以所选边线为引导曲线来生成一个扫描曲面，创建曲面时可指定参考向量作为扫描曲面的扫描方向，也可以选择"坐标输入"复选框，通过输入坐标值（此坐标值与原点间连线的方向即为扫描方向）指定扫描方向，如图 4-81 所示。

图 4-81 采用"扫描"方式创建直纹曲面的操作

此外，当选择两条以上边线生成"直纹曲面"时，"直纹曲面"属性管理器"选项"卷展栏中的复选框可用，此时选择"连接曲面"复选框可将生成的"直纹曲面"自动连接起来，如图 4-82 所示，如果选择"剪裁和缝合"复选框，则可以自动修剪曲面生成的"直纹曲面"，并对其进行缝合，如图 4-83 所示。

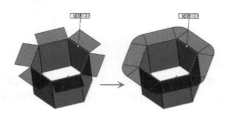

图 4-82 "连接曲面"复选框的作用

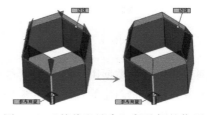

图 4-83 "剪裁和缝合"复选框的作用

思考与练习

一、填空题

1. _____可用于生成在两个方向（可理解为横向和竖向）上与相邻边相切或曲率连续的曲面。

2. 使用_____工具可以沿着模型边线、草图或曲线定义的边界对曲面的缝隙（或空洞等）进行修补，从而生成符合要求的曲面区域。

3. "直纹曲面"是指将曲面或实件的边界按照某个规则进行拉伸而得到的曲面，通常在_____中用于创建_____。

二、问答题

1. 在哪些情况时，可以使用"平面"工具创建曲面？并简述其操作。

2. 有几种直纹曲面的类型？举例说明其不同。

三、操作题

绘制如图 4-84 所示的"喷嘴"模型（大致相似即可）。

图 4-84　需绘制的喷嘴模型

 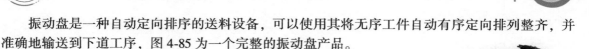

实例 14　振动盘设计

振动盘是一种自动定向排序的送料设备，可以使用其将无序工件自动有序定向排列整齐，并准确地输送到下道工序，图 4-85 为一个完整的振动盘产品。

振动盘通常由料斗、底盘、控制器和直线送料器等几部分组成，其工作原理是在底盘内安装有脉冲电磁铁，如图 4-86 所示，通过脉冲电磁铁产生持续不断的高频振动（相当于连续产生多个向上前方托举的力），令工件沿料斗内的螺旋轨道上升并定向排序，以达到正确传送工件的目的。

图 4-85　振动盘

本实例将讲解在 SOLIDWORKS 中设计如图 4-87 所示的振动盘料斗（也称作顶盘）的操作。在设计的过程中，将主要用到缝合曲面和剪裁曲面等操作。

图 4-86　侧拉底盘

图 4-87　本实例要设计的"顶盘"零件

视频文件：配套\\视频\Unit4\实例 14. mp4

结果文件：配套\\案例\Unit4\实例 14——振动盘 . SLDPRT

主要流程

振动盘料斗的基体，可通过螺旋线扫描得到，然后通过拉伸等操作创建料斗的底部圆盖，再通过剪裁和缝合等操作，可创建基本的振动盘料斗曲面，如图 4-88 所示（料斗出料口处的曲面等也可通过类似操作得到）。

振动盘的优点是，对于人工不易进行操作的小工件、超小工件，可以代替烦琐的人工手动排序，减少人工数量，提高劳动效率，减少操作失误。缺点是对于大一点的工件不适用（工厂中，大工件通常采用机械手操作)。

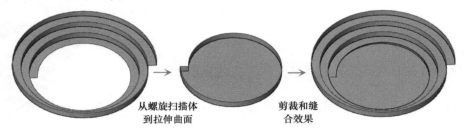

图 4-88　制作振动盘料斗的主要流程

料斗可用不锈钢（或普通钢板）制成，为了防止振动时噪声太大，或者为了减少料盘的磨损，可在料盘内贴上帆布类材料。

实施步骤

本实例将分基础盘体和滑道两部分讲述振动盘"料斗"的创建过程，具体如下。

● 1. 基础盘体的创建

步骤 1　新建一个零件类型的文件，在"前视基准面"中绘制如图 4-89 左图所示的草绘图形，然后单击"曲线"工具栏中的"螺旋线/涡状线"按钮 ，选择绘制的草绘图形创建可变螺距、2.5 个圈数的螺旋线，如图 4-89 所示。

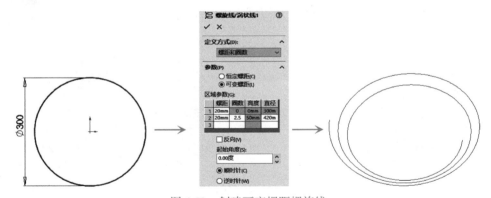

图 4-89　创建可变螺距螺旋线

步骤 2　在经过螺旋线大圈端点且垂直于螺旋线处创建基准面，并在此基准面中创建如图 4-90 左图所示的草绘图形，然后单击"扫描曲面"按钮，以此草绘图形为扫描轮廓，选择螺旋线为扫描路径，扫描出一个螺旋面，如图 4-90 右图所示。

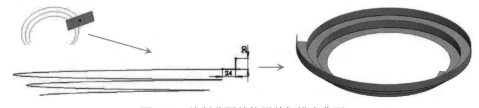

图 4-90　绘制草图并使用其扫描出曲面

步骤 3　将"步骤 2"扫描的曲面隐藏，在"上视基准面"中绘制如图 4-91 左图所示的直线，然后单击"曲面"工具栏中的"旋转曲面"按钮，旋转出一曲面（如图 4-91 右图所示）。

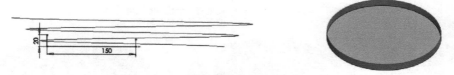

图 4-91　绘制草图并使用其旋转出曲面

步骤 4　进入"步骤 3"所创建的平面的草绘模式，并将此曲面隐藏，然后显示"步骤 2"扫描的曲面，单击"转换实体引用"按钮，选择螺旋面的内边线和接口处的横线，创建底部边界轮廓线，如图 4-92 所示（并使用修剪操作将不需要的部分删除）。

图 4-92　创建底部边界轮廓线

步骤 5　使用"步骤 4"创建的草绘图形，以"两侧对称"方式拉伸出一个曲面（拉伸距离为 40mm），如图 4-93 左图所示（图 4-93 右图为当前阶段创建的所有曲面）。

图 4-93　拉伸曲面效果

步骤 6　单击"曲面"工具栏中的"剪裁曲面"按钮，以"相互"剪裁方式将"步骤 3"和"步骤 5"创建的两个曲面剪裁为如图 4-94 所示的效果。

步骤 7　再次单击"曲面"工具栏中的"剪裁曲面"按钮，同样以"相互"剪裁方式将"步骤 3"和"步骤 2"创建的两个曲面剪裁为如图 4-95 所示的效果。

图 4-94　曲面剪裁操作 1

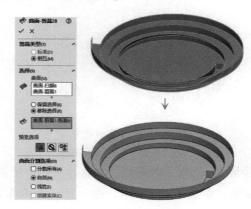

图 4-95　曲面剪裁操作 2

步骤 8　单击"曲面"工具栏中的"删除面"按钮，将"步骤 7"中剩余的没有修剪的曲面删除，如图 4-96 所示。

图 4-96　删除面操作

步骤 9　单击"曲面"工具栏中的"缝合曲面"按钮 🔧，选择前面步骤创建的所有面，并取消"缝隙控制"复选框的选中状态，将所有曲面缝合，如图 4-97 所示。

图 4-97　缝合曲面操作

至此完成基础盘体的创建，下面开始创建送料滑道。需要注意的是，由于滑道的创建较为烦琐，所以本文仅仅给出了关键步骤，具体操作可参见本书提供的视频或源文件。

● 2. 送料滑道的创建

步骤 10　在上部料口边线所在的面中绘制一个草图，并用其旋转出一段曲面（旋转角度为 30°），如图 4-98 所示，然后通过"剪裁曲面"操作，将曲面多余的部分删除，效果如图 4-99 所示。

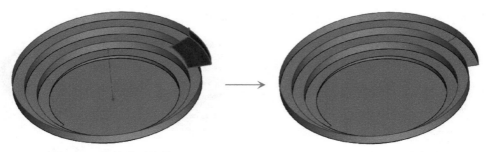

图 4-98　旋转曲面效果　　　　　　　　　　图 4-99　曲面剪裁效果

步骤 11　同"步骤 10"操作，同样创建草图，并执行旋转操作（旋转角度为 35°），创建一段曲面，如图 4-100 所示，再通过"剪裁曲面"操作，将多余的曲面删除，效果如图 4-101 所示。

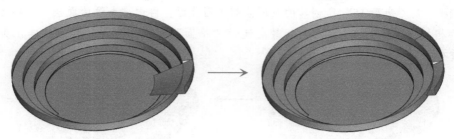

图 4-100 旋转曲面效果   图 4-101 曲面剪裁效果

步骤 12   单击"平面"按钮，选择边线创建平面，修补"步骤 10"和"步骤 11"所创建平面的空隙，如图 4-102 所示。

步骤 13   在"振动盘"基础盘体的底面平面上创建一条直线，并使用此直线拉伸出一个平面，如图 4-103 所示。

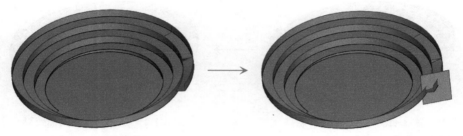

图 4-102 平面效果   图 4-103 拉伸曲面效果

步骤 14   使用"步骤 13"拉伸出的曲面，剪裁"步骤 11"中绘制的面，如图 4-104 所示，并在末端通过创建草图绘制一个填补空隙的"平面"曲面，如图 4-105 所示。

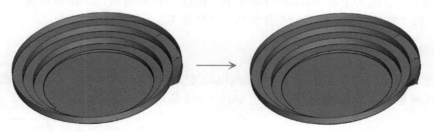

图 4-104 曲面剪裁效果   图 4-105 平面效果

步骤 15   使用"步骤 11"创建的面剪裁"基础盘体"，效果如图 4-106 所示，然后使用绘制的草图（可通过"等距实体"或"转换实体引用"工具创建），对曲面的外边缘进行剪裁，效果如图 4-107 所示。

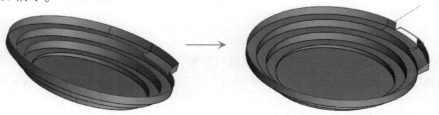

图 4-106 曲面剪裁效果   图 4-107 使用草图剪裁曲面效果

步骤 16 以"步骤 15"所创建的草图绘制平面曲面，再通过直纹曲面操作，向上拉伸出垂直于此面的相接面，如图 4-108 所示，最后通过"平面"操作创建滑道接口处的上部曲面，如图 4-109 所示。

图 4-108　直纹曲面效果　　　　　　　　图 4-109　平面和加厚效果

步骤 17 将"基础盘体"向内加厚 1.5mm，然后通过曲面放样操作创建送料滑倒的弯道，如图 4-110 所示，最后将滑道面缝合，并向内加厚 1.5mm 即可，如图 4-111 所示。

图 4-110　放样曲面效果　　　　　　　　图 4-111　缝合和加厚曲面效果

知识点详解

结合实例下面介绍一下在 SOLIDWORKS 中，执行"延伸曲面""圆角曲面""缝合曲面""剪裁曲面"和"解除剪裁曲面"的操作技巧，具体如下。

1. 延伸曲面

使用"延伸曲面"命令可以以直线或随曲面的弧度将曲面进行延伸，可以选取曲面的一条边线、多条边线或整个曲面来创建延伸曲面，如图 4-112 所示。

图 4-112　选择面延伸曲面

图 4-112 所示为以"距离"方式对整个面进行延伸，实际上系统共提供了三种曲面延伸的终止条件："距离""成形到某一面"和"成形到某一点"，如图 4-112 左图所示，这三种终止条件的意义如下：

➢ **距离**：直接指定曲面延伸的距离。

➤ **成形到某一面**：选择此单选按钮后，选择一个曲面延伸到的边界面（注意此面应处于原曲面的可延伸范围内，否则不会生成延伸曲面），可将原曲面延伸到边界面，如图 4-113 所示。

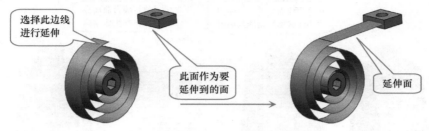

图 4-113 "成形到某一面"以线性方式延伸曲面

➤ **成形到某一点**：将曲面延伸到空间中一个草绘点或顶点的位置。

而且系统还提供了两种延伸类型："同一曲面"和"线性"，它们的意义分别为：

➤ **同一曲面**：沿曲面的曲率来延伸曲面，如图 4-114 左图所示，即延伸出来的面与原曲面具有相同的曲率。

➤ **线性**：延伸出来的面与原曲面线性相切，如图 4-114 右图所示。

图 4-114 "同一曲面"方式和"线性"方式延伸曲面

● 2. 圆角曲面

  曲面工具条中的"圆角"按钮与特征工具条中的"圆角"按钮为同一按钮，功能完全相同，因为在前面章节中已对此按钮做了较为详细的解释，所以此处不再赘述。只是提醒一下，在使用"圆角"按钮对面进行圆角处理时，如果无法生成圆角，仍然可以通过添加辅助面的方式来获得圆角，如图 4-115 所示（这是一种非常重要的圆角处理方式，希望广大读者能够熟练掌握）。

图 4-115 特殊的圆角曲面操作

● 3. 缝合曲面

  缝合曲面用于将两个或多个曲面组合成一个面组，用于缝合的曲面不必位于同一基准面上，但是曲面的边线必须相邻并且不重叠，如果组合的面组形成封闭的空间，则可以尝试生成实体，如图 4-116 所示。

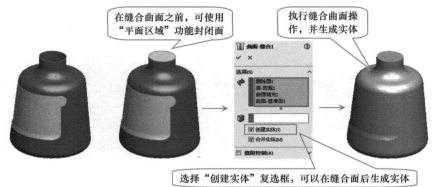

图 4-116　缝合曲面并尝试生成实体

执行缝合曲面的操作非常简单，单击"曲面"工具栏中的"缝合曲面"按钮，然后选择所有要缝合的曲面，取消"缝隙控制"复选框的选中状态，并单击"确定"按钮即可。

曲面缝合后，所有被缝合的曲面将在特征管理器设计树中以"曲面-缝合"的名称显示，且曲面缝合后，面和曲面的外观基本上没有变化。

此外，在缝合曲面时，在"缝合曲面"属性管理器中还有如下几个选项需要注意：

➢ 选中"合并实体"复选框，可以在合并曲面时，将冗余的面、线或边线合并（其作用与实体操作时的"合并结果"复选框基本相同，只是此处合并的为曲面，而实体操作中合并的为实体），如图 4-117 所示。

➢ 选中"缝隙控制"复选框，可以查看引发缝隙问题的边线对组，并可根据需要查看或编辑缝合公差和缝隙范围，如图 4-118 所示。

图 4-117　"合并实体"复选框的作用

图 4-118　"缝隙控制"卷展栏

➢ 当选择的一个面为"延展曲面"时，在缝合曲面时将显示"源面"选择区域，如图 4-119 所示，"源面"可令用户一次性选择模型一侧的所有面（此功能多用在分模过程中，如延展面一侧有上百个面，使用此功能选取一个面即可）。

图 4-119　"源面"的作用

● 4. 剪裁曲面

可以通过"剪裁曲面"功能使用草绘图形来裁剪曲面，如图 4-120 所示，也可以沿着曲面相交的边线来裁剪曲面，如图 4-121 所示，并可以根据需要选择曲面保留的部分。

图 4-120　使用草绘图形裁剪曲面

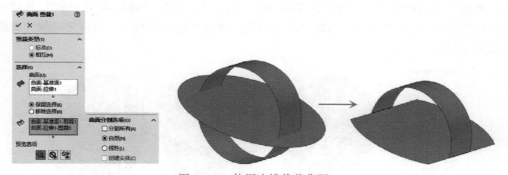

图 4-121　使用边线裁剪曲面

单击"曲面"工具栏中的"剪裁曲面"按钮，打开"曲面-剪裁"对话框，选择剪裁方式，再选择剪裁工具或剪裁曲面，然后设置要保留或删除的面，单击"确定"按钮，即可执行曲面剪裁操作。

下面解释一下"曲面-剪裁"对话框"曲面分割选项"卷展栏（如图 4-121 左图所示）各选项的作用：

➤ 选中此卷展栏中的"分割所有"复选框，将显示曲面中的所有分割线，并可选择分割的面，如图 4-122 左图所示。

➤ "自然"单选按钮，边界边线将随边界曲率自然延伸，如图 4-122 中右图所示。

➤ "线性"单选按钮，边界边线将线性延伸，如图 4-122 右图所示。

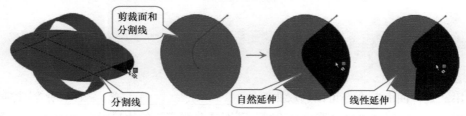

图 4-122　"曲面分割选项"卷展栏中各选项的作用

● 5. 解除剪裁曲面

"解除剪裁曲面"不是"剪裁曲面"的逆过程，而是沿着曲面边界延伸现有曲面，用于修补曲面上的洞或令现有曲面沿着现有曲面的边界自然延伸。如图 4-123 所示，对剪裁的曲面使用"解除剪裁曲面"操作，得到的曲面与源曲面是有区别的。

图 4-123　解除剪裁曲面后"现曲面"与"源曲面"之间的区别

在"曲线"工具栏中单击"解除剪裁曲面"按钮，打开"曲面-解除剪裁"对话框，如图 4-124 左图所示，然后选中解除剪裁的曲面边线，单击"确定"按钮，即可完成解除剪裁曲面操作，如图 4-124 右图所示。

图 4-124　解除剪裁曲面操作

在"解除剪裁曲面"对话框中的"百分比"文本框用于设置在此曲线上曲面延伸的百分比，"延伸边线"和"连接端点"单选按钮的作用如图 4-125 所示。

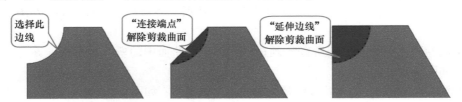

图 4-125　"延伸边线"和"连接端点"单选按钮的作用

思考与练习

一、填空题

1. 使用"延伸曲面"命令可以选取曲面的_____、_____或_____来创建延伸曲面。

2. 使用_____工具可以沿着模型边线、草图或曲线定义的边界对曲面的缝隙（或空洞等）进行修补，从而生成符合要求的曲面区域。

3. 用于缝合的曲面不必位于同一基准面上，但是曲面的边线必须_____。

二、问答题

1. 有哪几种延伸曲面的类型？举例说明其不同。

2. "解除剪裁曲面"是不是"剪裁曲面"的逆过程？并简述"解除剪裁曲面"的主要用途。

三、操作题

绘制如图 4-126 所示的"电吹风"模型（大致相似即可）。

图 4-126 需绘制的电吹风模型

 实例15   选粉机设计

选粉机是指在特定条件下，利用气流使物料按颗粒大小进行分级的设备。如筛选较细的涂料、打印机墨粉和荧光粉等物料。

此外，在水泥生产中，选粉机也得到了广泛的应用。我们知道，水泥颗粒的粒度越细，硬化速度越快、初期强度越强。通过使用选粉机，可以将粗的水泥颗粒选出，重新进行研磨，然后通过正确的配比，即可产出合格的、达到强度要求的水泥产品。

选粉机的基本原理较为简单，可以将其理解为：在一个相对封闭的空间，向内吹入空气，细的粉粒将被风吹起，从选粉机的上部"飘"出，而相对较粗的颗粒，由于无法被吹动，所以将从下部流出，如图 4-127 所示（中间是加料口），从而达到选粉的目的。

此外，常用的选粉机械还有"水力分级机"，其原理与风力选粉机基本相同，通过在水中将物料搅拌，并不断注入流水，大颗粒沉淀到水的底部流出，小颗粒则会随着水流溢出。

本实例将讲解在 SOLIDWORKS 中设计如图 4-128 所示的选粉机主体——转子外壳的操作。在设计的过程中将主要用到删除面、替换面、移动复制面等操作。

图 4-127 选粉机

图 4-128 选粉机的转子外壳

视频文件：配套\\视频\Unit4\实例 15.mp4
结果文件：配套\\案例\Unit4\实例 15——选粉机转子外壳.SLDPRT

主要流程

可通过如图 4-129 所示的操作来创建选粉机的"转子外壳",首先拉伸出转子的侧壁,然后使用"平面"特征将上下面封闭,创建出转子外壳的主体,然后在上下面上通过删除面和拉伸面等操作,创建出进出料口,再经过加厚等处理即可创建出需要的模型。

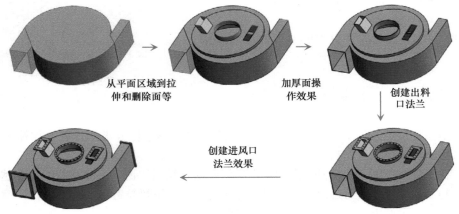

图 4-129 制作"转子外壳"的主要流程

转子外壳使用普通钢板拼焊即可(如选用"钢板 B-6/Q235"),为防止锈蚀,在焊接完毕后,可在转子外壳外部喷一层防锈漆。而选粉机内部的叶片,由于与物料经常接触,通常选用耐磨钢板。

实施步骤

本实例将以图 4-130 所示的工程图为参照,在 SOLIDWORKS 中完成选粉机"转子外壳"零件的绘制,步骤如下。

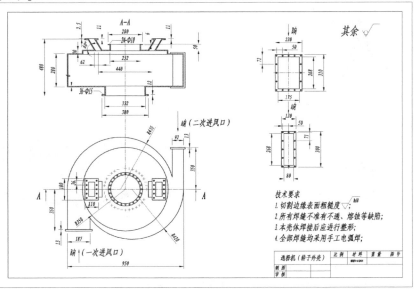

图 4-130 "转子外壳"工程图

● 1. 创建壳体曲面

步骤 1　新建一个零件类型的文件，在"前视基准面"中绘制如图 4-131 左图所示的草绘图形，然后单击"曲面"工具栏中的"拉伸曲面"按钮，选择绘制的草绘图形向上拉伸 280mm，如图 4-131 右图所示。

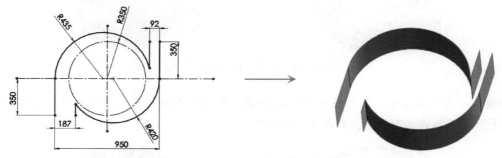

图 4-131　创建草图并拉伸出曲面

步骤 2　单击"曲面"工具栏中的"平面"按钮，多次执行平面操作，选择"步骤 1"创建的拉伸曲面的边线，创建转子的上下平面，如图 4-132 所示。

步骤 3　在"转子"的上表面绘制一个与"步骤 1"中绘制的草图虚线重合的圆，并单击"曲线"工具栏中的"分割线"按钮，将转子上表面分割，效果如图 4-133 所示。

图 4-132　创建转子的上下平面　　　　图 4-133　创建分割线

步骤 4　单击"曲面"工具栏中的"删除面"按钮 ，选择如图 4-134 中图所示的面，将此面删除，效果如图 4-134 右图所示。

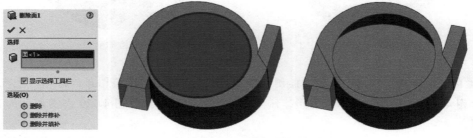

图 4-134　执行删除面操作

步骤 5　单击"曲面"工具栏中的"直纹曲面"按钮 ，选择"步骤 4"删除面后的边线，创建"正交于曲面"向上延伸 **30mm** 的曲面，如图 4-135 左图所示，然后执行平面操作，使用平面将上表面封闭，如图 4-135 右图所示。

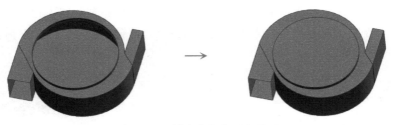

图 4-135　创建直纹曲面和平面

　　步骤 6　在下部面中绘制直径为 **332mm** 的圆，并使用此圆创建"分割线"，然后执行"删除面"操作，将线内的面删除，如图 4-136 所示。

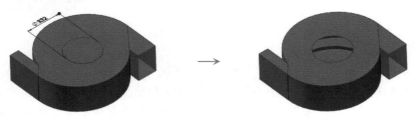

图 4-136　创建分割线并执行删除面操作

　　步骤 7　单击"拉伸曲面"按钮，选择"步骤 6"被删除面的边线，创建向上拉伸 **75mm** 的面（此处建议不使用"直纹曲面"，否则执行加厚操作后，接口处的面为非平面），如图 4-137 所示。

　　步骤 8　执行与"步骤 6"和"步骤 7"相同的操作，在转子面的上部面中创建如图 4-138 所示的拉伸面（中部面通过"删除面"操作将其删除）。

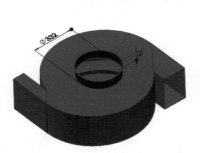

图 4-137　拉伸面操作 1

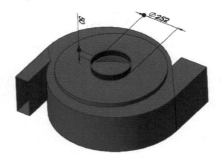

图 4-138　拉伸面操作 2

　　步骤 9　在"转子"的上部面中绘制如图 4-139 左图所示的草绘图形，再在"上视基准面"中绘制如图 4-139 右图所示的草绘图形，注意令其底部的端点穿过图 4-139 左图所示的草图中的虚线交点。

　　步骤 10　选择"步骤 9"中绘制的草图，创建分割线将转子上部面分割，并执行删除面操作，效果如图 4-140 所示。

　　步骤 11　执行"拉伸曲面"操作，选择图 4-139 左图所示的草图的一个方框为"拉伸轮廓"，选择图 4-139 右图所示的草图实线为拉伸方向，以成形到草图的顶点方式，创建倾斜拉伸的面（如图 4-141 所示）。

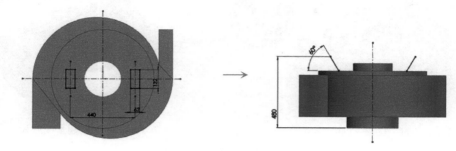

图 4-139　绘制草绘图形

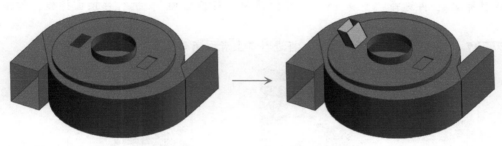

图 4-140　切割面并删除面效果　　　　　　　　图 4-141　拉伸面操作 3

步骤 12　选择"插入"＞"曲面"＞"移动/复制"菜单，再选择"步骤 10"创建的倾斜面为要复制的面（选中"复制"按钮），选择图 4-139 右图所示的草图的中心线为旋转轴线，以 180° 为旋转角度复制出一个面，如图 4-142 所示。

步骤 13　执行"缝合曲面"操作将所有曲面缝合，效果如图 4-143 所示。

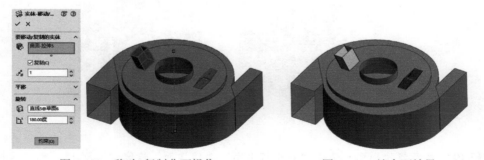

图 4-142　移动/复制曲面操作　　　　　　　　图 4-143　缝合面效果

● 2. 加厚曲面并创建接口法兰

步骤 14　选择"插入"＞"凸台/基体"＞"加厚"菜单，选择缝合面，执行向内的加厚操作，加厚厚度为 6mm，如图 4-144 所示。

步骤 15　被加厚的模型上部进料口表面并不平整，如图 4-144 中的放大图形所示，所以下面使用"替换面"操作将其调平，首先创建距离粗料出口平面 480mm 的基准面，然后在此基准面中创建覆盖两个进料口的平面（如图 4-145 所示）。

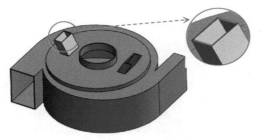

图 4-144　加厚面效果　　　　　　　　　图 4-145　创建平面效果

步骤 16　单击"曲面"工具栏中的"替换面"按钮 🖨️，选择"进料口"上表面左侧面为"替换的目标面"，再选择"步骤 15"创建的面为"替换曲面"，执行替换面操作，如图 4-146 所示。

步骤 17　再执行 3 次替换面操作，将进料口上表面完全整平，如图 4-147 所示。

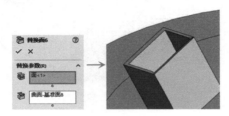

图 4-146　执行替换面操作　　　　　　　图 4-147　执行 3 次替换面操作

步骤 18　选择整平后的进料口平面，创建草图，并执行向上 11mm 的拉伸操作，效果如图 4-148 所示，然后在其上表面中创建如图 4-148 右图所示的草图，执行拉伸切除操作。

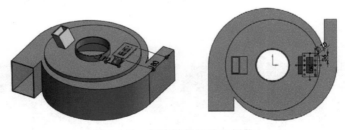

图 4-148　创建进料口法兰操作

步骤 19　执行镜像操作，选择"右视基准面"为镜像面，镜像"步骤 18"创建的特征，效果如图 4-149 所示。

步骤 20　同"步骤 18"到"步骤 19"中的操作，在细料出口创建法兰，向上拉伸 6mm，外边缘的大小为 280mm，如图 4-150 所示。

步骤 21　再通过相同操作创建粗料出口处的法兰（外边缘大小为 380，拉伸深度为 12mm），如图 4-151 所示。

步骤 22　通过相同操作创建一次进风口处的法兰（外边缘大小为 310mm×220mm，拉伸深度为 13mm），如图 4-152 所示。

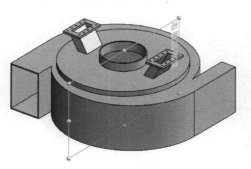

图 4-149　镜像特征操作

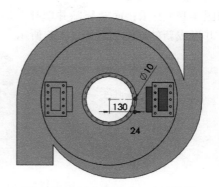

图 4-150　创建细料出口法兰效果

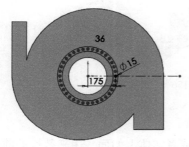

图 4-151　创建粗料出口法兰效果

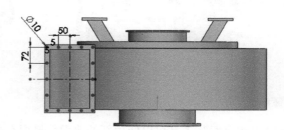

图 4-152　创建一次进风口法兰效果

步骤 23　最后通过相同操作创建二次进风口处的法兰（外边缘大小为 300mm×120mm，拉伸深度为 13mm），如图 4-153 所示（完成整个"转子壳体"的创建）。

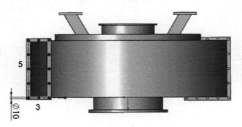

图 4-153　创建二次进风口法兰效果

知识点详解

结合实例下面介绍一下在 SOLIDWORKS 中，执行"删除面""替换面"和"移动复制曲面"的操作技巧，具体如下。

● 1. 删除面

使用"删除面"工具可以从实体上删除面，并将实体转变为曲面，如图 4-154 所示。也可用其删除曲面中无用的面，并可对删除面后的曲面进行自动填充。

在"删除面"属性管理器中，如图 4-154 中图所示，"删除并修补"单选按钮与"删除并填补"的区别在于："删除并修补"后，原曲面消失，周边的曲面通过自然延伸对空缺的面进行修补，如图 4-155 所示；而"删除并填补"后，原面区域仍然存在，只是使用周围的边线对其进行填充，并形成新的曲面，如图 4-156 所示。

图 4-154 实体"删除面"后转变为曲面

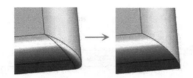

图 4-155 "删除并修补"效果

图 4-156 "删除并填补"效果

● 2. 替换面

使用"替换面"工具可以使用新的曲面替换原有曲面或者实体上的面，用来替换的曲面实体不必与原有面具有相同的边界，曲面被替换后，原面的相连面将自动延伸，并裁剪到替换面，如图 4-157 所示。

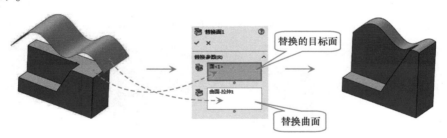

图 4-157 替换面操作

单击"曲线"工具栏中的"替换面"按钮🍃，打开"替换面"属性管理器，如图 4-157 中图所示，然后分别选择"替换曲面"和"替换的目标面"，单击"确定"按钮，即可执行曲面替换操作。

> **提示：**
>
> 用于替换的曲面通常比被替换的曲面要宽和长，如果用于替换的曲面小于原曲面，在某些情况下用于替换的曲面将会自动延伸。另外，替换的曲面可以是多个，但是这些面必须相连，不过不必相切。

● 3. 移动复制曲面

使用"移动/复制"工具可以移动、旋转或复制曲面（或实体）。移动曲面时，只是改变了原曲面的位置（如图 4-158 所示）；复制曲面时，原始曲面位置不变，可将原始曲面复制一个或多个到相应的位置（如图 4-159 所示）。

图 4-158　移动曲面

选择"插入" > "曲面" > "移动/复制"菜单，打开"实体-移动/复制"属性管理器，如图 4-159 所示（单击"平移/旋转"按钮，切换到平移操作界面），此时选择"复制"复选框可以设置复制曲面的个数，从而复制曲面，否则只能移动曲面；"平移"卷展栏用于设置曲面平移的参照；同样"旋转"卷展栏用于设置曲面旋转的参照；单击"约束"按钮可以设置各种约束来移动曲面（其功能类似于本书第 5 章中将要讲到的"模型装配"，此处主要用于定义复制或移动的曲面的新位置，这里不做详细讲解）。

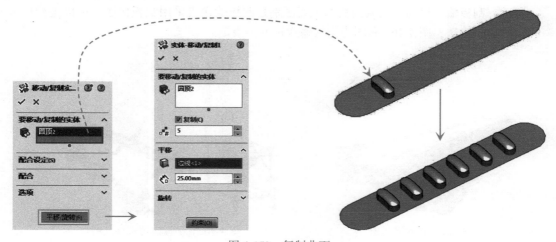

图 4-159　复制曲面

思考与练习

一、填空题

1. 选粉机是指在特定条件下利用_____使物料按颗粒大小进行分级的设备。如筛选较细的涂料、打印机墨粉和荧光粉等物料。

2. 使用_____工具可以移动、旋转或复制曲面（或实体）。

3. 使用_____工具可以使用新的曲面替换原有曲面或者实体上的面。

二、问答题

1. 简述选粉机的主要工作原理，以及在水泥生产中的作用。

2. 简述"删除面"操作中"删除并修补"与"删除并填补"的区别。

三、操作题

使用本书提供的素材文件绘制如图 4-160 所示的"方向盘"曲面模型。

图 4-160　需绘制的"方向盘"曲面模型

 知识拓展

本章主要讲述了零件在传送过程中用到的机械设备，如搅拌机、输送机、筛选机等，下面看一下还有哪些常用的输送机械。

 1. 还有哪些常用的输送机械？

前面讲述了螺旋式（绞龙）和振动式（振动盘）输送机械的结构特点、用途，下面简单介绍一下其他常用的固体输送机械（带式输送机、刮板输送机和斗式提升机）：

➤ **带式输送机**：用输送带的连续或间歇运动来输送各种轻重不同的物品的机械，如图 4-161 所示，既可用于输送各种散料，也可用于输送纸箱等单个的物件。

➤ **刮板输送机**：用刮板链牵引、在槽内运送散料的输送机叫作刮板输送机，如图 4-162 左图所示。刮板输送机与带式输送机的主要区别是刮板输送机采用刮板传送，可以进行更大倾角的物料输送，图 4-162 右图为刮板输送机的刮板链。

图 4-161　带式输送机　　　　　　　　图 4-162　刮板输送机和其链条

➤ **斗式提升机**：使用料斗垂直或倾斜提升物料的机械被称为斗式提升机，其主要特点是提升高度高，运送物料量大。

 2. 常用液体物料的输送机械有哪些？

液体物料由于其流动性，其输送方式与固体物料不同，主要有如下几种：

➤ **离心泵**：通过叶轮旋转将液体"吹"出，并吸收后续液体的装置，如图 4-163 所示（农村常用此种水泵进行抽水喷灌，离心泵有最大吸程限制，如不可超过 6 米）。

➤ **螺杆泵**：通过螺杆将液体不断推进的传送装置，如图 4-164 所示。螺杆泵与离心泵的不同之处在于，它需要被放置于液体底部进行工作，而且液体是被螺杆压出来的，而不是被吸入后排出，所以其扬程可以非常大，有的可达 100 米。

图 4-163　离心泵

图 4-164　双螺杆泵和单螺杆泵剖视图

➢ **齿轮泵**：通过齿轮啮合所产生的工作空间容积变化来传送液体的机械设备，如图 4-165 所示，其原理与螺杆泵类似，同样具有较高的扬程。

➢ **真空吸料装置**：使用真空泵实现流产品传递的设备，如图 4-166 所示，其主要优点是物料不会经过泵体，所以适用于传送黏度大或具有腐蚀性的物料（真空泵的结构原理类似于针筒，此处不再做详细解释）。

图 4-165　齿轮泵结构示意图

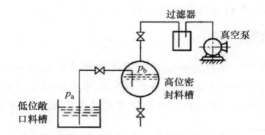

图 4-166　真空吸料装置结构示意图

3. 曲面造型基本原则

➢ 用于构造曲面的曲线应尽可能简单，控制点数目应尽可能少。
➢ 曲面的曲率半径要尽可能大一些，否则会造成加工困难。
➢ 能够使用单一曲线描述的，就不要分成数条线段。
➢ 为求曲率的连续性，邻接曲线间一定要设置连续关系。

第 **5** 章

联轴器、离合器和制动装置——模型装配

本章要点

- ☐ 联轴器装配件设计
- ☐ 离合器装配件设计
- ☐ 减速器装配件设计
- ☐ 汽车制动器装配件设计

学习目标

　　联轴器、离合器和制动装置等都属于传递力矩的装置，或者将动能由 A 设备传递给 B 设备，或者在传递过程中减缓机械运动，或者令机械运动停止。本节将讲述这些设备的基本构造、运行原理和在 SOLIDWORKS 中设计这些设备装配件的方法。

 实例 16　联轴器装配件设计

　　联轴器是连接不同机构中的两根轴（主动轴和从动轴），以使之共同旋转的机械零件（如图 5-1 所示）。通常工作机都需要使用联轴器与动力机相连。

　　联轴器有很多种，主要可分为刚性联轴器和挠性联轴器。刚性联轴器用于工作中严格对中，不发生相对位移的地方，如凸缘联轴器、套筒联轴器等；挠性联轴器用于工作中两轴可有一定偏移的地方，如万向联轴器和链条联轴器等。

　　本实例将讲解使用 SOLIDWORKS 设计固定式联轴器中凸缘联轴器装配体的操作，如图 5-2 所示。在设计的过程中将主要用到 SOLIDWORKS 的导入零部件和配合特征。

图 5-1　联轴器在机械设备中的使用

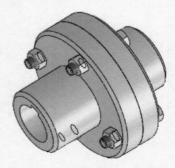

图 5-2　"凸缘联轴器"装配体

视频文件：配套\\视频\Unit5\实例 16.mp4
结果文件：配套\\案例\Unit5\实例 16——凸缘联轴器\装配联轴器.SLDASM

主要流程

本节使用书中附带的素材进行装配操作，主要包括将零件导入装配环境和将导入的零件进行装配两部分操作，如图 5-3 所示。

导入零件后，添加相应的配合

图 5-3　装配凸缘联轴器的操作过程

在实际生产联轴器的过程中，通常应考虑联轴器使用环境中的扭矩、转速，以及传动有无冲击和两个轴对中性的要求等因素。不过大多数联轴器都要求高硬度、耐磨和抗压，所以联轴器常用 45 号调质钢制造。

实施步骤

本实例将以图 5-4 所示的工程图为参照，在 SOLIDWORKS 中完成凸缘联轴器的装配操作，步骤如下。

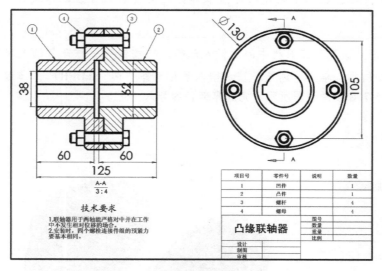

图 5-4　凸缘联轴器的装配工程图

1. 导入零部件

步骤 1　启动 SOLIDWORKS 软件后，选择"文件">"新建"菜单，打开"新建 SOLIDWORKS

文件"对话框，如图 5-5 所示，单击"装配体"按钮 🧊，再单击 确定 按钮，进入 SOLIDWORKS 的装配环境。

步骤 2 进入装配环境后，系统自动打开"开始装配体"属性管理器，如图 5-6 左图所示，单击"浏览"按钮，在弹出的对话框中选择用于装配的零部件（此处选择素材文件"凹 .SLDPRT"），再在绘图区的适当位置单击，放置此零部件即可，如图 5-6 右图所示。

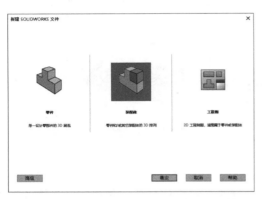

图 5-5　"新建 SOLIDWORKS 文件"对话框　　　　图 5-6　导入第一个零部件

提示：

注意，第一个被导入的零部件，其位置默认不变，所以通常为零件的主体件（当然也可右击零部件，在弹出的快捷菜单中选择"浮动"菜单项，将固定零部件更改为可移动位置状态）。

此外，在"开始装配体"对话框中选中"使成为虚拟"复选框，则将使插入的零部件与源文件断开连接，而在装配体文件内存储零部件定义（否则在装配体文件中仅存储文件的链接）。

步骤 3 单击"装配"工具栏中的"插入零部件"按钮 📌，打开"插入零部件"属性管理器，如图 5-7 左图所示，单击"浏览"按钮插入素材文件"凹 .SLDPRT"，通过相同操作插入螺杆和螺母，如图 5-7 右面两个图所示，完成零部件的导入。

图 5-7　插入其他零部件

● 2. 添加配合

步骤 4 单击"装配体"工具栏中的"配合"按钮🖇，打开"配合"属性管理器，如图 5-8 左图所示，顺序单击联轴器"凸部分"和"凹部分"的内径，单击"确定"按钮，执行"同心"配合约束，如图 5-8 右边两个图所示。

图 5-8 进行"同心"配合操作

步骤 5 顺序单击联轴器"凸部分"的底部平面和"凹部分"的对应平面，如图 5-9 左图所示，单击"确定"按钮，执行"重合"配合约束，效果如图 5-9 右图所示。

图 5-9 进行"重合"配合操作

步骤 6 顺序单击联轴器"凸部分"和"凹部分"的"销部"顶平面，如图 5-10 左图所示，单击"确定"按钮，执行"重合"配合约束，效果如图 5-10 右图所示。

图 5-10 进行第 2 个面的"重合"配合操作

步骤 7 顺序单击螺栓的螺杆圆柱面和联轴器"凸部分"孔的内表面，如图 5-11 左图所示，单击"确定"按钮，执行"同心"配合约束，效果如图 5-11 右图所示。

步骤 8 顺序单击螺栓的头部的底部平面和联轴器"凸部分"的外表面，如图 5-12 左图所示，单击"确定"按钮，执行"重合"配合约束，此时即可将螺栓插入到联轴器中，效果如图 5-12 右图所示。

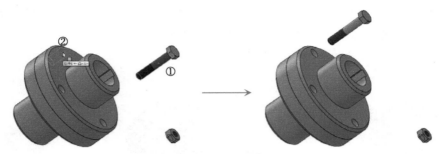

图 5-11 进行螺栓的"同心"配合操作

图 5-12 进行螺栓的"重合"配合操作

步骤 9 顺序单击螺母的底部平面和联轴器"凹部分"的外表面，如图 5-13 左图所示，再在属性管理器中单击"反向对齐"以反转螺母的方向，单击"确定"按钮，执行"重合"配合约束，效果如图 5-13 右图所示。

图 5-13 进行螺母的"重合"配合操作

步骤 10 顺序单击螺母的内表面和螺栓的外部圆柱面，如图 5-14 左图所示，单击"确定"按钮，执行"同心"配合约束，效果如图 5-14 右图所示（此时螺母被安装到了螺杆上）。

步骤 11 单击"装配体"工具栏中的"随配合复制"按钮，打开"随配合复制"属性管理器，如图 5-15 左图所示，选择"螺栓"，然后单击"下一步"按钮；再在"随配合复制"属性管理器中单击最后一个"同心"按钮（即不使用此配合）。

步骤 12 在"随配合复制"属性管理器中继续操作，分别设置上面的"同心"配合为联轴器的另外一个孔，"重合"配合为"凸部分"的上表面，单击"确定"按钮复制出一个螺栓，如图 5-15 右图所示。

图 5-14 进行螺母的"同心"配合操作

步骤 13 通过相同操作复制其他螺栓，效果如图 5-16 所示。

图 5-15 进行"随配合复制"操作   图 5-16 复制其他螺栓效果

步骤 14 通过与"步骤 11~13"几乎相同的操作，对螺母执行"随配合复制"操作，完成对凸缘联轴器的装配。

知识点详解

结合实例下面介绍一下在 SOLIDWORKS 中导入零部件的多种方式，以及零件配合的多种方式等，具体如下。

1. 导入零部件的多种方式

除了上面"实施步骤"中介绍的通过单击"装配"工具栏中的"插入零部件"按钮插入零件外，在"装配体"工具栏"插入零部件"按钮右侧的下拉列表中还可以选择多种插入零部件的方式，具体作用如下。

> "新零件"：单击此按钮将进入建模模式新建一个零件，并将创建的零件直接导入零件装配模式中（实际上这是一种"自上而下"的装配模式）。

> "装配体"：将某个装配体作为整体导入零件装配模式中，以参与新的装配。

> "随配合复制"：相当于在装配模式中复制零部件，只是此处复制的零件是参照零件配合进行复制的。

提示：

除了上面介绍的几个按钮外，单击"智能扣件"按钮，如果装配体中有标准规格的孔，智能扣件将自动为装配体添加相关扣件（如螺栓或螺钉等）。另外，要使用智能扣件，需要安装 SOLIDWORKS Toolbox 扣件库。

● 2. 零件配合的多种方式

在 SOLIDWORKS 的装配模式中，可以通过添加"配合"来确定各零部件之间的相对位置关系，进而完成零件的装配。

单击"装配体"工具栏中的"配合"按钮，可以打开"配合"属性管理器，通过此属性管理器可以为零部件间设置"标准配合""高级配合"和"机械配合"（如图 5-17所示），其中"标准配合"和"高级配合"与前面第 2 章讲述草图中的"尺寸和几何约束"操作有些相似，其意义也基本相同，所以此处不做过多叙述。

图 5-17　可以添加的"配合"类型

"机械配合"用于设置两个零件间机械连接的配合关系，如"凸轮"配合用于设置凸轮推杆与凸轮间的配合关系，"齿轮"配合用于设置两个齿轮间的配合关系，"齿条小齿轮"配合用于设置齿条随着齿轮的转动而移动，"螺旋"配合与"齿条小齿轮"配合相似，只是此时相当于齿条转动而小齿轮移动。

除了上面介绍的几个卷展栏外，"配合"属性管理器还具有如图 5-18 所示的"配合"卷展栏、"选项"卷展栏和"分析"选项卡，下面解释一下其中几个选项的作用。

➢ "配合"卷展栏：用于显示模型中添加的所有"配合"关系，选中某个配合后，可以对其进行编辑，右击后可以选择相应菜单将其删除。

➢ "选项"卷展栏中的"添加到新文件夹"复选框：选中后将以文件夹的形式在模型树中存放一次配合过程所添加的配合，否则将在模型树的"配合"项目中集中存放多次添加的配合。

➢ "选项"卷展栏中的"显示弹出对话"复选框：选中后将在创建配合时自动弹出如图 5-18中图所示的对话框，用于设置或选择配合关系。

图 5-18　"配合"属性管理器的几个卷展栏以及用于选择配合关系的对话框

➢ "选项"卷展栏中的"只用于定位"复选框：选中后将不在零件间添加配合特征，而只是移动模型的位置。

➢ "分析"选项卡（如图 5-18 右图所示）：在"配合"卷展栏中选中某个配合关系，再转到此选项卡，可以设置此配合关系为在"运动算例"（其意义详见本书第 8 章实例 30 中的知识点）中使用的配合关系，即在创建"运动算例"时，考虑此配合的"承载面"和"摩擦"力等物理属性。

思考与练习

一、填空题

1. SOLIDWORKS 提供有专用的装配环境，所谓"导入零部件"是指将_____导入装配环境中。

2. 在 SOLIDWORKS 的装配模式中，可以通过添加_____来确定各零部件之间的相对位置关系，进而完成零件的装配。

二、问答题

1. 简述联轴器生产过程中需要考虑的因素。

2. 共有几种"插入零部件"的方式？并简述每种方式的区别。

三、操作题

使用本书提供的素材文件装配如图 5-19 所示的蜗轮箱。

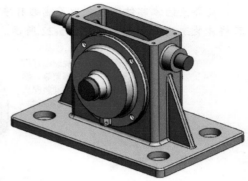

图 5-19　需装配的蜗轮箱

 实例 17　离合器装配件设计

离合器通常安装在发动机与变速器之间，用来切断或传递前后两者之间动力联系。

离合器有很多类型，其中常见的离合器可分为齿形离合器和摩擦式离合器：齿形离合器（如牙嵌离合器）通过牙形或齿形的嵌合来传递转矩，具有传动比不变的特点，但是需在静态下操作；摩擦式离合器（如膜片弹簧离合器）具有适用范围宽、可在动静态下操作的优点，是目前汽车中主要使用的离合器。

本实例将讲解使用 SOLIDWORKS 设计膜片弹簧离合器装配体的操作。在执行装配操作之前，应该了解膜片弹簧离合器的工作原理，如图 5-20 所示，离合器默认处于闭合状态，当需要令其分离时，拨叉通过分离套筒推动膜片弹簧，通过膜片弹簧拖动压盘和从动盘，令其与飞轮分离，摩擦力消失，从而可中断动力传动。

如图 5-21 所示为本文要设计的膜片弹簧离合器装配体，在设计的过程中将主要用到阵列零部件、移动零部件和显示隐藏零部件等操作。

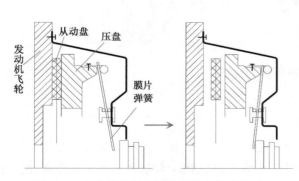

图 5-20　离合器从闭合到分离状态的转换过程

图 5-21　本节要装配的膜片弹簧离合器

视频文件：配套\\视频\Unit5\实例17. mp4
结果文件：配套\\案例\Unit5\实例17——离合器\离合器总装配体. SLDASM

主要流程

离合器的零部件较多，为了能够有序完成其装配工作，需要对多个模块进行分别装配，然后再将其装配为一个整体，如图5-22所示。

 首先装配好离合器盖等，然后用其装配从动盘和压盘  最后组装分离套筒、轴和传动片等散件

图 5-22　离合器的装配过程

此外，为了保证离合器具有良好的工作性能，在设计离合器时，应令其尽量满足接合时的完全、平顺和柔和，以保证汽车起步时没有抖动和冲击；而在分离时则需迅速、彻底，并且离合器要具有足够的吸热能力和良好的通风散热效果，以保证工作温度不会过高，延长其使用寿命；另外就是要保证离合器操纵轻便、准确，以减轻驾驶员的疲劳等。

实施步骤

本实例将以图5-23所示的离合器爆炸图为参照，在SOLIDWORKS中完成膜片弹簧离合器的装配操作，步骤如下。

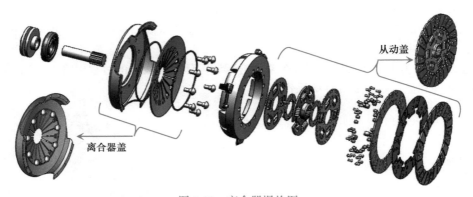

从动盖

离合器盖

图 5-23　离合器爆炸图

● 1. 装配离合器盖

步骤1　新建"装配体"类型文件，并单击"插入零部件"按钮，依次导入本书提供的素材文件：离合器盖. SLDPRT、膜片弹簧. SLDPRT、支撑环. SLDPRT和膜片弹簧与离合器盖铆钉. SLDPRT，如图5-24所示。

步骤 2 单击膜片弹簧和铆钉，在弹出的快捷操作面板中单击"隐藏零部件"按钮 ，将这两个零部件先隐藏，如图 5-25 所示。

 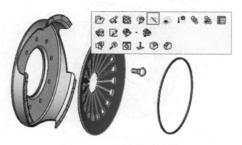

图 5-24 导入零部件   图 5-25 将零部件隐藏

步骤 3 单击"装配体"工具栏中的"配合"按钮 ，选择支撑环内表面和离合器盖内圆面，添加同心配合，如图 5-26 所示。

步骤 4 继续定义配合，选择支撑环靠近离合器盖的面和离合器盖内平面，添加重合配合，如图 5-27 所示。

 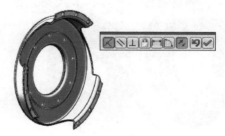

图 5-26 为零部件添加同心配合关系   图 5-27 为零部件添加重合配合关系

步骤 5 同"步骤 2"操作，首先将离合器盖和支撑环隐藏，然后导入一个支撑环，如图 5-28 所示。

步骤 6 单击"装配体"工具栏中的"配合"按钮 ，选择新导入的支撑环的一条外边线和膜片弹簧的内表面，添加重合配合，如图 5-29 所示。

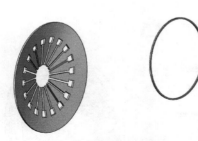 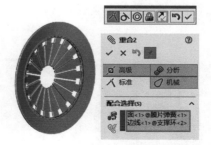

图 5-28 显示隐藏的零部件   图 5-29 为零部件添加重合配合关系

步骤 7 在左侧模型树中右击铆钉，在弹出的快捷菜单中选择"显示零部件"按钮 ，将其显示出来，然后定义其与离合器盖上一个孔的同心配合关系，如图 5-30 所示。

步骤 8 单击"装配体"工具栏中的"配合"按钮 ，为膜片弹簧与离合器盖添加同心配合，如图 5-31 所示。

图 5-30　添加铆钉与孔的同心配合关系

图 5-31　添加膜片弹簧与离合器盖的同心配合关系

步骤 9　继续添加铆钉冒缘平面与支撑环平面的重合配合，令铆钉与膜片弹簧在横向位置上固定，如图 5-32 所示。

步骤 10　继续添加铆钉与膜片弹簧的距离配合，令铆钉与膜片弹簧空隙的边缘面的距离为0.75mm，从而定义铆钉相对于膜片弹簧的位置，如图 5-33 所示。

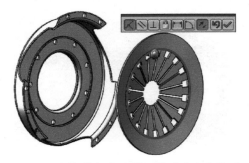

图 5-32　添加铆钉与支撑环的重合配合关系

图 5-33　添加铆钉与膜片弹簧的距离配合关系

步骤 11　添加配合令铆钉杆面与离合器盖内表面的距离为 3mm，如图 5-34 所示（由于铆钉没有螺帽，所以此处只能添加此种配合关系，实际分析时，可根据需要设置配合距离）。

步骤 12　单击"装配"工具栏中的"圆周零部件阵列"按钮，打开"圆周阵列"属性管理器，选择离合器盖内表面为圆周阵列轴，进行阵列操作，如图 5-35 所示，完成离合器盖的装配操作，然后将此装配体保存即可。

图 5-34　添加铆钉与离合器盖内表面的距离配合关系

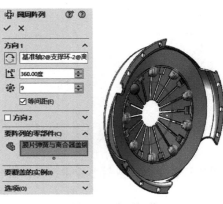

图 5-35　阵列操作

● 2. 装配从动盘

步骤 13 新建"装配体"类型文件，单击"插入零部件"按钮，导入本书提供的素材文件——减振器装配体.SLDASM，如图 5-36 所示（此处不再单独介绍减振器的装配操作）。

步骤 14 继续导入"波形弹簧片.SLDPRT"文件，然后将其装配到"步骤 13"导入的减振器装配体上，如图 5-37 所示（注意波形弹簧片的方向）。

步骤 15 单击"装配"工具栏中的"圆周零部件阵列"按钮，选择减振器中心轴面进行阵列操作，效果如图 5-38 所示。

图 5-36　导入减振器装配体　　图 5-37　导入波形弹簧片并进行装配　　图 5-38　阵列波形弹簧片

步骤 16 导入 2 个"摩擦片.SLDPRT"，并将其装配到波形弹簧片的两边（对称错开放置），如图 5-39 所示。

步骤 17 导入"波形片与传动片铆钉.SLDPRT"，并将其装配到合适位置，如图 5-40 所示。

步骤 18 阵列铆钉，如图 5-41 所示。

图 5-39　导入摩擦片并装配　　图 5-40　导入铆钉并装配　　图 5-41　阵列铆钉操作

步骤 19 导入"波形弹簧片与摩擦片铆钉.SLDPRT"，并将其装配到合适位置（第 2 个铆钉可使用"随配合复制"操作复制），然后执行阵列操作，效果如图 5-42 所示。

步骤 20 同"步骤 19"所示，导入"波形弹簧片与摩擦片铆钉.SLDPRT"，并执行装配和圆周阵列操作，效果如图 5-43 所示。

步骤 21 导入"限位销.SLDPRT"，并将其装配到合适位置，然后执行阵列操作，效果如图 5-44 所示（完成操作后，将文件保存为"从动盘.SLDASM"即可）。

图 5-42　导入铆钉并阵列　　　　图 5-43　导入另一面铆钉并阵列　　　　图 5-44　导入限位销并阵列

● 3. 离合器模型总装配

步骤 22　新建"装配体"类型文件，单击"插入零部件"按钮，导入本书提供的素材文件——从动盘 . SLDASM、离合器盖 . SLDASM 和压盘 . SLDPRT，如图 5-45 所示。

步骤 23　单击"配合"按钮🔗，定位导入的零件在一条中轴线上，并为从动盘和压盘定义重合配合，如图 5-46 所示。

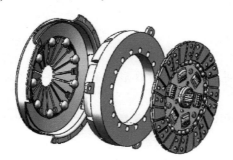

图 5-45　新建装配体并插入子装配　　　　图 5-46　添加从动盘和压盘的重合配合关系

步骤 24　导入"传动片 . SLDPRT"，并将其定位到压盘耳处圆孔和离合器盖外边缘的圆孔处，并导入"传动片铆钉 . SLDPRT"并定位其位置，如图 5-47 所示。

步骤 25　阵列导入的传动片和铆钉，效果如图 5-48 所示。

步骤 26　同"步骤 24"和"步骤 25"操作，导入"勾簧 . SLDPRT"，并定位其位置，然后执行阵列操作，效果如图 5-49 所示。

图 5-47　导入并定位传动片和铆钉　　　图 5-48　阵列传动片和铆钉　　　图 5-49　导入并定位勾簧

步骤 27 导入"轴承 . SLDASM""轴 . SLDPRT"和"分离套筒 . SLDPRT",并定位其位置,即可完成模型的装配,如图 5-50 所示。

图 5-50　导入其他零部件并进行定位

知识点详解

结合实例下面介绍一下在 SOLIDWORKS 中阵列零部件、移动零部件、显示隐藏零部件、更改透明度和使用剖视图的操作方法,具体如下。

● 1. 阵列零部件

使用"装配体"工具栏中的阵列工具可以进行阵列装配。单击"线性零部件阵列"右侧的下拉按钮,发现共有 4 种可以使用的阵列装配方法,其操作与前面讲述的阵列特征基本相同,我们这里只简单讲一下其作用。

➤ 线性零部件阵列▓:单击后可以生成一个或两个方向的零部件阵列,如图 5-51 所示,此时可以设置在哪个方向或哪两个方向上进行零部件阵列操作,并可设置阵列的间距和个数效果如图 5-52 所示。

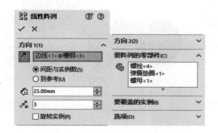

图 5-51　典型的线性零部件阵列

图 5-52　线性零部件阵列的效果

➤ 圆周零部件阵列▓:可以对某个零部件进行圆周阵列操作,如图 5-53 所示,通过选择阵列轴和阵列零部件,并设置旋转的角度和阵列零部件的个数,即可执行此阵列操作。

➤ 阵列驱动零部件阵列▓:以零部件原有的阵列特征为驱动创建零部件阵列,即令零部件沿所在的阵列特征进行阵列,从而实现快速装配,如图 5-54 所示(使用此方式创建的零部件阵列与所依赖的特征阵列相关联)。

➤ 镜像零部件阵列▓:主要用于将零部件对称放置,如图 5-55 所示,操作时需要选择镜像面和镜像零件(单击"镜像零部件"对话框顶部右侧的箭头,可打开"重新定向零部件"

卷展栏，在其中可单击"生成相反方位版本"按钮，调整镜像体的方向，也可右击"定向零部件"列表框中的零部件，在弹出的快捷菜单中选择镜像或复制零部件，被复制的零件可以具有与原零件不同的特征）。

图 5-53　典型的圆周零部件阵列

图 5-54　典型的阵列驱动零部件阵列

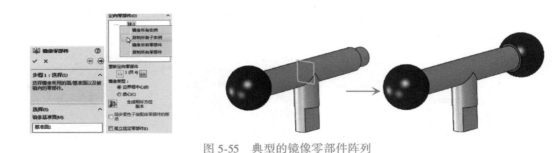

图 5-55　典型的镜像零部件阵列

● 2. 移动零部件

当零部件所在的位置不便于装配操作时，可以移动零部件的位置，也可以在不与已有的配合冲突的情况下，重新定位零部件。

单击"零部件"工具栏中的"移动零部件"按钮 （或单击其右侧下拉列表中的"旋转零部件"按钮 ），选择要进行移动的零部件，可以在"配合"限制的范围内移动零部件，如图 5-56 所示。

如图 5-56 左图所示，在"装配零部件"属性管理器中共提供了 3 种移动零部件的方式，上面使用的是"标准拖动"方式，除此之外，还可以选择"碰撞检查"移动方式，此时可设置当零部件碰到其他零部件时自动停止,如图 5-57 所示;"物理动力学"移动方式用于当拖动一个零部件与其他零部件发生碰撞时,对其他零部件施加一个力,这个力可以令被碰撞的零部件发生适当的位移。

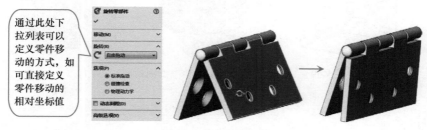

通过此处下拉列表可以定义零件移动的方式,如可直接定义零件移动的相对坐标值

图 5-56 移动零部件

"碰撞检查"移动方式,零部件发生碰撞时停止移动

"标准拖动"方式,零部件发生碰撞时,零部件仍然可以移动

图 5-57 "标准拖动"和"碰撞检查"的区别

此外,在"装配零部件"属性管理器中,通过"动态间隙"卷展栏可以设置移动或旋转零部件时,当两个零部件相邻某段距离时,零件停止移动;通过"高级选项"卷展栏可以设置零件碰撞时,是否显示碰撞平面或发出提示声音。

● 3. 显示隐藏零部件

直接在工作区中选择要隐藏的零部件,从弹出的快捷工具栏中选择"隐藏"按钮,可以将选择的零部件隐藏,如图 5-58 左边两个图所示,单击"装配体"工具栏中的"显示隐藏的零部件"按钮,可以切换零部件的隐藏状态,如图 5-58 右图所示。

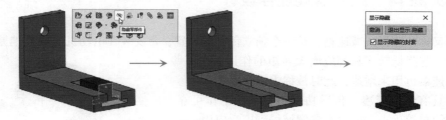

图 5-58 隐藏零部件操作和切换隐藏状态操作

在模型树中选择被隐藏的零部件,从弹出的快捷工具栏中选择"显示"按钮,可以显示选择的零部件。

● 4. 更改透明度和使用剖视图

选择零部件,从弹出的快捷工具栏中选择"更改透明度"按钮,可以将此零件设置为半透明状态,如图 5-59 左图所示,再次选择此按钮,可以恢复零件的正常显示。此外,单击"前导视图"工具栏中的"剖面视图"可显示装配的剖视图，如图 5-59 右边两个图所示。

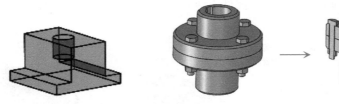

图 5-59 "更改透明度"操作和"剖面视图"操作

思考与练习

一、填空题

1. 可以在不与已有的_____冲突的情况下，重新定位零部件。

2. 单击"装配体"工具栏中的"显示隐藏的零部件"按钮，可以_____零部件的隐藏状态。

3. 选择零部件，从弹出的快捷工具栏中选择"更改透明度"按钮，可以将此零件设置为_____状态。

二、问答题

1. 离合器通常分为哪两大类型，其各有什么特点？

2. 在设计离合器时，主要应该考虑哪些因素？

3. 有哪几种阵列零部件的方式？并简述每种阵列方式的主要作用。

4. 在执行镜像零部件操作的过程中，应该如何调整零部件的方向？简述其操作。

三、操作题

使用本书提供的素材文件装配如图 5-60 所示的齿式离合器。

图 5-60 需装配的齿式离合器

 实例18 减速器装配件设计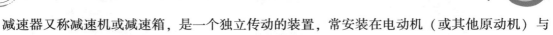

减速器又称减速机或减速箱，是一个独立传动的装置，常安装在电动机（或其他原动机）与工作机之间，起降低转速和相应增大转矩的作用。在某些情况下，减速器也用来增速，此时被称为增速器。

减速器具有结构紧凑、传递功率范围大、工作可靠、使用和维护简单等优点，所以在各领域得到广泛应用。

根据传动类型，减速器可分为齿轮、蜗轮和齿轮/蜗轮减速器，其结构通常由密闭的箱体、相互啮合的一对或几对齿轮（或蜗轮/蜗杆）、传动轴及轴承等组成。

本实例将讲解使用 SOLIDWORKS 设计齿轮减速器装配体的操作（这里主要使用提供的素材文件设计其爆炸视图），如图 5-61 所示。在设计的过程中，将主要用到 SOLIDWORKS 的建立爆炸视图和爆炸直线草图的操作。

图 5-61 本节设计的齿轮减速器装配体

视频文件：配套\\视频\Unit5\实例 18. mp4
结果文件：配套\\案例\Unit5\实例 18——减速器\总装配体 .SLDASM

主要流程

这里将使用本书提供的素材文件创建减速器的爆炸视图。在创建的过程中，将先创建子装配的爆炸视图，然后创建总体装配的爆炸视图，并添加爆炸直线草图，如图 5-62 所示。

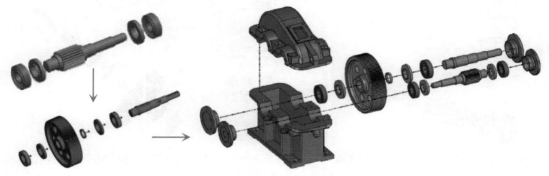

图 5-62　减速器爆炸视图的创建过程

减速器的主要参数已经标准化，在实际选用减速器时，可根据传动比、输入轴功率和转速等，选择需要使用的标准减速器。

实施步骤

步骤 1　打开本书提供的素材文件"齿轮轴装配 .SLDASM"，单击"装配"工具栏中的"爆炸视图"按钮🔩，打开"爆炸"属性管理器，单击"常规步骤（平移和旋转）"按钮🔩（保持其选中状态），选择左侧"齿轮上的挡油环"，选择坐标系 Z 轴设置其爆炸方向，设置爆炸距离为 50mm，在"爆炸"属性管理器中单击"添加阶梯"按钮，如图 5-63 所示。

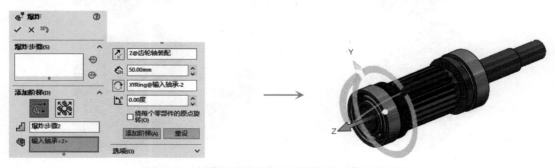

图 5-63　在爆炸视图中设置零部件的具体爆炸距离

步骤 2　通过与"步骤 1"相同的操作，分别为零件添加在 Z 轴上的移动距离，左侧"输入轴承"为 80mm，右侧"输入轴承"为 -180mm，右侧"齿轮上的挡油环"为 -150mm，效果如图 5-64 所示，最后单击"确定"按钮✔，完成此子装配爆炸视图的创建，保存后退出即可。

步骤 3　打开本书提供的素材文件"输出轴装配 .SLDASM"，单击"爆炸视图"按钮🔩，选中"爆炸"属性管理器中的"自动调整零部件间距"复选框，并选中该 ▦ 按钮，然后框选所有零部件，并在操作区中拖动 Z 轴一定的距离，单击"确定"按钮 ✔ ，即可完成此子装配爆炸视图的创建，如图 5-65 所示（保存后退出）。

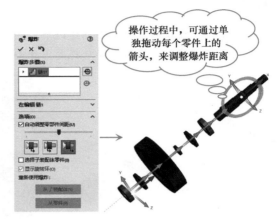

操作过程中，可通过单独拖动每个零件上的箭头，来调整爆炸距离

图 5-64　设置所有零部件的移动距离　　　图 5-65　选择所有零部件同时设置间距

步骤 4　打开本书提供的减速器的素材文件"总装配体.SLDASM"，单击"爆炸视图"按钮 ▦ ，选择"机盖"竖直向上拖动一定的距离（并单击"添加阶梯"按钮或"完成"按钮，下同，该操作下面不再重复叙述），如图 5-66 所示。

步骤 5　选择左侧两个轴承端盖，沿着坐标系轴向向左拖动一定的距离，效果如图 5-67 所示。

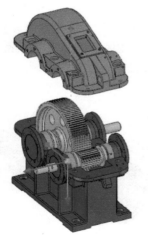

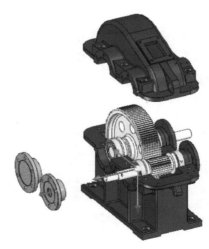

图 5-66　移动机盖　　　　　　　　　　图 5-67　移动轴承端盖

步骤 6　选择右侧两个轴承端盖，沿着坐标系轴向向右拖动一定的距离（操作时应拖动一段较长的距离），效果如图 5-68 所示。

步骤 7　选择"输出轴装配"子装配，单击"爆炸"属性管理器底部的"从子装配体"按钮，使用子装配体的爆炸视图，如图 5-69 所示。

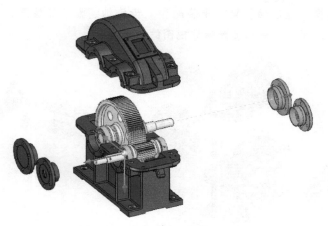

图 5-68　移动另外一侧轴承端盖

图 5-69　使用子装配体的爆炸视图 1

步骤 8　同"步骤 7",选择"齿轮轴装配"子装配,单击"爆炸"属性管理器底部的"从子装配体"按钮,使用子装配体的爆炸视图,如图 5-70 所示。

图 5-70　使用子装配体的爆炸视图 2

步骤9 分别选择"输出轴装配"子装配和"齿轮轴装配"子装配，沿轴向将其移动到合适的位置，如图 5-71 所示，完成总装配爆炸视图的创建。

图 5-71 创建总装配爆炸视图

步骤10 单击"装配"工具栏中的"爆炸直线草图"按钮 ，依次选择一条轴线上零件的圆柱面，单击"确定"按钮，创建追踪线，如图 5-72 所示（然后通过相同操作创建另外两条路线，即可完成整个爆炸视图的创建）。

图 5-72 创建追踪线

知识点详解

结合实例下面介绍一下在 SOLIDWORKS 中创建爆炸视图和爆炸直线草图的操作方法，具体如下。

● 1. 创建爆炸视图

通过爆炸图，可以使模型中的零部件按装配关系偏离原位置一定的距离，以便用户查看零件的内部结构。

在完成零部件的装配后，即可进行爆炸视图的创建。单击"装配体"工具栏中的"爆炸视图"按钮 ，打开"爆炸"属性管理器，如图 5-73 左图所示，单击"常规步骤（平移和旋转）"按钮 （保持其选中状态）；然后选择零部件并进行适当方向的拖动，单击"添加阶梯"按钮或"完成"按钮，即可创建爆炸视图，如图 5-73 右边两个图所示。

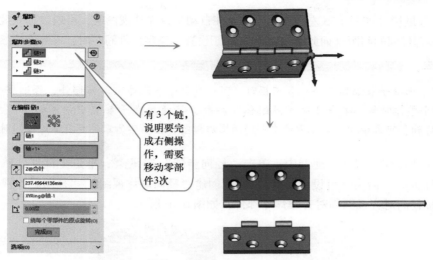

有 3 个链，说明要完成右侧操作，需要移动零部件3次

图 5-73　"爆炸"属性管理器和创建的爆炸视图

　　其中"在编辑 链"卷展栏主要用于设置爆炸视图的创建方式（常规或径向）；设置当前选中的零部件、移动的参考轴，以及当前零部件的移动距离，如图 5-74 所示。

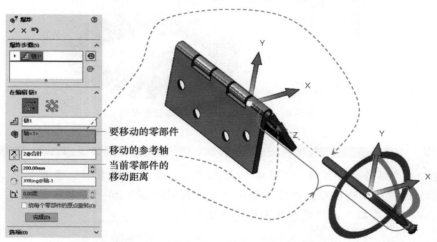

要移动的零部件
移动的参考轴
当前零部件的移动距离

图 5-74　"爆炸"属性管理器中的两个卷展栏和自动调整的零部件爆炸效果

知识库：

　　当同时选择（可框选）多个零部件，并执行上述移动操作时，如在"选项"卷展栏中选中"自动调整零部件间距"复选框，此时将按固定间距在一个方向上顺序排列各个零部件，从而自动生成爆炸视图，如图 5-75 所示。

图 5-75　一个步骤生成一个方向上的爆炸视图操作

"选项"卷展栏（如图 5-75 左图所示）用于在自动生成爆炸视图时，可通过拖动此卷展栏中的滑块调整各零部件间的间距（而此类按钮，用于设置调整零部件间距时，零部件的参照位置）。

> **知识库：**
>
> 当选中"选择子装配体零件"复选框时，可以移动子装配体中的零部件，否则整个子装配体将被当作一个整体对待；单击"从子装配体"按钮，将使用在子装配中创建的爆炸视图；单击"从零件"按钮，可以使用多实体零件中创建的爆炸视图（当多实体零件具有爆炸视图时可用）。

此外，在"爆炸"属性管理器中，单击"径向步骤"按钮，框选零部件，然后拖动操作区中的"爆炸方向"箭头（可设置角度），即可创建"径向爆炸视图"。"径向爆炸视图"是指围绕一个轴，按径向对齐或圆周对齐爆炸零部件，如图 5-76 所示。

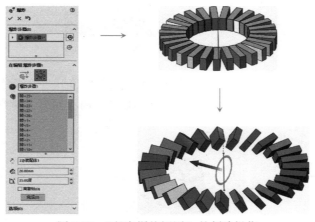

图 5-76 "径向爆炸视图"的创建操作

> **知识库：**
>
> 在创建"径向爆炸视图"时，"爆炸"属性管理器中的"离散轴"复选框怎么用呢？如图 5-77 所示，选中该复选框后，选择要创建"径向爆炸视图"的一个零件的轴向（也可以选择外周面），即可在此轴向上创建"径向爆炸视图"。

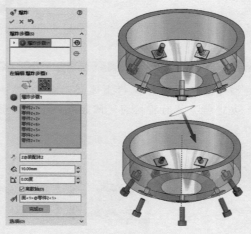

图 5-77 "离散轴"的作用

● 2. 爆炸直线草图

在爆炸视图创建完成后，可以创建"爆炸直线草图"（也被称为"追踪线"）来表示各部件之间的装配关系。此时只需单击"装配体"工具栏中的"爆炸直线草图"按钮，然后顺序选择爆炸视图中零部件经过的路径面（或点、线等），即可创建爆炸直线草图，如图 5-78 所示。

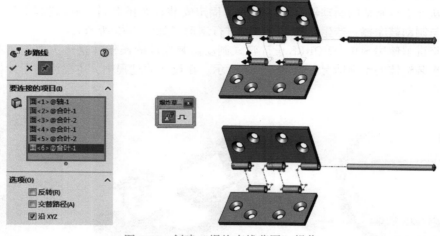

图 5-78　创建"爆炸直线草图"操作

单击"爆炸直线草图"按钮的同时，还将打开"爆炸直线草图"工具栏（如图 5-78 中上图所示），此工具栏共有两个按钮，分别为"步路线"按钮和"转折线"按钮，上面讲述的是使用"步路线"按钮创建"爆炸直线草图"的操作，单击"转折线"按钮，可以在创建的"爆炸直线草图"上添加转折线。

另外在"步路线"属性管理器中，有以下几个选项可以选择，它们的意义分别为。

➤ "反转"复选框：选中后可以反转"爆炸直线草图"的流向。

➤ "交替路径"复选框：选中后可以自动选择另外一条可以使用的路径。

➤ "沿 XYZ"复选框：选中后将生成与 X、Y、Z 轴平行的路径，否则将生成最短路径。

思考与练习

一、填空题

1. 通过_____，可以使模型中的零部件按装配关系偏离原位置一定的距离，以便用户查看零件的内部结构。

2. 在爆炸视图创建完成后，可以创建_____（也被称为"追踪线"）来表示各部件之间的装配关系。

二、问答题

1. 减速器常安装在什么位置，其作用是什么？

2. 简述"爆炸"属性管理器中"设定"卷展栏的作用。

三、操作题

使用本书提供的素材文件创建如图 5-79 所示的轴承座爆炸视图。

图 5-79　需创建的轴承座爆炸视图

实例19 汽车制动器装配件设计

制动器是产生阻止车辆运动或运动趋势的力的机构，用于使行驶中的车辆减速或停止行驶，也用于使停驶的车辆保持不动。

汽车中常用的制动器主要包括两种：盘式制动器和鼓式制动器。盘式制动器是通过制动钳夹紧制动盘，从而进行制动的制动器（制动钳通常固定安装在车桥上）；而鼓式制动器，则是通过制动蹄外涨与制动鼓摩擦，产生制动力，从而进行制动（如图5-80所示）。

本实例将讲解使用 SOLIDWORKS 设计盘式制动器装配件的操作（这里主要使用本书提供的素材文件分析装配体的干涉情况），如图5-81所示。在设计的过程中，主要用到干涉检查和孔对齐的相关操作技巧。

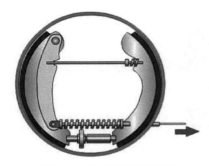

图 5-80 鼓式制动器原理　　　　图 5-81 车辆中的制动器及本节要设计的制动器装配图

视频文件： 配套\\视频\\Unit5\\实例19. mp4
结果文件： 配套\\案例\\Unit5\\实例19——汽车制动器\\制动器总装 . SLDASM

主要流程

本节将主要使用 SOLIDWORKS 提供的工具检查汽车制动器装配体有无错误，如存不存在干涉、孔有没有对齐、间隙是否符合标准等，由于图例较为简单，此处不做过多讲述。

在实际设计制动器的过程中，使制动器工作可靠、具有足够的制动能力是第一位的，此外制动器应具有良好的散热性能，并尽量降低噪声，及应具有制动失灵的报警措施等。此外，盘式制动的优点是散热好；鼓式制动的优点是制动力较大，因此较适合大车使用。

实施步骤

步骤1 打开本书提供的素材文件"制动器总装 . SLDASM"，单击"装配"工具栏中的"干涉检查"按钮，系统自动选择整个装配体，单击"干涉检查"属性管理器中的"计算"按钮，系统将计算出零件重合的区域，如图5-82所示。

提示：

装配中存在干涉，说明零件与零件之间存在重叠区域（在查找出的干涉右侧标注有干涉的面积），此时选择某个干涉，在操作区中将以不同颜色标注出此干涉，然后零件设计人员可以根据干涉的大小，选择忽略此干涉，或对零件进行适当的调整。

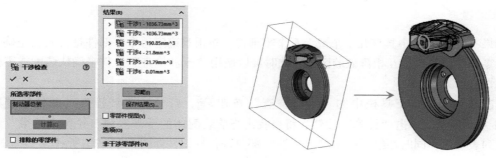

图 5-82　干涉检查操作

步骤 2　单击"装配"工具栏中的"间隙验证"按钮 ，在打开的"间隙验证"属性管理器中单击"选择面"按钮 ，然后选择"制动盘"一个侧面和其相近的制动片托架的面，设置"可接受的最小间隙"为 2mm，单击"计算"按钮，查看这两个面的间距是否小于 2mm，如图 5-83 所示（由于实际间距只有 1mm，所以系统给出了提示）。

图 5-83　间隙验证操作

步骤 3　单击"装配"工具栏中的"孔对齐"按钮 ，设置"孔中心误差"的最小距离为 1mm，单击"计算"按钮，可以查找系统中未对齐的孔，由于实例中没有未对其的孔，所以"孔对齐"前后，视图没有改变（如图 5-84 所示）。

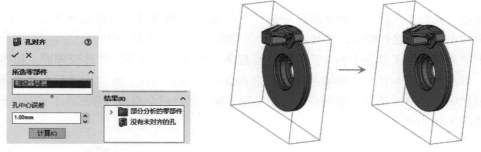

图 5-84　孔对齐检查操作

知识点详解

结合实例介绍一下在 SOLIDWORKS 中执行干涉检查、孔对齐、间隙验证和性能评估操作的方法，具体如下。

● 1. 干涉检查

如果"装配体"中具有几十个或上百个零部件，将很难确定每个零部件是否安装正确，或无法确认零部件间是否有互相覆盖的区域，此时可以使用"干涉检查"操作来确认装配或零件设计的准确性。

单击"装配体"工具栏中的"干涉检查"按钮 ，打开"干涉检查"属性管理器，如图 5-85 左图所示，单击"计算"按钮，将查找出当前装配体的干涉区域，并在"结果"卷展栏中进行列表显示，同时在绘图区中对"干涉"部分进行标识，如图 5-85 右图所示。

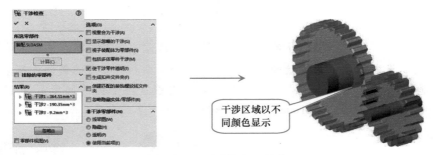

图 5-85 "干涉检查"操作

下面解释一下"干涉检查"属性管理器中（如图 5-85 左图所示）部分选项的作用：

➢ 选中"结果"卷展栏中的"零部件视图"复选框，将按照零部件名称（而不是按照干涉号）显示各个干涉。
➢ "选项"卷展栏主要用于设置零件发生干涉部分的显示状态，其中包括多实体。
➢ "使干涉零件透明"选项用于设置显示子装配体中的干涉，"生成扣件文件夹"选项用于将扣件间的干涉隔离为在结果下的单独文件夹（此卷展栏中的其他选项较易理解，此处不做过多解释）。
➢ "非干涉零部件"卷展栏用于设置非干涉零部件的显示状态。

● 2. 孔对齐

可通过"孔对齐"操作检测装配体中的"孔"是否全部对齐（只能检测异型孔向导、简单直孔和圆柱切除所生成孔的对齐状况，而不会识别派生、镜像和实体中的孔）。

单击"装配体"工具条中的"孔对齐"按钮 ，打开"孔对齐"属性管理器，如图 5-86 左图所示，单击"计算"按钮，将查找出当前装配体中未对齐的孔，并以列表的形式显示在"结果"卷展栏中，选中"结果"卷展栏中的误差列表项，将在两个或多个零件体上同时标识应对齐的孔，如图 5-86 右图所示。

所计算的"孔"间的间距应该小于此误差值，否则孔误差将被忽略

图 5-86 "孔对齐"属性管理器

● 3. 间隙验证

间隙验证操作用于检查装配体中所选零部件之间的间隙是否符合规定（在某些场合零部件间需要保持一定的安全距离），并报告不满足指定的"可接受的最小间隙"的间隙（小于此间隙）。

单击"装配"工具栏中的"间隙验证"按钮，选择两个零部件或两个面，设置"可接受的最小间隙"距离，单击"计算"按钮，即可查看系统是否存在有小于此间隙的间隙，如存在较小间隙，将在"结果"卷展栏中列表显示，同时在绘图区中标注出当前间隙的距离，如图 5-87 所示。

图 5-87 "间隙验证"操作和结果

下面解释一下"间隙验证"属性管理器中（如图 5-87 左图所示）部分选项的作用：

➤ 在"所选零部件"卷展栏中，单击"选择零部件"按钮，可以选择零部件并验证其间隙，单击"所选项"按钮，可以验证两个面间的间隙，选择"所选项和装配体其余项"单选按钮，可以计算所选项和装配体中的所有其他项间的间隙。

➤ 在"选项"卷展栏中，前 4 个复选框较易理解，此处不做过多解释，最后一个选项"生成扣件文件夹"复选框，用于将扣件（如螺母和螺栓）之间的间隙，在"结果"卷展栏中隔离为单独的文件夹。

➤ "未涉及的零部件"卷展栏用于指定间隙检查中未涉及零部件的显示模式。

● 4. 性能评估

单击"装配体"工具栏中的"性能评估"按钮，将打开"性能评估"对话框，如图 5-88 所示，此对话框是对当前装配的报表分析，从中可以获得当前工作窗口中有效的零件与子装配体的数量，以及其他可以使用的工具与键值。

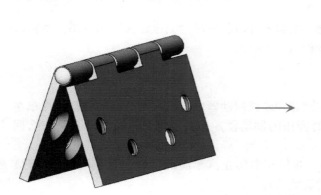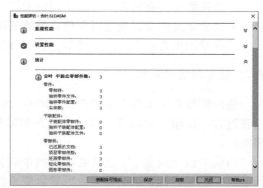

图 5-88 "性能评估"对话框

思考与练习

一、填空题

1. 如果"装配体"中具有几十个或上百个零部件，将很难确定每个零部件是否安装正确，此时可以使用_____操作来确认装配或零件设计的准确性。

2. 可通过_____操作检测装配体中的"孔"是否全部对齐。

二、问答题

1. 通常有几种汽车制动器？它们各自的运行原理是怎样的？

2. 可否忽略面积较小的干涉？并说明其缘由。

三、操作题

使用本书提供的素材文件（如图 5-89 所示）进行干涉检查、孔对齐检查和间隙验证操作，并分析检查结果。

图 5-89　需进行检查的弹簧装配

知识拓展

本章主要讲述了在 SOLIDWORKS 中进行装配的技巧和制动机械方面的相关知识，下面进行总体概括，看一下 SOLIDWORKS 的基本装配技巧，及驻车制动和 P 档的区别。

1. 使用 SOLIDWORKS 进行装配的基本技巧

为提高装配的速度，便于产品更新，我们在使用 SOLIDWORKS 进行装配件的设计时，应着重注意如下技巧：

➤ **灵活使用子装配体**：尽量按照产品的层次结构使用子装配体组装产品，避免把所有零件添加到一个装配体中，这样一旦设计有变，只需更新子装配体即可。

➤ **避免使用链式配合**：应将多数零件配合到一个或两个固定的零件上（或基准轴、基准面上），尽量减少零部件间的互相配合。

➤ **尽量完全定义零部件**：如有可能，应尽量减少零部件的自由度，完全定义零部件的位置。未完全定义的零部件，在拖动装配体时容易产生不可预料的错误。

➤ **重新添加配合比查找错误更简单**：如果出现配合错误，与其诊断每个配合的意义，还不如直接删除所有配合，再重新创建来得简单。

➤ **完全定义的草图是进行正确装配的基础**：绘制零件时，应尽量完全定义所用草图，不精确的草图更容易产生配合错误，且极难分析错误的原因。

2. 驻车制动和 P 档

前面简单介绍了汽车中经常使用的盘式制动器和鼓式制动器，但是这两类制动器都是汽车在行驶过程中使用的制动器，即是在行车制动时使用的制动器。那么所谓的驻车制动又是怎么回事呢？

所谓"驻车制动"（也就是俗称的手刹），是停车后防止汽车溜滑（特别是在坡道停车时）的装置，也是在行车制动器失效后紧急使用的制动装置。

目前在轿车中，有部分"驻车制动"与行车制动共用制动器，只是其驱动方式不同，行车制动大多通过液压驱动，而驻车制动为了保证车轮锁止，必须使用机械驱动，并在完成制动后使用棘爪将机械零件的位置完全锁定。

此外，有部分车型使用独立于行车制动系的中央制动器，中央制动器与共用的驻车制动不同的地方在于中央制动器是安装到传动轴，而行车制动系则是直接对车轮制动。但是无论中央制动器还是共用的驻车制动器，其基本结构也都包括盘式和鼓式两种。

"驻车制动"时，通常只是锁紧后两个轮子，而行车制动器在制动时，则是四个轮子同时制动的。

前面讲了这么多驻车制动，是说在停车时使用的制动装置，但是我们知道，大多数汽车在停驶时并不需要拉手刹（大货车除外），而只需要将汽车挂到 P 档即可，这是为什么呢？

这主要是因为，当将汽车打到 P 档位时，停车锁止机构会将变速器的输出轴锁止，这样车辆的车轮就无法转动了，但是 P 档有时会失效，所以需要使用驻车制动。

第**6**章

农用机械设计——钣金和焊件

本章要点

- 播种机钣金件设计
- 插秧机钣金件设计
- 旋耕机钣金件设计
- 播种机焊件设计
- 联合收割机焊件设计

学习目标

在农机具中，很多地方会用到钣金和焊件，如很多箱体和盖板多使用钣金件加工和制造，而大多数农机的大梁则基本上是焊件。本节讲述这些零部件的设计。在制作的过程中，应注意学习 SOLIDWORKS 钣金和焊件模块的相关知识。

 实例20　播种机钣金件设计

播种机是将种子以一定的规律播种到土中的机械，如图 6-1 所示。平时比较常见的有用于播种小麦的条播机，以及玉米播种机等。使用播种机可以大大减轻人类的体力劳动，将开沟、撒种和覆土等操作一次完成，体现了机械化作业的优越性。

播种机的构造通常较为简单，主要由种箱、排种轮和开沟器等组成。本实例将讲解使用 SOLIDWORKS 设计玉米播种机种箱钣金件的操作，如图 6-2 所示。在设计的过程中将主要用到 SOLIDWORKS 的基体钣金、边线法兰和闭合角等特征。

图 6-1　玉米播种机

图 6-2　要设计的玉米播种机种箱

视频文件：配套\\视频\Unit6\实例 20. mp4
结果文件：配套\\案例\Unit6\实例 20——播种机钣金件\（种箱钣金 1. SLDPRT、种箱钣金 2. SLDPRT、种箱焊件装配体 . SLDASM）

主要流程

钣金件的基本设计原则是钣金在展平后不能有干涉，另外应尽量减少下料量和加工工序。为满足这些设计原则，本实例将玉米播种机种箱分为三部分，按照先设计单个钣金件，然后装配并焊接的流程，完成最终零件的设计，如图 6-3 所示。

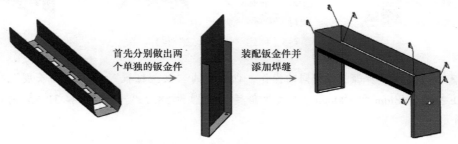

首先分别做出两个单独的钣金件

装配钣金件并添加焊缝

图 6-3　设计玉米播种机种箱的基本操作过程

播种箱无须具有太高的强度，所以在生产加工时，通常使用普通薄钢板焊接即可，如冷轧板 SPCC、电解板 SECC 等。此外，为防止生锈，通常在播种箱外侧涂漆。

另外，这里有必要解释一下什么是钣金件，钣金件的一个最主要特征就是零件各处的厚度一致，其原材料通常为不超过 6mm 的金属薄板，如钢板和铝板等。

钣金件在加工时，可以提前计算好板材的用量，然后使用剪板机和折弯机等钣金加工工具，加工出需要的零件形状。因此，在 SOLIDWORKS 的钣金模块中，才会提供折弯和钣金展平等零件特征，这些都是与实际加工过程相对应的。

实施步骤

下面看一下在 SOLIDWORKS 中创建箱体钣金件的详细操作步骤，创建过程中应注意"转换到钣金""边线法兰"等常用钣金特征的操作技巧。

● 1. 设计箱体的横向部分

步骤 1　新建一个零件类型的文件，首先在"前视基准面"中绘制一个如图 6-4 左图所示的草绘图形，然后单击"钣金"工具栏中的"基体-法兰/薄片"按钮，选择此草图，创建厚度为 1mm 的钣金特征，如图 6-4 右图所示。

关于"折弯系数"卷展栏中 K 因子的意义，详见本章"知识拓展"中的解释

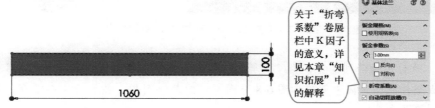

图 6-4　创建"基体-法兰/薄片"操作

步骤 2 单击"钣金"工具栏中的"边线法兰"按钮，选择"步骤 1"创建的钣金件的下边线，设置"折弯半径"为 1mm，"法兰角度"为 31.25°，法兰长度为 48mm，并选中图 6-5 左图所示的按钮，创建一个边线法兰，效果如图 6-5 右图所示。

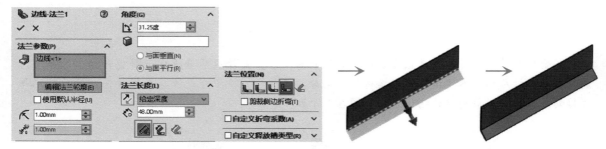

图 6-5 创建"边线法兰"操作

步骤 3 通过与"步骤 2"相同的操作，以相同的"法兰位置"和"法兰长度"，顺序创建长度为 130.2mm、48mm 和 100mm，"法兰角度"分别为 58.75°、58.75°和 31.25°的边线法兰，如图 6-6 所示。

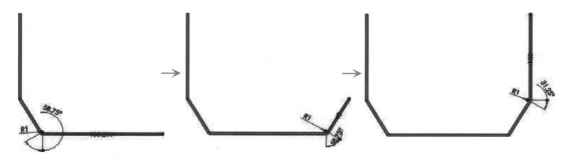

图 6-6 连续 3 次创建"边线法兰"操作

步骤 4 在钣金的底部平面中创建如图 6-7 左图所示的草绘图形，并使用其执行拉伸切除操作，效果如图 6-7 右图所示。

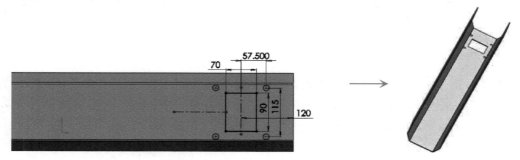

图 6-7 拉伸切除操作和拉伸切除效果

步骤 5 执行线性阵列操作，将"步骤 4"创建的拉伸切除特征阵列为如图 6-8 上图所示的效果，再在钣金件底部平面中创建如图 6-8 下图所示的草绘图形，并执行完全贯穿的拉伸切除操作，在底部创建两个孔。

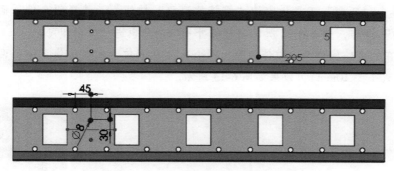

图 6-8　阵列操作和拉伸切除操作效果

● 2. 设计箱体的两侧部分

步骤 6　新建一个零件类型的文件，并创建如图 6-9 左图所示的草绘图形，执行 "拉伸凸台 /基体" 操作，拉伸深度为 30mm，拉伸出一个实体，效果如图 6-9 右图所示。

步骤 7　在实体的一个侧面上创建如图 6-10 左图所示的草绘图形，再使用此图形执行拉伸 切除操作，拉伸深度为 27mm，最后效果如图 6-10 右图所示。

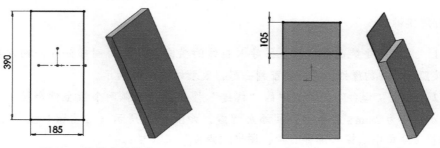

图 6-9　拉伸实体操作　　　　　　　　　　图 6-10　拉伸切除操作

步骤 8　单击 "钣金" 工具栏中的 "转换到钣金" 按钮，选择剪切的侧面为固定实体，然后顺序向上选择 3 条 "折弯边线"，默认折弯角度设置为 1mm，边角默认值和释放槽类型按照图 6-11 左图所示进行设置，将实体转换为钣金，效果如图 6-11 右图所示。

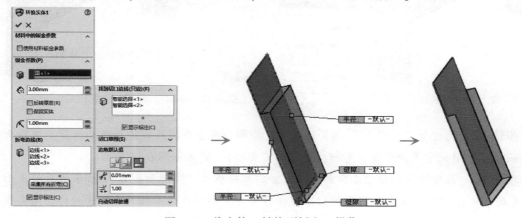

图 6-11　将实体 "转换到钣金" 操作

步骤9 单击"钣金"工具栏中的"焊接的边角"按钮，选择钣金件下面的边角面，执行"焊接的边角"操作，如图 6-12 所示（将另外一个边角也进行焊接即可）。

步骤10 在钣金的底边面中拉伸切除出两个孔（草图位于横向边线正中，两个圆孔间相距155mm，圆孔的大小为10mm），效果如图 6-13 所示。

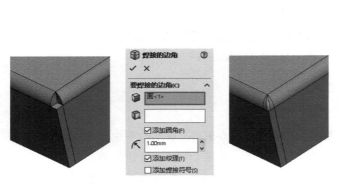
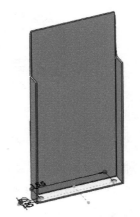

图 6-12 创建"焊接的边角"操作　　　　　　　图 6-13 拉伸切除孔操作

● 3. 装配并焊接种箱

步骤11 新建一个装配体文件，并导入箱体的横向部分和两侧部分（分两次导入两侧部分），然后按照面对齐的原则，将其装配到一起，效果如图 6-14 所示。

步骤12 单击"焊件"工具栏中的"焊缝"按钮，选择两个钣金件衔接处的两个对应面，焊缝大小设置为 2mm，在钣金件间添加焊缝，如图 6-15 所示（右击窗口上部空白位置处，可在弹出的快捷菜单中选择"焊件"项，调出"焊件"工具栏）。

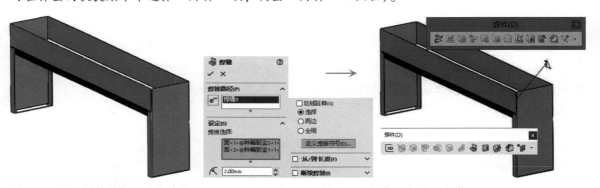

图 6-14 导入零件并装配后的效果　　　　　　　图 6-15 添加"焊缝"操作

步骤13 通过与"步骤12"相同的操作，为两个钣金件的所有缝隙添加焊缝，焊缝大小都为 2mm（如个别地方无法焊接，可相应调小焊缝大小），效果如图 6-16 所示。

步骤14 最后进入两侧钣金件的一个平面的草绘模式，绘制如图 6-17 所示的草绘图形，再使用此图形执行"完全贯穿"的拉伸切除操作即可（之所以在最后执行此处的拉伸切除操作，主要考虑到此处需要连接旋转轴，所以应考虑轴心对齐的问题）。

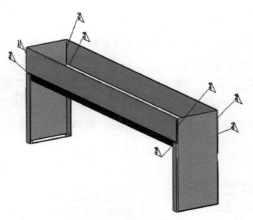

图 6-16 添加其他焊缝的操作效果

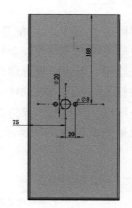

图 6-17 拉伸切除草图

知识点详解

"钣金"是针对金属薄板（通常在 6mm 以下）进行的一种综合冷加工工艺，可以对其进行冲压、除料、折弯等操作。目前大多数工业设计软件，如 SOLIDWORKS、Creo 等基本上都具备钣金功能。实际上就是在软件中通过对三维工业图形进行设计和编辑，以得到钣金件加工所需的数据（如展开图），最终为数控机床加工钣金等提供模型加工的驱动。

结合实例下面介绍一下 SOLIDWORKS 中关于钣金件的一些知识，如钣金设计树和钣金工具栏、基体-法兰/薄片、转换到钣金和边线法兰等内容，具体如下。

1. 钣金设计树和钣金工具栏

在 SOLIDWORKS 的钣金设计树中，如图 6-18 左图所示，任何钣金件都将默认添加如下两个特征（即使只创建了一个"薄片"钣金）。

➤ "钣金" ⬚：包含默认的折弯参数，可编辑或设置此钣金件的默认折弯半径、折弯系数、折弯扣除和默认释放槽类型。

➤ "平板型式" ⬚：默认被压缩，解除压缩后用于展开钣金件（通常在压缩状态下设计钣金件，否则将在"平板型式"后添加特征）。

"钣金"工具栏集合了设计钣金的大多数工具，如图 6-18 右图所示，而且在"钣金"工具栏中还集合有"拉伸切除"和"简单直孔"按钮，此两个按钮与前面几章中介绍的特征工具条中的对应按钮功能完全相同，在钣金件上同样可用于进行切除或执行孔操作。

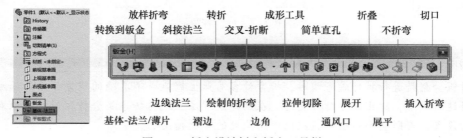

图 6-18 钣金设计树和钣金工具栏

● 2. 基体-法兰/薄片

"基体-法兰/薄片"特征是主要的钣金创建工具，与"拉伸凸台/基体"命令类似，可以使用轮廓线拉伸出钣金，其他钣金特征都是在此基础上创建的。

首先绘制一条封闭轮廓曲线，如图 6-19 左图所示，单击"钣金"工具栏中的"基体-法兰/薄片"按钮![按钮]，再选择绘制好的曲线轮廓，打开"基体法兰"属性管理器，如图 6-19 中图所示，设置钣金厚度，其他选项保持系统默认，单击"确定"按钮即可完成"基体-法兰/薄片"特征的创建，效果如图 6-19 右图所示。

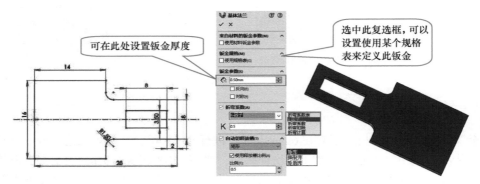

图 6-19 创建"基体-法兰/薄片"

在"基体法兰"对话框中，如图 6-19 中图所示，"折弯系数"卷展栏用于定义钣金折弯的规则算法，其意义可参见本章后面"知识拓展"中的讲述。"自动切释放槽"卷展栏用于设置在插入折弯时为弯边设置不同类型的"释放槽"，有"矩形""撕裂形"和"矩圆形"3 种类型可供选择，其作用如下。

➢ "矩形"：指在折弯拐角处添加一个矩形让位槽，如图 6-20 左图所示。

➢ "撕裂形"：指维持现有材料形状，不为折弯创建让位槽，如图 6-20 中图所示。

➢ "矩圆形"：指在折弯拐角处添加一个圆形让位槽，如图 6-20 右图所示。

图 6-20 3 种"释放槽"

提示：

在对钣金材料进行拉伸或弯曲时，折弯处容易产生撕裂或不准确的现象，添加释放槽的目的是弥补这种缺陷，防止发生意外变形。在创建边线法兰或转折等钣金特征时，可以对此参数单独进行设置，否则整个钣金都将默认使用此处的释放槽设置。

● 3. 转换到钣金

使用"转换到钣金"工具可以先以实体的形式把钣金的大概形状画出来，然后把它转换为钣金。

单击"钣金"工具栏中的"转换到钣金"按钮![icon]，打开"转换到钣金"属性管理器，选择一个面作为钣金的固定面，然后在"折弯边线"卷展栏中选择边线作为"折弯边线"，单击"确定"按钮，即可将某实体转换为钣金，如图 6-21 所示。

图 6-21 "转换到钣金"操作

> **提示：**
>
> 在"钣金参数"卷展栏中可以设置钣金的厚度和折弯的半径。
>
> 当生成的钣金为环形时，需要在"切口边线"卷展栏中为钣金设置切口边线（此选项通常系统会自动设置），此外如需顺便在生成的钣金面上切除材料，可在"切口草图"卷展栏中设置生成切口的草图实体，如图 6-22 所示。
>
>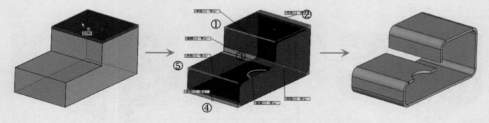
>
> 图 6-22 "转换到钣金"操作中"切口边线"的作用
>
> 此外，通过"边角默认值"卷展栏可以设置生成的钣金件两个折弯边角间的距离和组合样式（样式不同，展开件会有所不同，此值根据实际加工需要进行设置即可）。

● 4. 边线法兰

"边线法兰"是指以已创建的钣金特征为基础，将某条边进行拉长和延伸，并弯曲，从而形成的新钣金特征（可以使用预定义的图形，也可以草绘延伸截面的形状）。

单击"钣金"工具栏中的"边线法兰"按钮![icon]，打开"边线-法兰"属性管理器，选择基体钣金的一条或多条边线，设置法兰长度和折弯半径，单击"确定"按钮，即可在基体钣金两侧创建边线法兰，如图 6-23 所示。

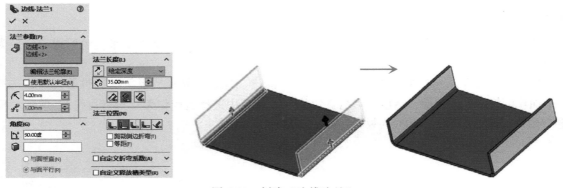

图 6-23　创建"边线法兰"

> **提示：**
>
> 单击"边线-法兰"属性管理器中的"编辑法兰轮廓"按钮，可以通过添加约束和尺寸，及自定义图形等定义边线法兰的形状，如图 6-24 所示。

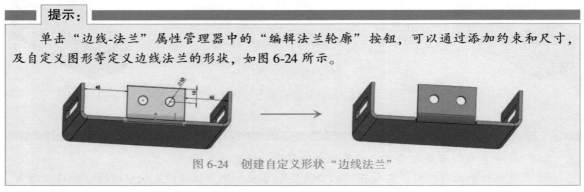

图 6-24　创建自定义形状"边线法兰"

下面解释一下"边线-法兰"属性管理器中其他选项的作用。

➤ "缝隙距离"文本框 ：当所选择的两条边线相邻时，用于设置两个边线法兰间的距离，如图 6-25 所示。

图 6-25　"缝隙距离"的效果

➤ "角度"卷展栏和"法兰长度"卷展栏：分别用于设置法兰壁与基体法兰的角度和法兰的长度，如图 6-26 所示。在设置法兰长度时，有三种测量方式："外部虚拟交点" 、"内部虚拟交点" 和"双弯曲" ，其作用如图 6-27 所示。

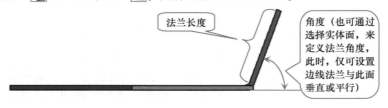

图 6-26　"角度"卷展栏和"法兰长度"卷展栏的作用

图 6-27　法兰长度的度量方式

➤ "法兰位置" 卷展栏：用于设置法兰嵌入基础钣金材料的类型，共有 5 种类型，其作用
  如下。

　　"材料在内" ⬛：此方式下所创建的法兰特征将嵌入到钣金材料的里面，即法兰特征的外
  侧表面与钣金材料的折弯边位置平齐，如图 6-28 左图所示。

　　"材料在外" ⬛：此方式下所创建的法兰特征其内侧表面将与钣金材料的折弯边位置平
  齐，如图 6-28 左中图所示。

　　"折弯在外" ⬛：此类型下所创建的法兰特征将附加到钣金材料的折弯边的外侧，如
  图 6-28 右中图所示。

　　"虚拟交点的折弯" ⬛：此类型下所创建的法兰特征与原钣金材料的交点永远位于底部的
  边线，如图 6-28 右图所示。

图 6-28　法兰嵌入钣金材料的类型

　　"与折弯相切" ✏：令钣金基面的边界垂线与边线法兰的弯角相切，如图 6-29 左图所示。

　　此外，选择 "剪裁侧边折弯" 复选框将移除邻近法兰的多余材料，如图 6-29 左中图和右中
图所示；选择 "等距" 复选框可以设置法兰距离侧边的长度，如图 6-29 右图所示。

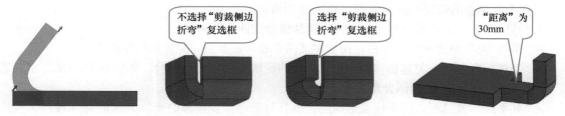

图 6-29　"剪裁侧边折弯" 和 "等距" 复选框的作用

➤ "自定义折弯系数" 和 "自定义释放槽类型" 卷展栏在前面章节中已做过讲述，只是在创
  建边线法兰并选择创建 "撕裂形" 释放槽时，可以选择 "撕裂形" 释放槽为 "切口" 🗐
  或 "延伸" 🗐形式，其作用如图 6-30 所示。

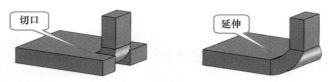

图 6-30 "切口"和"延伸"形式"撕裂形"释放槽

● 5. 闭合角

所谓"闭合角"是指在两个相邻的折弯或类似折弯处进行连接操作，如图 6-31 所示。单击"钣金"工具栏中的"闭合角"按钮🔳，然后选择两个相邻的弯边（分别为"要延伸的面"和"要匹配的面"），并设置相关参数即可执行"闭合角"操作。

图 6-31 绘制"闭合角"操作

下面介绍一下"闭合角"对话框中各选项的作用，具体如下。

➤ "对接" 🔲边角类型：定义两个侧面（延伸壁）只是相接，如图 6-32 左图所示。

图 6-32 "闭合角"属性管理器各个选项的作用

➤ "重叠" 🔲边角类型：定义两个延伸壁延伸到相互重叠，一个延伸壁位于另一个延伸壁之上，如图 6-32 左中图所示。

➤ "欠重叠" 🔲边角类型：也被称为"重叠在下"，用于定义两个延伸壁相互重叠，但是令两个延伸壁的位置互换，如图 6-32 右中图所示。

➤ "缝隙距离" 文本框：用于定义两个延伸钣金壁间的距离。

➤ "重叠/欠重叠比率" 文本框：用于定义两个延伸钣金壁间的延伸长度的比例。

➤ "开放折弯区域" 复选框：用于定义折弯的区域是开放还是闭合，如图 6-32 右图所示为选中此复选框时，钣金闭合角的开放样式。

➤ "共平面" 复选框：选中该复选框后，所有与所选"要延伸的面"共面的面（或与"要匹配的面"共面的面）都将执行闭合角操作，延伸到与其对应的面，如图 6-33 所示。

➤ "狭窄边角" 复选框：使用特殊算法以缩小折弯区域中的缝隙。实际上选中此复选框后，位于"要匹配的面"处的折弯面将向"要延伸的面"弯折。

➤ "自动延伸" 复选框：选中此复选框后，选择"要延伸的面"将自动选择"要匹配的面"，否则需要单独设置每个面。

图 6-33 "共平面"复选框的作用

6. 焊接的边角

所谓"焊接的边角"是指在钣金闭合角的基础上，对钣金的边角进行焊接，以令钣金形成密实的焊接角，如图 6-34 所示。单击"钣金"工具栏中的"焊接的边角"按钮，然后选择一个闭合角的面，单击"确定"按钮，即可执行"焊接的边角"操作。

图 6-34 "焊接的边角"操作

"焊接的边角"属性管理器中"添加纹理"和"添加焊接符号"复选框用于为焊接的边角添加纹理和焊接符号，如图 6-35 左图所示。停止点用于选择顶点、面或一条边线来指定"焊接的边角"的停止面，如图 6-35 右面两个图所示。

图 6-35 "焊接的边角"卷展栏中各选项的作用

7. 断开边角/边角剪裁

所谓"断开边角/边角剪裁"是指对平板或弯边的尖角进行倒圆或倒斜角处理。单击"钣金"工具栏中的"断开-边角/边角剪裁"按钮，打开"断开-边角"对话框，如图 6-36 左图所示，设置了折断类型（"圆角"或"倒斜角"）和倒角的"半径"（或"距离"）值后，选择要进行倒角的边（或某个钣金面），即可完成倒角操作。

图 6-36 "断开-边角/边角剪裁"操作

> **提示：**
>
> 可以选择某个钣金面进行倒角操作，此时系统将自动判断此面中可以进行的倒角部分，并按设置的参数对所有角进行倒角。

思考与练习

一、填空题

1. 在 SOLIDWORKS 的钣金设计树中，任何钣金件都将默认添加_____和_____两个特征。

2. _____特征是主要的钣金创建工具，与"拉伸凸台/基体"命令类似，可以使用轮廓线拉伸出钣金。

3. 所谓_____是指对平板或弯边的尖角进行倒圆或倒斜角处理。

二、问答题

1. 在创建边线法兰时，可设置几种"法兰位置"？并简述其各自的意义。

2. 添加释放槽的作用是什么？有哪几种释放槽类型？并简述每种释放槽的意义。

三、操作题

使用本章所学的知识，创建如图 6-37 所示的"起子"钣金模型。

图 6-37　需创建的"起子"钣金件

 ## 实例 21　插秧机钣金件设计

将水稻秧苗定植到水田中的机械称为插秧机，图 6-38 为比较常用的插秧机。由于秧苗不同于小麦或玉米种子等可以自动流出，就需要每次插秧时取得几乎相同数量的秧苗，另外还需要将秧苗扶正插入水田中，而这些都依赖于插秧机特殊构造的栽植臂。

如图 6-39 所示，插秧机的栽植臂前端有一个秧针（像两根筷子一样），在取秧时，插入秧块，分割出一部分秧苗，然后在齿轮作用下向下摆，将秧苗插入水中，此时位于秧针中间的插植叉及时将秧苗从秧针中顶出，完成一次插秧操作，然后回摆继续取秧插秧。

图 6-38　插秧机的实物图和模型图

图 6-39　插秧机的栽植臂

本实例将讲解使用 SOLIDWORKS 设计常用插秧机种箱支架钣金件和插门板钣金件的操作，如图 6-40 所示。插秧机的种箱用于放置秧苗，底部连有输送带状的送秧器；插门板位于种箱的底部，具有多个缝隙，栽植臂可以从此缝隙中叉取秧苗，而且在插秧过程中，种箱相对于插门板左右移动，这样可以保证横向上取苗均匀。

种箱支架钣金件

插门板钣金件

种箱支架

机器骨架

图 6-40　本实例要设计的钣金件和其在机器中的位置

> **视频文件：** 配套\\视频\\Unit6\实例 21. mp4
> **结果文件：** 配套\\案例\\Unit6\实例 21——插秧机钣金件\（插门板装配体 . SLDASM、种箱支架 . SLDPRT）

主要流程

　　插秧机种箱支架钣金件可通过"放样折弯"后，再进行弯曲处理得到，如图 6-41 左图所示。只是通过此种方式完成建模后，钣金件无法顺利展平，需要展平时，可首先将弯曲特征压缩，然后才能得到加工时需要使用的板材；插门板钣金件可通过使用绘制的折弯和斜接法兰操作得到，如图 6-41 右图所示。

图 6-41　设计种箱支架和插门板钣金件的主要操作流程

　　本实例要讲述的两个钣金件都可以使用普通钢板构建，此处不做特别说明。需要注意的是种箱支架钣金件的创建方法，此处用到了钣金之外的特征。在实际创建钣金件的过程中，此类钣金件多数是通过钣金模具，在模具上对钣金进行冲压得到，此处如此创建钣金只是为了能够计算出正确的钣金用料。

实施步骤

　　下面看一下在 SOLIDWORKS 中创建种箱支架和插门板的详细操作。

● 1. 创建种箱支架钣金件

　　步骤 1　新建一个零件类型的文件，首先在"前视基准面"中绘制一个如图 6-42 左图所示的草绘图形，然后在距离此草绘面 1120mm 处创建相同的草绘图形，如图 6-42 右图所示。

　　步骤 2　单击"钣金"工具栏中的"放样折弯"按钮 ，选择"步骤 1"中绘制的两个草绘图形，创建厚度为 1.5mm 的钣金特征，如图 6-43 所示。

　　步骤 3　选择"插入" > "特征" > "弯曲"菜单，选择"步骤 2"创建的钣金件，按照图 6-44 左图所示设置弯曲参数，将钣金件弯折，效果如图 6-44 右图所示。

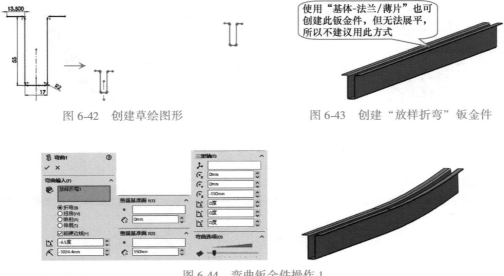

图 6-42　创建草绘图形　　　　　　　图 6-43　创建"放样折弯"钣金件

图 6-44　弯曲钣金件操作 1

步骤 4　再次选择"插入">"特征">"弯曲"菜单，选择实体，按照图 6-45 左图所示设置弯曲参数，将钣金件再次弯折，效果如图 6-45 右图所示。

图 6-45　弯曲钣金件操作 2

● **2. 创建插门板钣金件**

步骤 5　新建一个零件类型的文件，首先在"前视基准面"中绘制一个如图 6-46 所示的草绘图形，然后单击"钣金"工具栏中的"基体-法兰/薄片"按钮，选择此草图创建厚度为 2mm 的钣金特征。

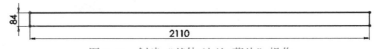

图 6-46　创建"基体-法兰/薄片"操作

步骤 6　在钣金件的上表面绘制如图 6-47 上图所示的草绘图形，然后使用此图形对钣金件进行拉伸切除操作，效果如图 6-47 下图所示。

步骤 7　单击"钣金"工具栏中的"绘制的折弯"按钮，选择钣金件的上表面，进入其草绘模式，绘制如图 6-48 右下图所示的直线草图，退出草图，按照图 6-48 左图所示设置参数，将钣金折弯，效果如图 6-48 右上图所示（此图为单侧观看图）。

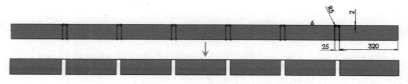

图 6-47　切除钣金操作

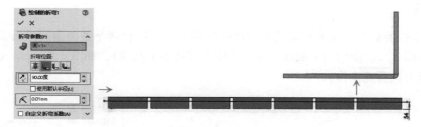

图 6-48　对钣金件执行"绘制的折弯"操作

步骤 8　同"步骤 7"操作，在折弯面上绘制直线草图，然后使用此直线草图创建"绘制的折弯"特征，如图 6-49 所示。

图 6-49　继续对钣金件执行"绘制的折弯"操作

步骤 9　单击"钣金"工具栏中的"斜接法兰"按钮 ，选择钣金件横向侧面，按照如图 6-50 右上图所示的尺寸绘制草图，然后按照图 6-50 左图所示设置参数，绘制一个斜接法兰，效果如图 6-50 右下图所示。

步骤 10　新建一个装配体类型的文件，导入本书提供的素材文件"插门板焊件 1. SLDPRT""插门板焊件 2. SLDPRT""插门板焊件 3. SLDPRT"，以及上面创建的插门板钣金件，并将其装配到正确的位置，然后在钣金件和焊件之间添加 2mm 大小的焊缝即可，如图 6-51 所示。

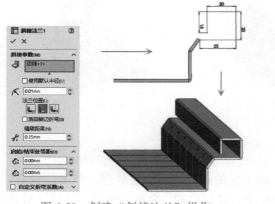

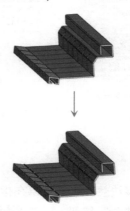

图 6-50　创建"斜接法兰"操作　　　　图 6-51　将钣金件和焊件装配并焊接操作

知识点详解

结合实例，下面介绍一下 SOLIDWORKS 中对钣金件进行放样折弯、绘制的折弯、斜接法兰和成形工具等操作的技巧，具体如下。

● 1. 放样折弯

"放样折弯"类似于本书前面讲述的"放样"特征，可以将两个截面曲线进行放样连接而得到放样钣金特征（只能使用两个截面，钣金件中不支持多个截面），如图 6-52 所示（单击"放样折弯"按钮👆可执行此操作）。

图 6-52 "放样折弯"操作

> **提示：**
> "放样折弯"包括"折弯"和"成型"两种模式，"成型"模式用于设计冲压得到的钣金件；"折弯"模式用于设计通过多次折弯得到的钣金件（此时可设置钣金圆角处多次折弯的系数等参数）。

● 2. 绘制的折弯

"绘制的折弯"是指将现有的钣金件沿折弯线的位置进行任意角度的弯曲变形，所形成的弯边特征（折弯线只能是直线），如图 6-53 所示（单击"钣金"工具栏中的"绘制的折弯"按钮👆可执行此操作）。

图 6-53 "绘制的折弯"操作

● 3. 斜接法兰

利用"斜接法兰"工具可以在指定边处，沿指定的路径进行弯边处理。单击"钣金"工具栏中的"斜接法兰"按钮👆，选择钣金的一个侧边面绘制草图，完成草图后，打开"斜接法兰"

属性管理器，设置折弯半径和法兰位置等参数，单击"确定"按钮，即可创建"斜接法兰"特征，如图 6-54 所示。

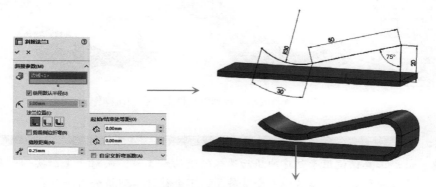

图 6-54 创建"斜接法兰"特征

在"斜接法兰"属性管理器中，"斜接参数"卷展栏中的多数选项在前面章节已做过解释，需要注意如下两点。

> 当选择多条斜接边线时，"缝隙距离"文本框用于设置多条边线所延伸出的斜接法兰间的缝隙距离，如图 6-55 所示。
> "起始/结束处等距"卷展栏：用于设置斜接法兰距离两个侧边的距离，如图 6-56 所示。

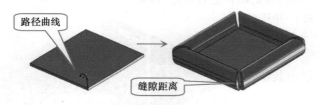

图 6-55 设置缝隙距离的作用

图 6-56 "斜接法兰"距离侧边的距离

● 4. 成形工具

"成形工具"按钮 🍄 是用于创建对钣金进行冲压的实体工具。首先创建一个实体，然后单击"钣金"工具栏中的"成形工具"按钮 🍄，打开"成形工具"对话框，选择进行冲压的"停止面"和冲压后的"移除面"（并切换到"插入点"选项卡设置"插入点"，通常系统会自动设置），可创建用于实体冲压的"成形工具"，如图 6-57 所示。

将"成形工具"文件所在的文件夹添加到设计库中，并将此文件夹设置为"成形工具文件夹"，如图 6-58 所示，然后将定义的成形工具拖动到钣金面上，再设置好成形工具的位置，即可对钣金进行冲压，如图 6-59 所示。

图 6-57 创建"成形工具"

图 6-58 设置"成形工具文件夹"

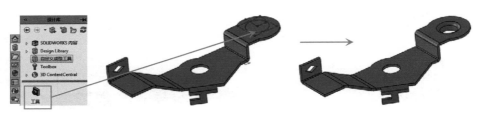

图 6-59　拖动成形工具到钣金件上进行冲压操作

提示：

需注意，成形工具仅适用于创建冲压后边缘较浅的加工件，而对于上面实例种箱支架则不适用此工具，而且成形工具冲压区域不会被展平，不会被计算到钣金用料中。

思考与练习

一、填空题

1. _____是指将现有的钣金件沿折弯线的位置进行任意角度的弯曲变形，所形成的弯边特征（_____只能是直线）。

2. 利用_____工具可以在指定边处，沿指定的路径进行弯边处理。

3. _____用于创建对钣金进行冲压的实体工具。

二、问答题

1. 简述插秧机的插秧过程，并简单绘制出栽植臂的行走路线图。

2. 简述"成形工具"在使用之前的两个重要操作。

三、操作题

使用本章所学的知识，创建如图 6-60 所示的"硬盘架"钣金模型。

图 6-60　需创建的"硬盘架"钣金模型

 ## 实例22　旋耕机钣金件设计

旋耕机是目前广泛使用的耕作机械，由拖拉机驱动，可一次完成耕、耙作业。旋耕机与铧式犁的不同之处在于，旋耕机不仅仅依靠拖拉机的牵引力拖拉，而且还需要通过拖拉机后动力输出轴驱动旋耕机的刀片，对土块进行切割。

在实际农田作业时，深耕通常使用铧式犁，而在进行将土块变小的平整作业，或秸秆还田作业时，则需要使用旋耕机。

旋耕机的结构较为简单，如图 6-61 所示，旋耕机的齿轮箱通过万向轴与拖拉机的后动力输出轴连接，齿轮箱再通过链轮驱动刀轴及刀片，即可进行旋耕作业；上部的两个盖板和后挡板都具有遮挡土块的功能，此外后挡板下端还具有平整土地的能力。

本实例将讲解，使用 SOLIDWORKS 设计旋耕机中左右盖板和后挡板钣金件的操作，如图 6-62 所示。在设计的过程中应注意"褶边""展开"和"折叠"功能的使用。

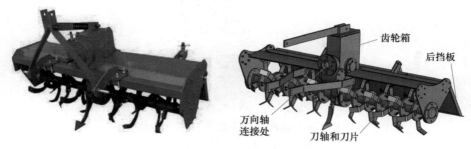

图 6-61   旋耕机的实物图和模型图

图 6-62   本实例要设计的钣金件

视频文件：配套\\视频\Unit6\实例 22.mp4
结果文件：配套\\案例\Unit6\实例 22——旋耕机钣金件\（左盖板.SLDPRT、右盖板.SLDPRT、后挡板
装配体 . SLDASM）
配套\\案例\Unit6\后挡板装配体.SLDASM

主要流程

旋耕机钣金件较为简单，此处不再提供图示，只是本实例除了会讲述钣金的绘制操作，还将讲述钣金的展开操作，这也是广大机械设计工作者需要掌握的关键技巧。

旋耕机上的钣金件没有特殊之处，使用普通钢板加工即可。需要注意的是旋耕机的刀片，刀片是旋耕机的重要工作部件，用于直接切割土块，往往磨损较大，为了增加其强度，通常使用 65 锰钢或硅锰合金钢锻造。

实施步骤

下面看一下，在 SOLIDWORKS 中创建旋耕机左右盖板和后挡板的操作步骤。

● 1. 创建左右盖板钣金件

步骤 1   新建一个零件类型的文件，首先在"前视基准面"中绘制一个如图 6-63 左图所示的草绘图形，然后单击"钣金"工具栏中的"基体-法兰/薄片"按钮，选择此草图创建厚度为 2mm、拉伸长度为 915mm、折弯半径为 3mm 的钣金特征，如图 6-63 右图所示。

步骤 2   单击"钣金"工具栏中的"展开"按钮，选择"步骤 1"创建的钣金件的一个平面，并单击"收集所有折弯"按钮，再单击"确定"按钮将钣金展平，如图 6-64 所示。

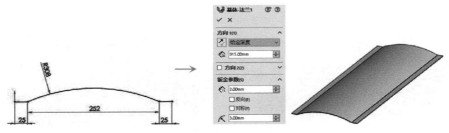

图 6-63　创建"基体-法兰/薄片"操作

图 6-64　展平钣金操作

步骤 3　在展开的平面上绘制如图 6-65 左图所示的草绘图形（靠近钣金件的边缘），并用其对钣金件进行切割，然后通过同样操作，在展开的平面上绘制如图 6-65 右图所示的草绘图形（靠近钣金件的上边缘），并用其对钣金件执行切割操作。

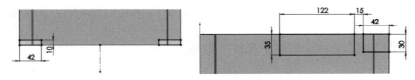

图 6-65　创建草图并进行拉伸切除操作

步骤 4　同"步骤 3"操作，在展开的平面上绘制如图 6-66 所示的草绘图形，并用其对钣金件执行切割操作。

步骤 5　单击"钣金"工具栏中的"折叠"按钮，选择钣金件边缘的一个平面，并单击"收集所有折弯"按钮，再单击"确定"按钮，将钣金重新折弯，完成左盖板钣金件的设计，如图 6-67 所示。

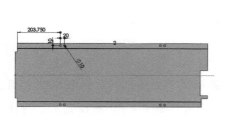

图 6-66　拉伸切除出钣金件两侧的固定孔

图 6-67　执行折叠钣金操作

步骤 6　右盖板与左盖板结构基本相同，为快速建模，可将前面步骤创建的左盖板进行适当修改创建，如图 6-68 所示，只需将盖板顶部的切除区域左对齐即可。

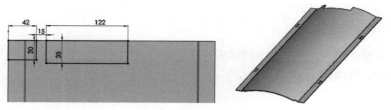

图 6-68　创建右盖板操作

2. 创建后挡板钣金件

步骤7　新建一个零件类型的文件，首先在"前视基准面"中绘制一个如图 6-69 左图所示的草绘图形，然后单击"钣金"工具栏中的"基体-法兰/薄片"按钮，选择此草图创建厚度为 2mm 的钣金特征，如图 6-69 右图所示。

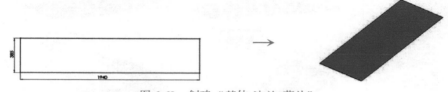

图 6-69　创建"基体-法兰/薄片"

步骤8　单击"钣金"工具栏中的"褶边"按钮，选择钣金件下边线，并设置"折弯在外"，且"褶边"类型为"滚轧"，角度为 67°，半径为 48mm，如图 6-70 所示，创建好后挡板的基本钣金件。

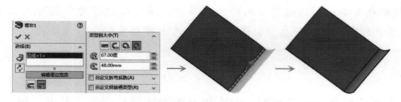

图 6-70　执行"褶边"操作

步骤9　新建一个"装配体"类型的文件，先后导入上面步骤创建的后挡板钣金件，和本文提供的素材文件：后挡板横柱 .SLDPRT、后挡板侧板 .SLDPRT 和压块 .SLDPRT，将各组件装配到一起（压块距离右侧边界为 540mm，压块间的距离分别为 20mm 和 800mm），并在适当位置添加大小为 1mm 的焊缝即可，如图 6-71 所示。

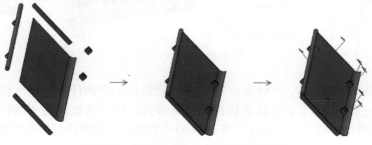

图 6-71　装配后挡板钣金件并添加焊缝

知识点详解

结合实例，下面介绍一下 SOLIDWORKS 中对钣金件进行褶边、转折、展开与折叠和切口与折弯等操作的技巧，具体如下。

● 1. 褶边

所谓"褶边"是指将钣金的折弯边卷曲到表面上所形成的法兰特征，共有 4 种"褶边"类型，如图 6-72 所示。单击"钣金"工具栏中的"褶边"按钮 ，再选择任一钣金边线可进行"褶边"操作。

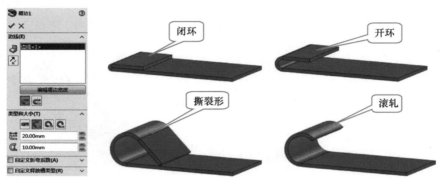

图 6-72 "褶边"的类型

> **提示：**
>
> "褶边"特征也具备编辑边线宽度的功能，单击"编辑褶边宽度"按钮可以对褶边的宽度进行编辑，并可以自定义释放槽类型，这令其在功能上有些类似于边线法兰。

● 2. 转折

"转折"是指在转折线处提升材料，并在提升侧两端添加弯边。单击"钣金"工具栏中的"转折"按钮 ，绘制转折线并选择固定面后可执行"转折"操作，如图 6-73 所示。

图 6-73 "转折"操作

在"转折"属性管理器中，"转折等距"卷展栏提供了多种计算"尺寸位置"的方式，在"转折位置"卷展栏中提供了多种转折位置的计算方式，用户可根据需要进行选择。取消选择"转折等距"卷展栏中"固定投影长度"复选框的选中状态，系统将只执行转折操作，而不在转折处添加材料。

3. 展开与折叠

所谓"展开"操作就是以成形的钣金部件为基础创建一个展开的平面特征，主要用于制作钣金件的平面图。

单击"钣金"工具栏中的"展开"按钮，打开如图 6-74 左图所示的"展开"对话框，然后单击选择钣金部件的任意平整面作为"固定面"，单击"确定"按钮即可将钣金件展开，如图 6-74 右边两个图所示。

图 6-74　创建平面展开图

单击"钣金"工具栏中的"折叠"按钮，可以将展开的钣金重新进行折叠。另外单击"钣金"工具栏中的"展平"按钮，可以在钣金的"展开"状态和"折叠"状态间进行切换。

4. 切口与折弯

通过为具有相同厚度的实体进行"切口"操作创建钣金切口，再通过"折弯"操作创建钣金的弯边，可以将实体转换为钣金，如图 6-75 所示。

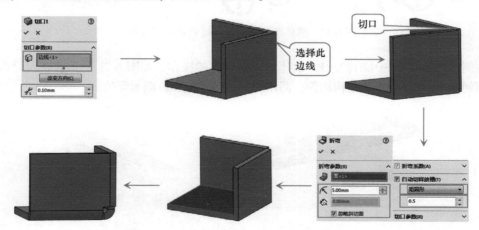

图 6-75　在实体上创建"切口"和"折弯"

思考与练习

一、填空题

1. 所谓_____就是以成形的钣金部件为基础创建一个展开的平面特征，主要用于制作钣金件的平面图。

2. _____是指在转折线处提升材料，并在提升侧两端添加弯边。

3. 通过为具有相同厚度的实体进行"切口"操作创建钣金切口，再通过"折弯"操作创建钣金的弯边，可以_____。

二、问答题

1. 简述旋耕机与铧式犁的不同之处，并简单叙述旋耕机的基本结构。

2. 可使用哪两种方式展开钣金件？并简述其操作。

三、操作题

使用本章所学的知识，创建如图 6-76 所示的"夹子"钣金模型。

图 6-76　需创建的"夹子"钣金模型

 实例 23　播种机焊件设计

大多数农机件的骨架都是由焊件构成的，如图 6-77 所示。焊件的焊接对象多为高强度的方形空心钢或角钢等，因此较易满足农机件的强度要求，且焊件具有取材加工方便、节省材料和接头致密性高等优点，因此得到广泛应用。

图 6-77　播种机装配体、焊接骨架和铧式犁

本实例将讲解使用 SOLIDWORKS 设计播种机焊件的操作，如图 6-78 所示。在设计的过程中将主要用到 SOLIDWORKS 的结构构件、圆角焊缝、角撑板和顶端盖等特征。

图 6-78　玉米播种机的两个焊接件

视频文件：配套\\视频\Unit6\实例 23. mp4

结果文件：配套\\案例\Unit6\实例 23——播种机焊件\（机架 1（焊件）. SLDPRT、机架 2（焊件）. SLDPRT）

主要流程

SOLIDWORKS 焊件的设计较为简单，绘制好草图，然后沿着草图路径添加结构构件，再添加

相应大小的焊缝即可令零件成形，如图 6-79 所示。

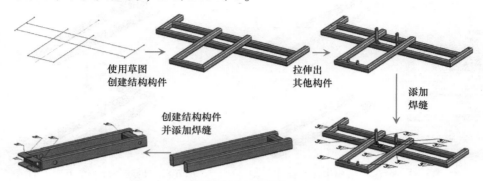

图 6-79　玉米播种机两个焊件的设计过程

　　通常使用方管或矩形管来构建农机骨架。方管可分为两种类型，一种是有焊缝的，另一种是无焊缝的。其中有缝方管是将钢带冷弯，然后进行焊接得到，而无缝方管则通常是将无缝圆管挤压成形而成。目前这两种钢管在农机件中都有使用，不过焊接钢管一般强度低于无缝钢管，但是价格要便宜一些。

　　此外，可以使用普通的焊条电弧焊将切割好的钢管焊接到一起，焊接时可采用多点定位焊接，防止钢管件错位或变形，批量生产时，也可使用焊接机器人进行焊接。

实施步骤

　　下面看一下玉米播种机焊件的创建方法，在创建的过程中，应重点掌握"结构构件"的创建技巧。

● 1. 创建主机架焊件

　　步骤 1　新建一个零件类型的文件，首先在"前视基准面"中绘制一个如图 6-80 所示的草绘图形。

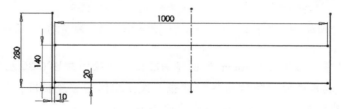

图 6-80　创建草图

　　步骤 2　单击"焊件"工具栏中的"结构构件"按钮，打开"结构构件"属性管理器，设置构件类型为 ISO、方形管、40mm×40mm×4mm，选择"步骤 1"中创建的草图中较长的两根直线，创建结构构件，如图 6-81 所示。

　　步骤 3　通过与"步骤 2"相同的操作，选用相同的构件类型，再选择"步骤 1"创建的草图中较短的两条直线，创建结构构件，如图 6-82 所示。

　　步骤 4　单击"焊件"工具栏中的"剪裁/延伸"按钮，打开"剪裁/延伸"属性管理器，设置边角类型为"终端斜接"，选择一个夹角两侧的构件，执行"剪裁/延伸"操作，将构件的边角对齐，如图 6-83 所示。

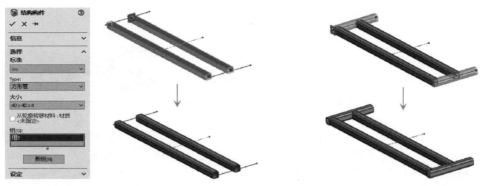

图 6-81　创建"结构构件"操作　　　　　　图 6-82　创建另外一个方向上的结构构件

图 6-83　"剪裁/延伸"结构构件操作

步骤 5　同"步骤 4"，在另外一个夹角执行"剪裁/延伸"操作，效果如图 6-84 所示。

步骤 6　再次执行"剪裁/延伸"操作，选择横接的两个构件，设置边角类型为"终端剪裁"，剪裁边界为"实体间的封顶切除"，进行剪裁操作，如图 6-85 所示。

图 6-84　另外一侧的"剪裁/延伸"操作

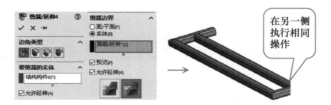

图 6-85　另一种方式的"剪裁/延伸"操作

步骤 7　在离"前视基准面"40mm 处创建基准面，并绘制如图 6-86 左图所示的草绘图形，然后单击"焊件"工具栏中的"结构构件"按钮，选择相同的方管标准，并设置圆角过渡类型为"终端斜接"，创建结构构件，如图 6-86 右边两个图所示。

图 6-86　创建草图并用其创建结构构件

步骤 8 在已创建的焊件横向构件面上新建如图 6-87 左边两个图所示的草绘图形，并执行拉伸操作，拉伸深度分别为 120mm 和 30mm，效果如图 6-87 右图所示。

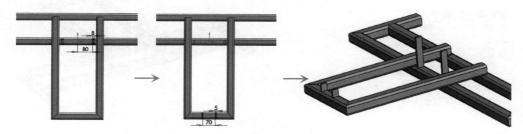

图 6-87 拉伸实体操作

步骤 9 为"步骤 8"中创建的长的拉伸体执行半径为 10mm 的圆角操作，为短的拉伸体执行半径为 5mm 的圆角操作，然后在距离上部平面 15mm 处为长拉伸体创建一个直径为 15mm 的孔，再在距离上部平面 10mm 处为短拉伸体创建一个直径为 10mm 的孔，其效果如图 6-88 所示。

步骤 10 在"上视基准面"中绘制如图 6-89 左图所示的草绘图形，并执行"两侧对称"拉伸操作，拉伸深度设置为 8mm，拉伸效果如图 6-89 右图所示。

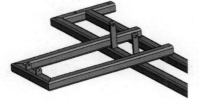

图 6-88 拉伸切除和圆角操作效果

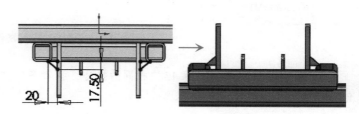

图 6-89 拉伸出"连接板"操作

步骤 11 单击"焊件"工具栏中的"角撑板"按钮，打开"角撑板"属性管理器，如图 6-90 左图所示，选用"三角形轮廓"，两个轮廓距离都为 25mm，厚度为 5mm、两侧延伸，位置设置为"轮廓定位于中点"，然后分别选择拉伸体和结构构件的一个面，创建"角撑板"，效果如图 6-90 右图所示。

图 6-90 创建"角撑板"操作

步骤 12 单击"焊件"工具栏中的"顶端盖"按钮，打开"顶端盖"属性管理器，如图 6-91 左图所示，设置厚度方向为"向外"，厚度为 5mm，并使用"倒角边角"，倒角半径为 3mm，选择上部构件的两个开口面创建顶端盖，效果如图 6-91 右图所示。

步骤 13 单击"焊件"工具栏中的"焊缝"按钮，打开"焊缝"属性管理器，设置"圆角大小"为 3mm，选择相邻的两个构件面，创建焊缝，效果如图 6-92 所示。

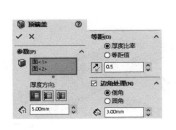

图 6-91　创建"顶端盖"操作

图 6-92　创建"焊缝"操作

步骤 14　通过与"步骤 13"相同的操作，执行多次"焊缝"操作，在结构构件的其他位置创建焊缝。

● 2. 创建次机架焊件

步骤 15　新建一个零件类型的文件，首先在"前视基准面"中绘制一个如图 6-93 左图所示的草绘图形，然后单击"焊件"工具栏中的"结构构件"按钮，分两次选择草图中的不同线段创建结构构件，效果如图 6-93 所示。

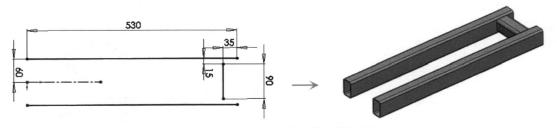

图 6-93　创建草图并用其创建"结构构件"

步骤 16　在离构件边界 65mm 处创建直径为 20mm 的圆孔，在横向构件中心处创建直径为 15mm 的圆孔，如图 6-94 所示。

步骤 17　在"右视基准面"中绘制如图 6-95 左图所示的草绘图形，并执行"两侧对称"的拉伸操作，拉伸深度为 75mm，效果如图 6-95 右图所示。

步骤 18　在"步骤 17"创建的实体面中创建如图 6-96 左图所示的草绘图形，并执行拉伸切除操作，拉伸深度为 50mm，效果如图 6-96 右图所示。

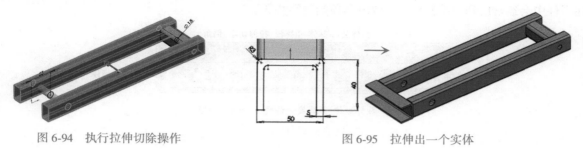

图 6-94　执行拉伸切除操作　　　　　　　　图 6-95　拉伸出一个实体

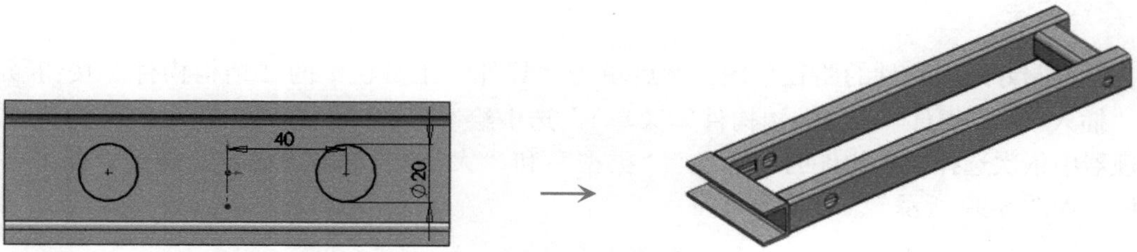

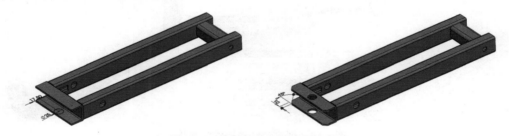

图 6-96　执行拉伸切除操作

步骤 19　在"步骤 17"创建的实体的横向面上创建如图 6-97 左图所示的草绘图形，并使用其执行完全贯穿的拉伸切除操作，再单击"倒角"按钮，在实体的边角处执行 10mm 边长的倒角操作，效果如图 6-97 右图所示。

图 6-97　执行拉伸切除和倒角操作

步骤 20　同"步骤 13"，执行"焊缝"操作，在结构构件，以及结构件和焊件之间创建焊缝，完成播种机焊件的创建。

知识点详解

结合实例，下面介绍一下 SOLIDWORKS 中焊件工具栏、结构构件、剪裁/延伸、焊缝、角撑板和顶端盖等的相关知识，具体如下。

● 1. 焊件工具栏

右击 SOLIDWORKS 建模环境中顶部的空白区域，在弹出的快捷菜单中选择"焊件"项，可显示"焊件"工具栏，如图 6-98 所示。

在"焊件"工具栏中同样具有"拉伸凸台/基体""拉伸切除""倒角"和"参考几何体"

等特征，其功能也与实体操作时基本相同，所以在焊件模块对此类特征本文将不讲述，而重点讲述焊件中会经常用到的结构构件、焊缝和顶端盖等特征。

图 6-98　"焊件"工具栏

2. 结构构件

首先绘制好结构构件的路径草图，然后单击"焊件"工具栏中的"结构构件"按钮 <img>（或选择"插入">"焊件">"结构构件"菜单），选中绘制好的路径草图，并在"结构构件"属性管理器中依次选择结构构件的"标准""类型"和"大小"，单击"确定"按钮，即可添加结构构件，如图 6-99 所示。

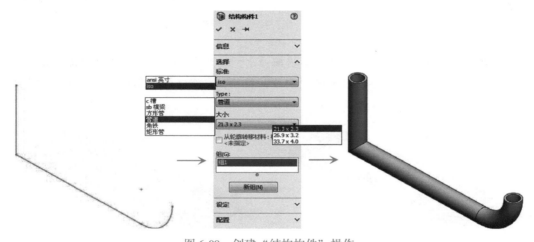

图 6-99　创建"结构构件"操作

单击"结构构件"属性管理器中的"设定"按钮，打开"设定"卷展栏，如图 6-100 所示，在此卷展栏中可以对"结构构件"的更多选项进行设置。下面解释一下其中部分选项的功能和意义。

> **"合并圆弧段实体"** 复选框：如果路径草图中有相切的圆弧段，将显示此复选框，选中此复选框后，将合并圆弧段和相邻实体为一个实体，否则每个曲面实体将生成单独实体。
> **"应用边角处理"** 复选框：当结构构件在边角处交叉时，用于定义如何剪裁结构构件的重叠部分（关于其意义和作用详见下面"剪裁/延伸结构构件"中的解释）。
> **"镜像轮廓"** 复选框：用于定义结构构件截面轮廓的方向，选中此复选框后，可以将轮廓按照水平轴镜像或竖直轴镜像，如图 6-101 所示。
> **"对齐"** 选择列表框：通过此列表框可令截面轮廓的水平轴或竖直轴与所选定的参考轴对齐，如图 6-102 所示（通过下面的"旋转角度"文本框则可以具体定义轮廓与参考轴的夹角大小）。

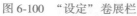

图 6-100 "设定"卷展栏　　　　图 6-101 "镜像轮廓"复选框的作用

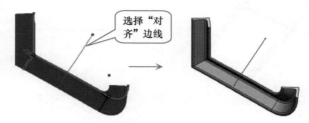

图 6-102 "对齐"选择列表框的作用

➤ **"找出轮廓"按钮**：单击此按钮后可将视图放大到结构构件的截面轮廓，并可通过单击定义"穿透点"处于截面轮廓的位置，如图 6-103 所示（"穿透点"默认位于截面轮廓的草图原点）。

图 6-103 "找出轮廓"按钮的作用

> **提示：**
>
> 在"结构构件"属性管理器的"选择"卷展栏中单击"新组"按钮，可以选择多个草图作为结构构件的路径，并且可分别为每个组设定参数。

3. 剪裁/延伸结构构件

除了在创建结构构件时可自动裁剪结构构件的边角外，如多次添加的结构构件出现交叉，也可使用系统提供的"剪裁/延伸"功能对结构构件相交的部分进行剪裁，可以将结构件剪裁到一个现有的结构件实体，或一个平面表面。

单击"焊件"工具栏中的"剪裁/延伸"按钮 ，打开"剪裁/延伸"属性管理器，使用系统默认的"终端剪裁"方式 ，选择"要剪裁的实体"和"剪裁边界"，如图 6-104 右上面几个图所示（双击被剪裁实体外侧"标注"上的"保留"文字，将其切换为"丢弃"），单击"确定"按钮即可执行剪裁操作，如图 6-104 下面两个图所示。

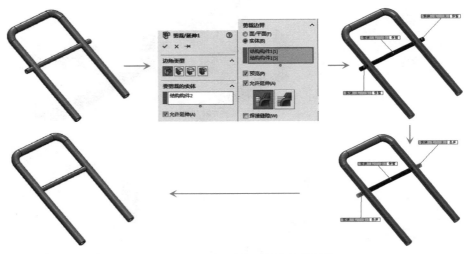

图 6-104　"剪裁/延伸"结构构件操作

提示：

"剪裁/延伸"属性管理器，除了"终端剪裁"方式外，右侧还有三种剪裁方式，这三种剪裁方式多用于结构构件的边角处理，其作用和意义下面将做详细解释。

此外，在进行"终端剪裁"时，除了可以选择实体作为裁剪边界外，还可以选择曲面或平面作为裁剪的边界，如选择"焊接缝隙"单选框，则可以设置被剪裁的结构构件与裁剪边界间的距离。

在"剪裁/延伸"结构构件或创建结构构件的过程中，当结构构件在边角处交叉时，可在"边角类型"卷展栏中定义剪裁结构构件的方式，如图 6-104 中图所示，共有 4 种剪裁方式，分别为终端剪裁、终端斜接、终端对接 1 和终端对接 2，其效果如图 6-105 所示。

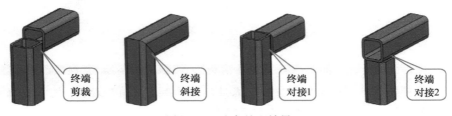

图 6-105　边角处理效果

SOLIDWORKS 焊接件的边角处理方式在实际加工中较为常见，其意义此处不做过多解释。

在选用"终端对接"边角处理方式时，还可以选择对接的方式，分别为"链接线段之间的简单切除" 和"链接线段之间的封顶切除" ，其效果如图 6-106 所示，其中"链接线段间的封顶切除"可理解为以其中一个结构构件的轮廓来剪裁另外一个结构构件。

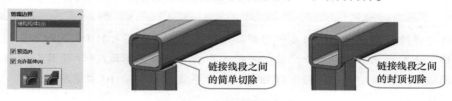

图 6-106　边角对接的方式

4. 焊缝

　　使用"焊缝"工具栏可以在任何交叉的焊件实体（如装配体、结构构件、平板焊件或角撑板）之间添加焊缝。单击"焊接"工具栏中的"焊缝"按钮，打开"焊缝"属性管理器，设置焊缝半径，然后依次选择两个相邻的面组（或选择相交线），单击"确定"按钮，即可为结构构件添加焊缝，如图 6-107 所示。

图 6-107　创建焊缝操作

> **知识库：**
>
> 　　在"焊缝"属性管理器中，选中"切线延伸"复选框，可以沿着相切的交叉边线自动延伸焊缝；此外，单击"新焊缝路径"按钮，则可以一次创建多条焊缝。

　　如图 6-107 中图所示，在"焊缝"属性管理器的"设定"卷展栏中，选中"选择"单选按钮，将只在两个面的交线位置处创建焊缝；如选中"两边"单选按钮，则将在所选面的对侧面同时创建焊缝；如选中"全周"单选按钮，则将在其中一个面的周边面上全部创建焊缝。

　　在"焊缝"属性管理器中，如选中"断续焊接"复选框，那么可为焊件添加间歇焊缝，间歇焊缝是一种具有一定间距的焊缝形式，如图 6-108 所示，在创建间歇焊缝时，可以定义"焊缝长度"和"缝隙"（或"节距"与"焊接长度"）。选中"交错"复选框，可令焊缝交错分布，如图 6-109 所示。

图 6-108　间歇焊缝

图 6-109　交错焊缝

此外，选中"'从/到'长度"复选框，则可在面的相交线上，自定义焊缝的长度。

> **提示：**
>
> 添加的"焊缝"特征会默认归类于"焊接文件夹"中，如图 6-110 左图所示；另外，如添加的"焊缝"未显示出来，可单击"前导视图工具栏"中的"隐藏/显示项目"按钮，在打开的"下拉面板"中单击"查阅焊缝"按钮 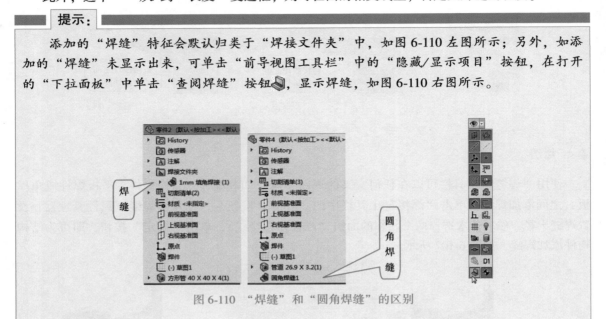，显示焊缝，如图 6-110 右图所示。
>
> 图 6-110 "焊缝"和"圆角焊缝"的区别

5. 角撑板

"角撑板"主要用于加固两个结构构件的相交区域，令结构构件连接得更牢固且不易变形。系统提供了**"三角形轮廓"**和**"多边形轮廓"**两种类型的角撑板，如图 6-111 所示。

单击"焊件"工具条中的"角撑板"按钮 ，打开"角撑板"属性管理器，然后依次选择要添加角撑板的两个相交面，再适当设置角撑板的轮廓和在结构构件上的位置（或保存系统默认），单击"确定"按钮即可添加角撑板，如图 6-112 所示。

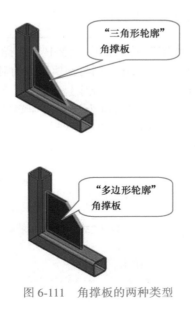

图 6-111 角撑板的两种类型

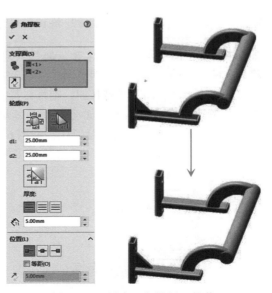

图 6-112 创建"角撑板"操作

在"角撑板"属性管理器的"轮廓"卷展栏中,"多边形轮廓"按钮 ⬛ 和"三角形轮廓"按钮 ⬛,分别用于两种角撑板类型的切换,其参数可参考卷展栏下面的图例进行设置,此处不做过多讲解,下面看一下其他选项的作用。

➤ "倒角"按钮 ⬛:单击此按钮可为角撑板设置倒角,以便为角撑板下的焊缝留出空间,如图 6-113 所示,其参数设置与倒角基本相同,此处也不做过多叙述。

➤ "厚度"区的"内边""两边"和"外边"按钮及"角撑板厚度"文本框:用于设置角撑板的厚度,及厚度延伸的方向,可设置角撑板轮廓向两侧延伸,也可设置向某一侧延伸。

➤ "位置"卷展栏:用于设置角撑板在所选面与边界的相对位置,如可设置"定位于起点""定位于中点"和"定位于端点"等,如图 6-114 所示,选中"等距"复选框,则可在下面的"等距值"文本框中设置角撑板距离某个边界的确切距离。

图 6-113 "角撑板"的倒角   图 6-114 角撑板的位置

6. 顶端盖

"顶端盖"特征工具用于闭合敞开的结构构件。单击"焊件"工具栏中的"顶端盖"按钮 ⬛,打开"顶端盖"属性管理器,选择结构构件的端面,设置顶端盖的"厚度"和"厚度比率",单击"确定"按钮,即可创建顶端盖,如图 6-115 所示。

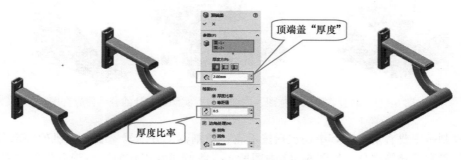

图 6-115 创建"顶端盖"操作

> **提示:**
>
> 所谓顶端盖的"厚度比率"是指顶端盖边缘距离结构构件边缘的距离占结构构件厚度的比例。此外,"顶端盖"属性管理器中,"向内" ⬛、"向外" ⬛ 和"内部" ⬛ 按钮用于设置顶端盖延伸的方向;如选中"使用边角"复选框,还可以设置顶端盖自动生成倒角的"倒角距离"。

一、填空题

1. 除了可自动裁剪结构构件的边角外，如多次添加的结构构件出现交叉，则可以使用系统提供的_____功能对结构构件相交的部分进行剪裁。

2. 可以为焊件添加三种焊缝，分别是_____、_____和_____焊缝。

3. _____主要用于加固两个结构构件的相交区域，令结构构件连接得更牢固且不易变形。

二、问答题

1. 方形空心冷弯型钢（即方管）通常有哪两种类型？简述每种类型的特点。

2. 如何自定义结构构件的轮廓？并简述其操作。

3. 什么是"交错"焊缝？并简述其意义。

三、操作题

使用本书提供的素材文件，创建如图 6-116 所示的"自行车三脚架"焊件模型。

图 6-116 需创建的"自行车三脚架"焊件模型

 实例 24 联合收割机焊件设计

联合收割机是最常用的谷物收割机械之一，如图 6-117 左图所示，能够一次完成谷类作物的收割和脱粒，在国内外都已得到广泛应用。

图 6-117 联合收割机实物图、模型图和本实例要设计的分禾器焊合图

联合收割机主要有割台（其中还包括拨禾轮、切割器、分禾器、绞龙和机架等部分）、输送槽、脱粒装置和谷仓等部分，如图 6-117 中图所示。收割机在工作时，由割台将谷物割下，通过绞龙绞入输送槽，再将谷物收入联合收割机后部的机舱部位进行脱粒和清选，将谷粒放入谷仓，将秸秆排出，完成收割作业。

本实例将讲解，使用 SOLIDWORKS 设计联合收割机分禾器的操作，其装配体如图 6-117 右图所示。在设计的过程中将主要用到 SOLIDWORKS 的自定义结构构件功能来设计焊件。

> **视频文件：**配套\\视频\Unit6\实例 24. mp4
> **结果文件：**配套\\案例\Unit6\实例 24——分禾器\分禾器装配体 . SLDASM

主要流程

本实例着重讲述分禾板中起主要支撑作用的分禾扁钢和挂角扁钢的设计过程，主要用到焊件中的自定义结构构件轮廓功能，此外还将讲述在装配体中添加焊缝的操作，以及部分钣金件的设计操作，如图 6-118 所示。

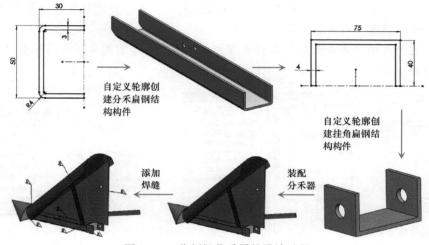

图 6-118　收割机分禾器的设计过程

分禾器的作用是将本机组所割作物和下次待割作物分开，并能够将倒伏的茎秆挑起，导入夹持输送装置。使用型钢和普通钢板即可焊接出联合收割机的分合器，在焊接时应注意，为减少焊接用料，在某些螺栓固定的位置，可无须焊接。

实施步骤

本实例将以图 6-119 所示的工程图为参照，在 SOLIDWORKS 中完成"分禾器"的绘制、装配和焊接操作，步骤如下。

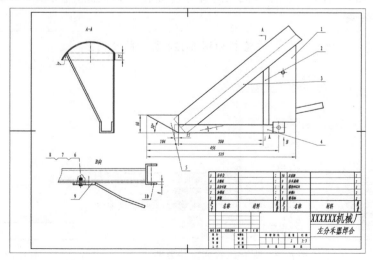

图 6-119　"分禾器"装配图

● 1. 设计分禾扁钢和挂角

步骤 1 新建一个零件文件，并进入任一基准面的草绘环境，绘制如图 6-120 所示的草绘图形（注意将草图的中心定义为坐标原点，此原点将被作为穿透点）。

步骤 2 退出草绘环境，并切换到"导航控制区"的"配置"标签栏中，添加一个任意配置；再单击窗口左侧的"设计库"标签，如图 6-121 所示，在打开的标签栏中单击"添加到库"按钮，打开"添加到库"属性管理器。

步骤 3 在打开的"添加到库"属性管理器中，选择新绘制的草图轮廓作为"要添加的项目"，如图 6-122 所示。

图 6-120 绘制的截面草图   图 6-121 添加配置和添加到库操作   图 6-122 选择草图轮廓

步骤 4 打开"添加到库"属性管理器的"保存到"标签栏，在"文件名称"文本框中输入结构构件截面轮廓的名称为"zdy30×50"；选择"设计库文件夹"的路径为"data" > "weldment profiles" > "自定义"；再打开"选项"标签栏，在文件类型下拉列表中选择要保存的文件类型为"*.sldlfp"，单击"确定"按钮，完成结构构件轮廓的创建，如图 6-123 所示。

> **提示：**
>
> 如"设计库文件夹"路径中无"weldment profiles"目录，则需要单击右侧"设计库"标签栏顶部的"添加文件位置"按钮，将"C:\Program Files\SOLIDWORKS Corp\SOLIDWORKS\data\weldment profiles"文件位置添加到设计库中，并在"\weldment profiles\"文件夹下新建一个"自定义"文件夹。

步骤 5 新建一个零件文件，并绘制如图 6-124 所示的草图。

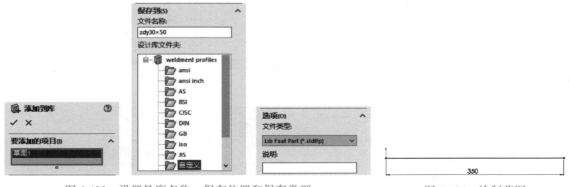

图 6-123 设置轮廓名称、保存位置和保存类型   图 6-124 绘制草图

步骤 6 单击"焊件"工具条中的"结构构件"按钮,打开"结构构件"属性管理器,选择"步骤 5"绘制的草绘路径,再依次选择"iso""自定义"和"zdy30×50"选项,单击"确定"按钮,即可使用自定义的轮廓绘制结构构件,如图 6-125 所示。

步骤 7 分别选择"步骤 6"绘制的结构构件的两个侧面,并分别绘制如图 6-126 所示的草绘图形,执行拉伸切除操作(其中形成切角的拉伸切除操作使用"完全贯穿"拉伸切除,另外一个使用"成形到下一面"拉伸切除),如图 6-126 所示。

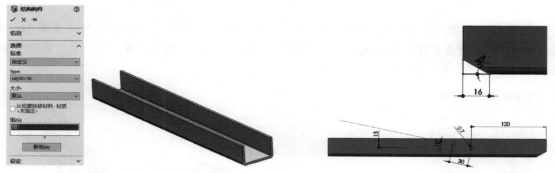

图 6-125 创建结构构件　　　　　　　　图 6-126 对结构构件进行处理

步骤 8 通过与前面步骤相同的操作,再绘制一个草图,如图 6-127 左图所示,并命名为"zdy40×75",然后新建一个零件类型的文件,创建如图 6-127 中图所示的草绘图形,并单击"结构构件"按钮,选择创建的构件轮廓,并创建结构构件,如图 6-127 右图所示。

请在构件创建完成后拉伸切除出此孔

图 6-127 自定义轮廓并用其创建结构构件

● 2. 设计左分禾板

步骤 9 新建一个零件类型的文件,然后选择"前视基准面"绘制如图 6-128 所示的草绘图形。

步骤 10 在"右视基准面"中绘制如图 6-129 所示的草绘图形,此图形与图 6-128 所示图形的关系,可参考图 6-130 右图所示的图形。

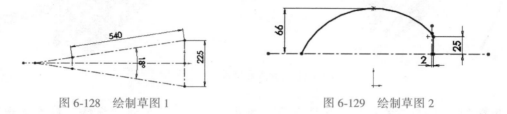

图 6-128 绘制草图 1　　　　　　　　　图 6-129 绘制草图 2

步骤 11 创建与"右视基准面"平行,且经过图 6-128 中横线的基准面,然后在其中绘制如图 6-130 左图所示的草绘图形(同样可参考图 6-130 右图所示的图形来定义其位置)。

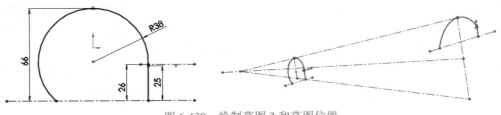

图 6-130　绘制草图 3 和草图位置

步骤 12　单击"钣金"工具栏中的"放样折弯"按钮，选择"步骤 10"和"步骤 11"绘制的曲线，设置钣金厚度为 0.5mm，单击"确定"按钮，创建"放样折弯"钣金件，如图 6-131所示。

图 6-131　创建"放样折弯"钣金件

● 3. 装配分禾板并添加焊缝

步骤 13　新建一个装配体文件，并导入前面操作创建的零部件，以及本文提供的素材文件：槽板. SLDPRT、侧板. SLDPRT、垫圈. SLDPRT、分禾尖. SLDPRT、加强版. SLDPRT、螺杆. SLDPRT和螺母. SLDPRT，然后添加配合将它们装配到一起，如图 6-132 所示（部分位置需添加距离配合：挂角侧面与分禾扁钢侧面的距离为 8mm，左分禾板端点与扁钢前部面的距离为 35mm）。

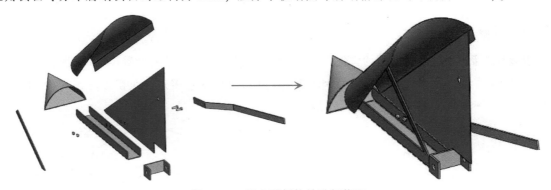

图 6-132　导入零部件并进行装配

步骤 14　单击"焊件"工具栏中的"焊缝"按钮📄，打开"焊缝"属性管理器，如图 6-133 左图所示，设置焊缝大小为 1mm，选择要添加位置相邻的两个面，为装配体添加焊缝（执行多次相同操作，在适当位置添加所有焊缝，如图 6-133 右图所示）。

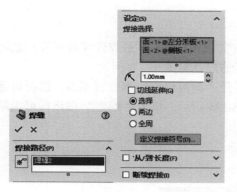
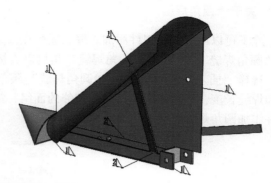

图 6-133　为装配体添加焊缝

知识点详解

结合实例，下面介绍一下 SOLIDWORKS 中自定义结构构件的轮廓和添加装配体中的焊缝的操作技巧，具体如下。

● 1. 自定义结构构件的轮廓

SOLIDWORKS 软件焊件轮廓库中只有 Ansi 英寸和 iso 两种标准的结构构件轮廓，种类有限，因此很多时候我们国内的设计人员要根据国内或企业标准来自定义结构构件的轮廓以供使用。

在草图中绘制结构构件的轮廓（轮廓必须闭合，以形成一定厚度的型材），并需要添加 2 个配置，然后单击"设计库"标签中的"添加到库"按钮，打开"添加到库"属性管理器，然后选择绘制的草图，并命名构件轮廓，再选择轮廓的保存位置和文件类型，如图 6-134 所示，即可自定义结构构件的轮廓（然后可以选用此轮廓草图来创建结构构件）。

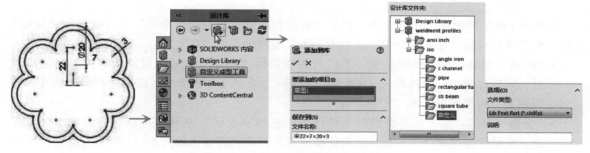

图 6-134　自定义结构构件轮廓操作

结构构件的文件位置通常位于 "C:\Program Files\SOLIDWORKS Corp\SOLIDWORKS\data\weldment profiles\" 文件夹下，而文件类型需选用 "*.sldlfp"。

提示：

如未显示新创建的自定义结构构件，则需在上面"自定义"文件夹中，重新打开创建的自定义轮廓构件文件，如"米 22×7×20×3.sldlfp"文件，再在左侧"导航控制区"的"配置"标签栏中，新添加一个配置，配置名称任意设置即可。

● **2. 关于"圆角焊缝"**

除了可以给多实体焊件添加焊缝，还可在钣金件（如结构构件、平板焊件或角撑板）之间添加"圆角焊缝"，生成的"圆角焊缝"是可以直接选择的焊缝实体。

选择"插入" > "焊件" > "圆角焊缝"菜单，打开"圆角焊缝"属性管理器，选择焊缝类型和焊缝长度，然后依次选择两个相邻的面组，如图 6-135 所示，单击"确定"按钮即可为结构构件添加圆角焊缝。

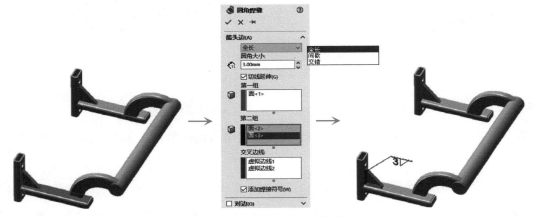

图 6-135　创建圆角焊缝操作

> **知识库：**
>
> 在"圆角焊缝"属性管理器中，选中"切线延伸"复选框，可以沿着相切的交叉边线自动延伸焊缝；而"交叉边线"列表，则主要用于当有多个交叉边线时，可在此列表中删除不必要的交叉边线。

如图 6-135 中图所示，可以为焊件添加三种圆角焊缝，分别是"全长""间歇"和"交错"焊缝，前面讲述的是"全长"焊缝，下面看一下其他两种焊缝的意义。

➤ "间歇"焊缝：在"焊缝类型"下拉列表中选择"间歇"选项，可以为焊件添加间歇焊缝，间歇焊缝是一种具有一定间距的焊缝形式，如图 6-136 所示，在创建间歇焊缝时，可以定义"焊缝长度"和"焊缝间距"。

➤ "交错"焊缝：在"焊缝类型"下拉列表中选择"交错"选项，可以为焊件添加交错焊缝，交错焊缝主要用于在板材的两侧添加交替分布的焊缝，如图 6-137 所示（需要注意的是，在添加"交替"焊缝时，需要在"对边"卷展栏中单独设置对边中连接焊缝的两个面组）。

图 6-136　"间歇"焊缝

图 6-137　"交错"焊缝

此外，如添加"焊缝"的两个实体间本身具有缝隙（即不完全接触），此时在添加焊缝时，在"圆角焊缝"属性管理器中还将出现"完全穿透"和"部分穿透"单选按钮，用于设置焊缝延伸到两个构件间缝隙的距离，其不同效果如图 6-138 所示。

图 6-138 "完全穿透"焊缝和"部分穿透"焊缝

提示：

"圆角焊缝"功能与"焊缝"的主要区别在于，"圆角焊缝"的添加比较严谨，只可在适合进行焊接的位置添加焊缝（也不可用于装配环境），而"焊缝"功能则对此没有限制，即使两个面距离很远，使用"焊缝"命令仍可添加焊缝。

这主要与这两个命令的应用领域有关，"圆角焊缝"是后续加工处理的参照（"圆角焊缝"是可以直接选择的焊缝实体），而"焊缝"类似于"注解"中的"装饰螺纹线"，"焊缝"原则上不是实体，主要用在"工程图"中，用于生成焊接标记，以及生成"焊接表"等。

思考与练习

一、填空题

1. SOLIDWORKS 软件焊件轮廓库中只有_____和_____两种标准的结构构件轮廓。

2. 结构构件的文件位置通常位于"C：\Program Files\SOLIDWORKS Corp \SOLIDWORKS____ _____\weldment profiles\"文件夹下，而结构构件的文件类型通常为_____类型。

二、问答题

1. 简述"圆角焊缝"和"焊缝"的区别，及它们的应用领域。

2. 简述联合收割机的主要组成部分，及各部分的主要功能。

3. 联合收割机"分禾器"的主要作用是什么？它属于收割机的哪个部分？

三、操作题

使用本书提供的素材文件，创建如图 6-139 所示的"手推车"焊件模型。

图 6-139 需创建的"手推车"焊件模型

知识拓展

本章主要结合农用机械的设计讲解了钣金件和焊件的创作技巧，在此基础上，我们略做扩展，了解一下还有哪些需要了解的钣金和焊件知识。

1. 钣金设计方式

在 SOLIDWORKS 中共有三种钣金设计方式，一种是直接使用钣金特征来创建钣金模型；另一种是使用"转换到钣金"命令直接将实体转换到钣金，还有就是首先创建实体，然后进行抽壳处理，再为其添加钣金特征，创建钣金模型，如图 6-140~图 6-142 所示。

图 6-140　通过钣金特征创建钣金模型

图 6-141　使用"转换到钣金"命令创建钣金件

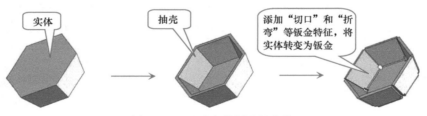

图 6-142　通过实体创建钣金件

> **提示：**
>
> 将实体转变为钣金的钣金设计方式，多用于从其他 CAD 系统输入钣金件时，将输入的钣金件（此时为实体）通过插入钣金特征转变为 SOLIDWORKS 钣金零件。

2. K-因子

钣金零件的工程师为保证最终折弯成形后的零件为所期望的尺寸，会利用各种不同的算法来计算展开状态下备料的实际长度。其中最常用的方法是简单的"掐指规则"，即基于各自经验的规则算法。通常这些算法需要考虑材料的类型与厚度，折弯的半径和角度，机床的类型和步进电动机的速度等。

为更好地利用计算机超强的分析与计算能力，当用 CAD 程序模拟钣金的折弯或展开时，也需要一种计算方法，以便准确地计算出备料的实际长度。

　　本知识点所讲述的 K-因子和下一知识点所讲述的折弯系数和折弯扣除，实际上为确定钣金展开长度的几种方式，可与"掐指规则"结合使用。

　　在折弯变形过程中，折弯圆角内侧材料被压缩、外侧材料被拉伸，而保持原有长度的材料呈圆弧线分布，这个圆弧线被称为中性线。K-因子表示钣金中性线的位置，以钣金零件的厚度作为计算基准（如图 6-143 左图所示），为钣金内表面到中性面的距离 t 与钣金厚度 T 的比值，即 $K=t/T$。

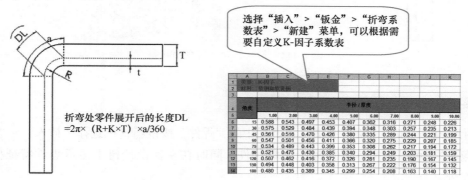

选择"插入" > "钣金" > "折弯系数表" > "新建"菜单，可以根据需要自定义K-因子系数表

折弯处零件展开后的长度DL
$=2\pi \times (R+K \times T) \times a/360$

图 6-143　K-因子与钣金长度的关系、K-因子系数表

　　K-因子值通常由钣金材料供应商提供，或者可根据实验数据、经验或材料手册等得到。需要注意的是，针对不同的折弯情况，K-因子值不可能一成不变，也很难拥有固定的计算公式，所以根据"掐指规则"自定义一些特殊场合的 K-因子是非常必要的。

　　在 SOLIDWORKS 中可根据需要自定义不同场合下的 K-因子系数表，如图 6-143 右图所示，从而保证钣金展开后的正确备料长度。

3. 折弯系数和折弯扣除

　　如图 6-143 左图中的公式所示，我们可以根据 K-因子计算出折弯处中性线的长度（即折弯处钣金展开后的长度），此长度即为折弯系数。在实际应用中，折弯系数值通常直接给出，所以说折弯系数可以比 K-因子更加直接地定义钣金展开后的备料长度。

　　折弯系数的值会随不同的情形如材料类型、材料厚度、折弯半径和折弯角度等而不同，而且折弯系数还会受到加工过程、机床类型和机床速度等的影响。

　　折弯扣除通常是指回退量，而根据定义，折弯扣除为双倍外部逆转与折弯系数之间的差，如图 6-144 左图所示。折弯扣除的大小也同样受到多种因素的影响。

　　折弯扣除与折弯系数实际上只是测量或定义方式不同的两个量，在使用时都是用于确定零件展开长度的一个值。而且它们也都可以根据不同的实际情况来定义折弯系数表或折弯扣除表，如图 6-144 右图所示（SOLIDWORKS 中默认提供有多个折弯系数表和折弯扣除表，可直接使用，也可修改后使用）。

　　一般来说，对每种材料或每种材料的加工组合会有一个表，初始表的形成可能会花费一些时间（如需要进行反复的测试）。但是一旦形成，今后我们就可以不断地重复利用其中的某个部分了。

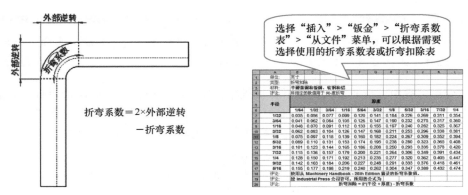

图 6-144 折弯扣除与折弯扣除表

● **4. 焊接零件设计环境**

在进行实体设计时，单击"焊件"工具栏中的"焊件"按钮 （或选择"插入">"焊件">"焊件"菜单），可以将实体零件标记为焊接件，同时在左侧设计树中显示焊件特征标识，如图 6-145 所示。

焊接零件设计环境实际上是一个多实体的零件设计环境，即在焊接零件中，每一个结构构件或焊接特征都是一个独立的实体。

此外，焊接零件中，系统将自动添加两个配置（选用配置不同，零件的显示也不相同），如图 6-146 所示。

图 6-145 "焊件"特征标识

图 6-146 自动添加的配置

➢ 默认<按加工>：包含零件所有特征，除了焊接构件以外，还包含焊接零件中的孔和切除特征。
➢ 默认<按焊接>：只包含零件的构件和焊接实体，压缩包含孔在内的其他特征。

提示：

单击"焊件"工具条中的"结构构件"按钮 生成焊件，系统会自动将零件标记为焊接件，并将焊件特征添加到左侧设计树中。

● **5. 关于结构构件的路径草图**

在绘制用作结构构件布局的草图时，用户应注意如下两点：

> 可以使用二维或三维草图，也可以混合使用两种类型的草图作为结构构件的路径曲线。但是不可使用样条曲线作为结构构件的路径。

> 同一操作中，不能选择超过两个共享端点的路径线段建立构件，因此要建立角落部分的构件，必须通过创建"新组"来实现。

● 6. 切割清单与焊件工程图

当文件中有多个实体时，在左侧的设计树中将显示"实体"文件夹 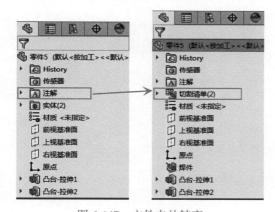，如图 6-147 左图所示，以用于对多个实体文件进行统一管理，在插入"焊件"特征后，"实体"文件夹将重新命名为"切割清单"文件夹 ，如图 6-147 右图所示，以对"焊件"的各个实体进行统一管理。

"切割清单"实际上是把焊件的各种属性、特征进行归类，并且用数据的形式展现出来的一个表格。其在模型文件中主要是一个自动归类的工具，另外可以通过其属性察看模型某一方面的特性等；而将其用于工程图中，则可以自动生成"切割清单"表格，此表格可对模型文件进行详尽的说明，非常方便。

在工程图模式下，单击"注解"工具栏"总表"下拉列表下的"焊件切割清单"列表项，可以在焊件工程图中插入切割清单，如图 6-148 所示（关于切割清单的详细添加和设置方法，用户可参考本出版社的其他 SOLIDWORKS 书籍）。

图 6-147　文件夹的转变

名称	项目号	数量	说明	长度	重量	材料
横梁	1	2	TUBE, RECTANGULAR 20 X 10 X 2	95	9.23	普通碳钢
圆管	2	1	PIPE 21.30 X 2.3	200	27.46	普通碳钢
曲柄	3	2	TUBE, RECTANGULAR 20 X 10 X 2	75.76	6.78	普通碳钢
圆顶端盖	4	2			0.65	
方顶端盖	5	2			0.28	
角撑板	6	2			1.56	普通碳钢
竖梁	7	2	TUBE, RECTANGULAR 20 X 10 X 2	70	6.40	普通碳钢

图 6-148　切割清单

提示：

"切割清单"前的图标，图标表示"切割清单"需要更新，图标表示切割清单已更新。当添加了焊件实体，或焊件实体被改变，"切割清单"中并不能立即反应所做的改变，只是"切割清单"文件夹图标改变为，右击此图标，在弹出的快捷菜单中选择"更新"命令，可对切割清单进行更新，以包含实体中添加的项目。

● 7. 交叉折断

在"钣金"工具栏中还有一个特征为"交叉折断" ，本文未对其做重点讲述。此特征实际上只是一种工艺符号，用于标明零件的某个表面在制造时需要进行加强处理。添加"交叉折断"特征后不会改变几何体（会有一个叉号标志，如图 6-149 所示），而只是在生成二维工程图时，自动给出标示。

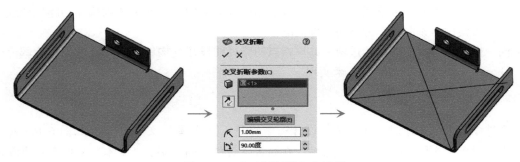

图 6-149　交叉折断操作和效果

　　"交叉折断"主要是用于较大面积的钣金件平面加强，如一些风管组成件表面、蒸烤箱内壁，在经过交叉折断处理后强度会增加，变形的可能性会变小。

第 **7** 章

紧固和夹具等装置——工程图

本章要点

- 夹钳设计
- 吊具设计
- 自定心卡盘设计
- 旋锁设计
- 平口钳设计

学习目标

通常在机械加工过程中，使用紧固工具或夹具将零件紧固到正确的位置，以承受加工时受到的冲击力。此外，在吊装被加工物品时，我们需要一定的夹持工具，以保证被吊装的物品固定，不至于在搬运途中掉落。本章将讲述紧固工具和夹具的设计方法，在讲述的过程中，将介绍 SOLIDWORKS 工程图方面的知识，即使用三维模型快速出图的操作技巧。

 实例 25　夹钳设计

快速夹钳（也称快速夹具，如图 7-1 所示）是一种能准确定位、快速夹紧的新型夹具产品，被广泛用于产品的焊接加工、印刷机械制造、装配等工艺过程。

如图 7-2 所示为印刷行业的拉网机，周边有大量快速夹钳用于绷紧丝网；如图 7-3 所示为焊接工作台，其上也有大量的快速夹钳，用于夹紧被焊接的钢材（原始工作台多采用螺栓固定，但是效率极低，使用快速夹钳可以提高工作效率）。

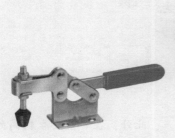
图 7-1　快速夹钳实物图

图 7-2　拉网机实物图

图 7-3　焊接工作台实物图

快速夹具是根据平面四杆机构中双摇杆机构的死点夹紧原理来设计的，如图 7-4 所示，当连杆与连架杆的两铰接点和两连架杆中的一个连架杆与机架的铰接点，这三点同在一条直线时，机构处于死点位置。此时，被压紧的工件无论有多大的反力，均无法使压头松开。

本实例将讲解，使用 SOLIDWORKS 设计如图 7-5 所示的垂直式夹钳工程图的操作（此类夹具主要用于电子类产品的装配作业），在设计的过程中，将主要用到 SOLIDWORKS 工程图模块中，标准三视图、投影视图和交替位置视图等特征。

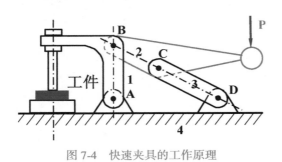

图 7-4　快速夹具的工作原理

图 7-5　本节要设计的夹钳

视频文件：配套\\视频\Unit7\实例 25. mp4
结果文件：配套\\案例\Unit7\实例 25——夹钳\垂直式夹钳装配 . SLDDRW

主要流程

本节主要创建夹钳 U 形压把、法兰座和夹钳整个装配体的工程图，如图 7-6 所示（由于篇幅限制，其他零件工程图的创建，此处不再一一详细叙述）。工程图的创建较为简单，按照提示操作即可，装配体中交替位置视图的创建需要一定的技巧，应注意领会掌握。

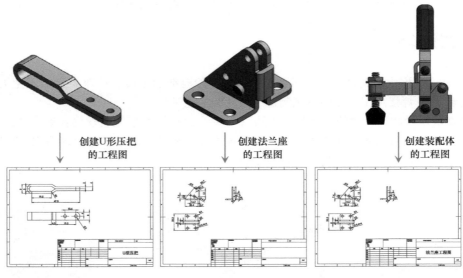

图 7-6　设计快速夹钳工程图的主要操作过程

通常使用 45 钢来制造夹具，也有不少快速夹具采用不锈钢生产，此外，在一些要求较高的特殊场合，也可采用高强度钢做夹具。

对于快速夹钳的结构，为避免使用时，因外力负载变化和机械振动的影响，令夹钳轻易脱离死点位置，设计时应将中间铰接点略偏于其他两铰接点连线的内侧。

实施步骤

下面看一下在 SOLIDWORKS 中创建夹钳工程图的详细操作步骤。在创建的过程中，应注意掌握模型视图、投影视图、标准三视图和交替位置视图等的创建技巧。

● 1. 创建 "U 型压把" 工程图

步骤 1 选择 "文件" > "新建" 菜单，打开 "新建 SOLIDWORKS 文件" 对话框，如图 7-7 所示，单击 "工程图" 按钮，再单击 "确定" 按钮继续。

步骤 2 在 "SOLIDWORKS 2023" 版中，工程图默认选用 A0 大小的图纸，在创建工程图时，不会提供选择图纸类型（和大小）的对话框。需要自定义图纸大小时，在 "视图效果" 属性管理器中单击 "取消" 按钮，然后右击工程图空白处，选择 "属性" 菜单，打开 "图纸属性" 对话框，从中设置图纸大小为 "A4（ANSI）横向"，如图 7-8 所示。

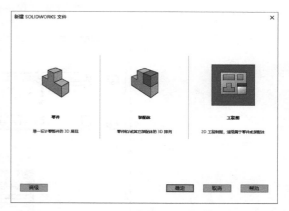

图 7-7 "新建 SOLIDWORKS 文件" 对话框

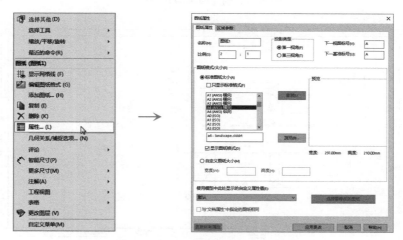

图 7-8 打开 "图纸属性" 对话框

步骤 3 单击 "工程图" 工具栏的 "模型视图" 按钮，打开 "模型视图" 属性管理器，如图 7-9 左图所示，单击 "浏览" 按钮，在弹出的对话框中选择本书提供的素材文件 "U 形压把 .SLDPRT"，"模型视图" 属性管理器显示出如图 7-9 右图所示的选项。

步骤 4 保持系统默认，在绘图区的适当位置单击，如图 7-10 所示，首先创建顶部视图，然后向下拖动创建一个投影视图，再按【ESC】键退出视图创建模式即可。

步骤 5 单击 "注解" 工具栏的 "智能尺寸" 按钮，按照与在草图中标注尺寸相同的操作为视图添加如图 7-11 所示的标注。

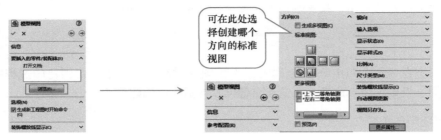

图 7-9 "模型视图"属性管理器

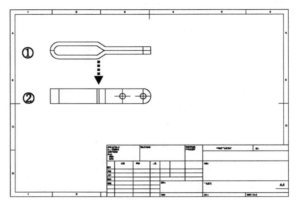

图 7-10 创建模型的几个视图

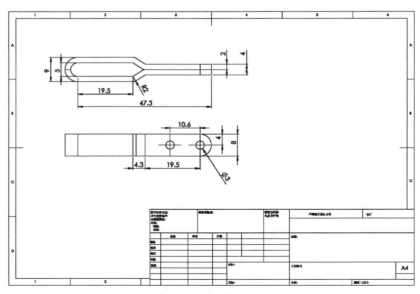

图 7-11 标注模型尺寸

步骤6 右击图纸空白处，选择"编辑图纸格式"菜单，在图纸模板的"标题"单元格内双击，填写图纸的名称为"U 形压把"，再右击图纸空白处，选择"编辑图纸"菜单，完成工程图的创建，如图 7-12 所示。

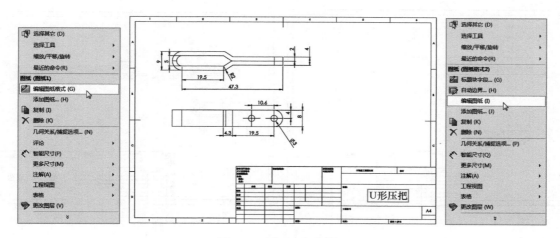

图 7-12　设置"标题栏"

2. 创建"法兰座"工程图

步骤7　同"步骤1"操作，新建"工程图"文件，并选择图纸大小为"A4（ANSI）横向"，如图 7-13 所示。

步骤8　单击"工程图"工具栏上的"标准三视图"按钮，打开"标准三视图"属性管理器，如图 7-14 所示，然后单击"浏览"按钮，在弹出的对话框中选择本书提供的素材文件"法兰座.SLDPRT"。

图 7-13　"图纸格式/大小"对话框

图 7-14　"标准三视图"属性管理器

步骤9　系统自动在图纸中添加所选素材文件的三个方向的标准视图，如图 7-15 所示。

步骤10　单击"注解"工具栏的"智能尺寸"按钮，按照与在草图中标注尺寸相同的操作为视图添加如图 7-16 所示的标注，然后按照与"步骤6"相同的操作将图纸名称更改为"法兰座工程图"即可。

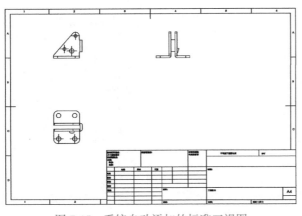

图 7-15　系统自动添加的标准三视图　　　　图 7-16　添加标注完成工程图创建

● 3. 创建夹钳"装配体"工程图

步骤 11　同"步骤 1"操作，新建"工程图"文件，并选择图纸大小为"A4（ANSI）横向"，如图 7-17 所示。

步骤 12　单击"工程图"工具栏的"模型视图"按钮，在打开的"模型视图"属性管理器中单击"浏览"按钮，在弹出的对话框中选择本书提供的素材文件"垂直式夹钳装配.SLDASM"，然后在图纸区域内连续单击创建三个视图，如图 7-18 所示（请将第一个视图调整为"右视图"）。

图 7-17　"图纸格式/大小"对话框

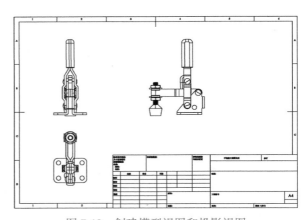

图 7-18　创建模型视图和投影视图

步骤 13　单击"工程图"工具栏上的"交替位置视图"按钮，打开"交替位置视图"属性管理器，单击图纸区域右侧的视图，在"交替位置视图"中，单击"确定"按钮，系统自动进入"零件"建模模式，并显示"移动零部件"属性管理器，保持系统默认，选择"把手"并向右拖动到适当位置即可，如图 7-19 所示。

步骤 14　如图 7-20 为创建的"交替位置视图"效果，然后单击"注解"工具栏的"智能尺寸"按钮，按照与在草图中标注尺寸相同的操作为视图添加如图 7-21 所示的标注，并按照前述操作"编辑图纸格式"，输入图纸名称，即可完成图纸的绘制。

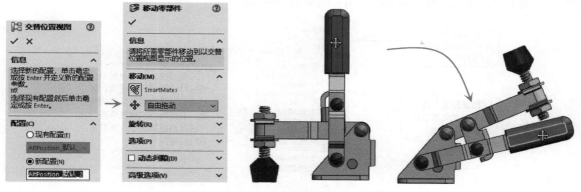

图 7-19　创建"交替位置视图"操作

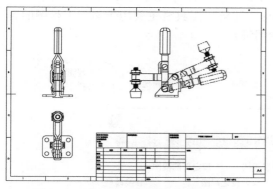

图 7-20　创建的"交替位置视图"效果

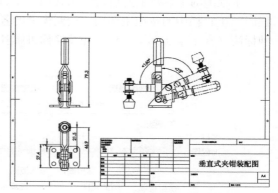

图 7-21　添加视图标注效果

提示：

在"步骤 14"为视图标注尺寸的过程中，在标注右侧视图的角度范围时，可在左侧的"尺寸"属性管理器中为其设置"覆盖数值"，如图 7-22 所示，以令视图显示需要的值。

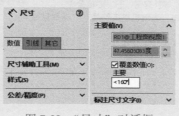

图 7-22　"尺寸"对话框

知识点详解

结合实例，下面介绍一下 SOLIDWORKS 中关于工程图的一些知识，如工程图环境、工具栏，以及创建模型视图、标准三视图、投影视图和交替位置视图的操作技巧等内容，具体如下。

● 1. 工程图环境的模型树和主要工具栏

工程图的模型树与建模环境的模型树有所不同，主要由注解、图纸格式和工程图视图三部分组成，如图 7-23 所示，各个部分的作用如图中标注所示。

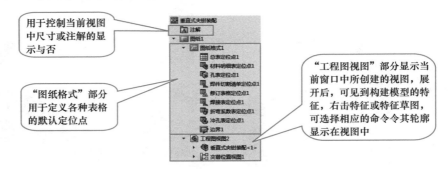

用于控制当前视图中尺寸或注解的显示与否

"图纸格式"部分用于定义各种表格的默认定位点

"工程图视图"部分显示当前窗口中所创建的视图，展开后，可见到构建模型的特征，右击特征或特征草图，可选择相应的命令令其轮廓显示在视图中

图 7-23　工程图的模型树

工程图的工具栏主要包括"工程图"工具栏和"注解"工具栏，如图 7-24 所示。其中"工程图"工具栏中的按钮主要用于绘制模型的各种视图；"注解"工具栏主要用于添加工程图的各种标注（在本章实例中，将会陆续穿插讲解各按钮的用法）。

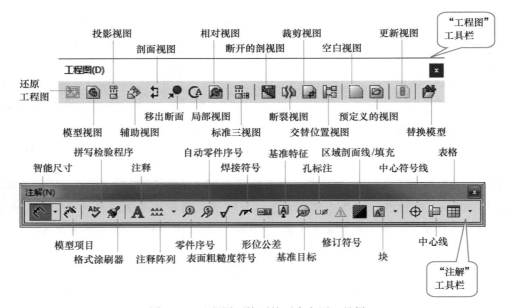

图 7-24　工程图环境下的两个主要工具栏

● 2. 模型视图

视图是指从不同的方向观看三维模型而得到的不同视角的二维图形（即将模型朝某个方向投影得到的轮廓图形）。为了反映模型的详细构造，我们需要使用多种视图来对模型进行描述，经常使用的有模型视图、投影视图和辅助视图等。

单击"工程图"工具栏中的"模型视图"按钮 🔩，打开"模型视图"属性管理器，如图 7-25 所示，单击"浏览"按钮，在弹出的对话框中选择用于创建工程图的模型文件，再在"视图效果"属性管理器中选择要创建哪个方向的标准视图，设置完成后，在操作区中单击，即可创建标准视图。

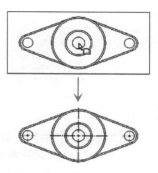

图 7-25 "模型视图"属性管理器

标准视图创建完成后，系统自动以此标准视图为基础，开始创建投影视图，此时只需向各个方向移动鼠标并单击，即可创建此方向的投影视图。

提示：

"模型视图"工具用于创建各种标准视图（前视图、后视图、左视图、右视图和等轴测视图等），标准视图是放置在图纸上的第一个视图，用于表达模型的主要结构，同时也是创建投影视图和局部视图等的基础和依据。

下面解释一下"模型视图"属性管理器中的重要选项和卷展栏的作用。

➢ "参考配置"卷展栏：当原模型具有多种配置时，可在此卷展栏的下拉列表中选择用于生成视图的配置，如图 7-26 所示。

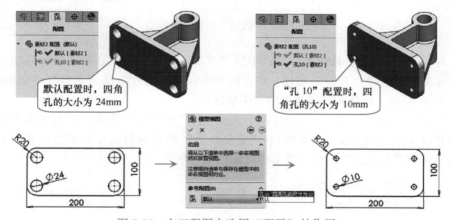

图 7-26 在工程图中选用"配置"的作用

提示：

可在零件模式下，在"ConfigurationManager"（配置管理器）选项卡中为零件增加或删除配置。

➢ "生成多视图"单选按钮：当选择此单选按钮时，可以在"方向"卷展栏中单击相应的按钮，一次创建多个标准视图。
➢ "输入选项"卷展栏：选择此卷展栏下的单选按钮，可以在视图中输入建模模式下添加的注释，如图 7-27 所示。

图 7-27 "输入选项"卷展栏的作用

- "选项"卷展栏：如图 7-28 左图所示，选中此卷展栏中的"自动开始投影视图"复选框，将在创建完标准视图后，自动开始创建投影视图。
- "显示样式"卷展栏：设置视图的显示样式，如图 7-28 右边两图所示。

图 7-28 "选项"卷展栏和"显示样式"卷展栏的作用

- "比例"卷展栏：主要用于设置视图打印尺寸与模型真实尺寸的比值，如图 7-29 所示。

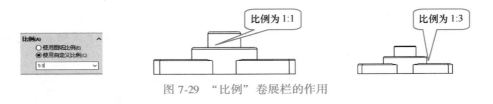

图 7-29 "比例"卷展栏的作用

- "尺寸类型"卷展栏：选中此卷展栏中的"真实"单选按钮，在视图中标注的尺寸为模型的真实值，如选择"预测"按钮，则在模型中标注的尺寸为模型到当前平面的投影尺寸，如图 7-30 所示，此功能在轴测图中有明显区别。
- "装饰螺纹线显示"卷展栏：如图 7-31 所示，其"高品质"项表示所有的模型信息都被装入内存（系统运行速度会受影响）；"草稿品质"项表示将最小的模型信息装入内存，有些边线可能看起来丢失，打印质量也可能略受影响。

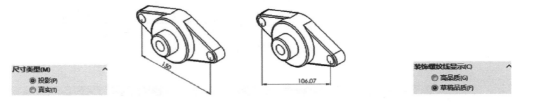

图 7-30 "尺寸类型"卷展栏的作用　　　　图 7-31 "装饰螺纹线显示"卷展栏

● 3. 标准三视图

"标准三视图"工具用于产生零件的 3 个默认的正交视图（如前视图、上视图和侧视图）。单击"工程图"工具栏中的"标准三视图"按钮，在打开的属性管理器中选择用于生成三视图的模型文件，即可在视图的默认位置生成视图，如图 7-32 所示。

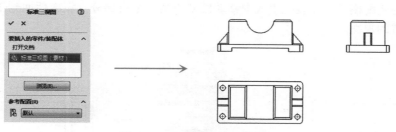

图 7-32　生成"标准三视图"

● 4. 投影视图

投影视图是标准视图在某个方向的投影,用于辅助说明零件的形状。投影视图通常紧随标准视图创建,也可单击"工程图"工具栏中的"投影视图"按钮🔡,打开"投影视图"属性管理器,如图 7-33 左图所示,然后选择一个标准视图作为投影视图的参照,再在绘图区的相应位置单击即可创建投影视图,如图 7-33 中图所示。

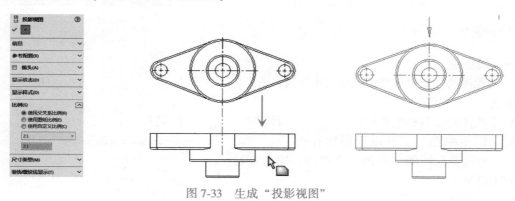

图 7-33　生成"投影视图"

在"投影视图"属性管理器中,选择"箭头"复选框,可在创建投影视图时添加用于表示投影方向的箭头标记,如图 7-33 右图所示(并可在"箭头"卷展栏中输入跟随投影视图和箭头显示的说明性文字)。

> **知识库:**
>
> 投影视图的投影样式与工程图采用的"投影类型"有关,通常有"第一视角"和"第三视角"两种投影类型,系统默认使用"第一投影"类型来生成投影视图(这也是我们国家采用的投影方式)。可右击模型树中的视图,选择"属性"菜单,在打开的对话框中更改视图的默认投影类型。

● 5. 交替位置视图

使用"交替位置视图"可以幻影线的方式将一个视图叠加于另一个视图之上,主要用于标识装配体的运动范围,如图 7-34 所示。

打开一个装配体的工程图,单击"工程图"工具栏的"交替位置视图"按钮🔡,打开"交替位置视图"属性管理器,如图 7-34 中图所示,选择"新配置"单选按钮,单击"确定"按钮,将进入工程图的装配模式，在装配模式中移动模型的某个组成部分，完成后回到工程图模式，即可创建交替位置的视图。

图 7-34 创建"交替位置视图"

提示:

在创建过"交替位置视图"后，其属性管理器中的"现有配置"单选按钮可用，选中后可将已创建的"交替位置视图"添加到当前视图上（此时不会进入装配模式）。

思考与练习

一、填空题

1. 工程图的模型树与建模环境的模型树有所不同，主要由_____、_____和_____三部分组成。

2. 工程图的工具栏主要包括_____工具栏和_____工具栏。

3. "模型视图"工具用于创建各种_____，_____是放置在图纸上的第一个视图，用来表达模型的主要结构。

二、问答题

1. 简述快速夹钳的夹紧原理。

2. 投影视图的投影样式与工程图采用的"投影类型"有关，应如何更改投影类型？

3. "模型视图"属性管理器中"装饰螺纹线显示"卷展栏的两个单选按钮有何不同？

三、操作题

使用本文提供的素材文件 Unit7\素材 2. SLDPRT，创建如图 7-35 所示的工程图。

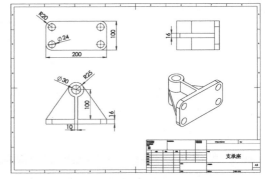

图 7-35 需创建的"工程图"

实例 26 吊具设计

通常把用于起重吊运作业的刚性取物装置称为吊具，把系结物品的挠性工具称为索具或吊索。使用吊具和锁具等，以电动卷扬机驱动，在空中吊取货物，可以提高生产效率。

大多数起重设备会通过卷扬机驱动钢丝绳，然后通过滑轮来拖拉、起重和吊装重物。在起重机滑轮末端可直接连接吊钩吊取货物，也可在吊钩下端安装特殊的吊具，以方便吊取特殊的货物，如集装箱专用吊具、钢卷专用吊夹具、钢液包专用吊具等。

本实例将讲解，使用 SOLIDWORKS 设计钢液包专用吊具（简称钢包吊具）工程图的操作，钢包吊具实物图如图 7-36 所示。钢包吊具主要用于钢厂中的中间罐、铁液罐、钢液包的调运，具有结构简单、操作方便和安全可靠的特点。

本节所设计的钢包吊具的设计图如图 7-37 所示，在设计的过程中，将主要用到 SOLIDWORKS 工程图模块中辅助视图、剖面视图、断开的剖视图和断裂视图等特征。

图 7-36　钢包吊具实物图

图 7-37　钢包吊具设计图

　　视频文件：配套\\视频\Unit7\实例 26. mp4
　　结果文件：配套\\案例\Unit7\实例 26——钢包吊具\钢包吊具总装 . SLDDRW

主要流程

本节主要创建钢包吊具的销轴、吊梁装配和吊具的总体装配工程图，如图 7-38 所示。在创建销轴工程图的过程中，应注意剖面视图和断裂视图的创建方法，在创建吊梁装配工程图的过程中，应注意掌握断开的剖视图的创建技巧。

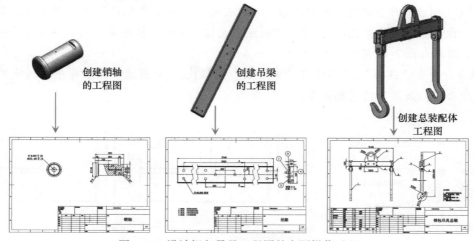

图 7-38　设计钢包吊具工程图的主要操作过程

起重设备中的绳索非常重要，应具有较高的安全系数，通常选用"千斤绳"作为起重设备的专用绳索。"千斤绳"使用钢丝绳编插而成，通常直径大于 11cm，安全系数要求大于 10，在实际使用之前应做一定吊装重物下的动载和静载试验。

在设计吊具时，应首要保证其韧性，不能轻易发生断裂。对于钢包吊具，还应具有耐高温的特性，通常其吊梁多采用优质低碳合金钢制造，钩体可采用多片钢板拼接铆制，以在保证高强度的前提下，令吊钩具有足够的柔韧性。此外，大多数吊具都应具有结构简单和容易装卸的特点。

实施步骤

下面看一下在 SOLIDWORKS 中创建钢包吊具工程图的详细操作步骤，在创建的过程中，应注意掌握辅助视图、剖面视图、断开的剖视图等的操作技巧。

● 1. 创建"销轴"工程图

步骤 1 新建"工程图"文件，设置图纸大小为"A4（ANSI）横向"，在系统自动打开的"视图效果"属性管理器中单击"浏览"按钮，在弹出的对话框中选择本书提供的素材文件"销轴.SLDPRT"。

步骤 2 保持系统默认设置，在图纸绘制区中单击，创建一个"前视"的标准视图和左视的投影视图，如图 7-39 所示。

步骤 3 单击"工程图"工具栏中的"断开的剖视图"按钮 ，选择左侧标准视图，在其中绘制如图 7-40 所示的闭合样条曲线。

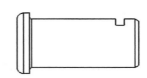
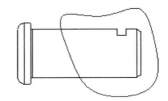

图 7-39　创建模型视图和投影视图　　　　　　　图 7-40　绘制闭合样条曲线

步骤 4 闭合的样条曲线绘制完成后，系统打开"断开的剖视图"属性管理器，如图 7-41 左图所示，设置剖切深度为 75mm，单击"确定"按钮，系统将样条曲线内的区域向下剖切到设置的深度，效果如图 7-42 左图所示。

步骤 5 单击"注解"工具栏的"中心线"按钮 ，分别选择剖切面中间通道两侧的直线，创建中心线，如图 7-42 右图所示。

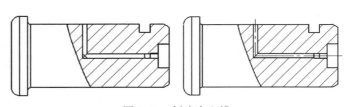

图 7-41　"断开的剖视图"属性管理器　　　　　　图 7-42　创建中心线

步骤 6 单击"注解"工具栏的"智能尺寸"按钮 ，按照与在草图中标注尺寸相同的操作为视图添加如图 7-43 上图所示的标注，再单击"注解"工具栏中的"孔标注" 按钮，单击左侧视图的中间圆孔，添加孔标注，如图 7-43 下图所示。

提示：

图 7-43 上图中的"倒角"标注，可通过单击"注解"工具栏的"智能尺寸"按钮下的"倒角尺寸"按钮来添加，添加时先选择倒角边线，再选择一个相邻边线即可。

步骤 7 右击图纸空白区域，在弹出的快捷菜单中选择"编辑图纸格式"菜单项，为图纸添加名称销轴，然后右击空白区域选择"编辑图纸"命令，回到编辑图纸界面即可完成图纸的绘制，最终效果如图 7-44 所示。

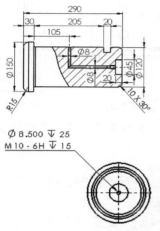

图 7-43　添加尺寸标注

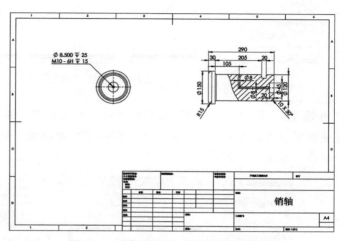

图 7-44　编辑图纸格式和图纸最终效果

● 2. 创建"吊梁"和"总装配体"工程图

步骤 8 新建"工程图"文件，设置图纸大小为"A4（ANSI）横向"，在系统自动打开的"视图效果"属性管理器中单击"浏览"按钮，在弹出的对话框中选择本书提供的素材文件"吊梁装配.SLDASM"。

步骤 9 系统打开"模型视图"属性管理器，在"方向"卷展栏中设置视图方向为"右视"，在"比例"卷展栏中设置视图比例为 1：10，然后在图纸绘制区单击，创建一个标准视图，如图 7-45 所示（视图太长，所以需要用到断裂视图）。

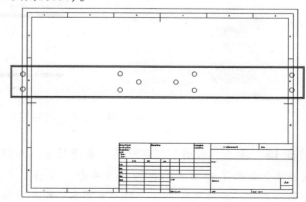

图 7-45　创建一个标准视图

SOLIDWORKS 2023 机械设计完全实例教程

步骤 10 单击"工程图"工具栏中的"断裂视图"按钮，打开"断裂视图"属性管理器，保持系统默认，在"步骤 9"创建的视图中连续单击四次（注意单击的位置，每两次确定一个断裂剪裁区域），创建断裂视图，效果如图 7-46 所示。

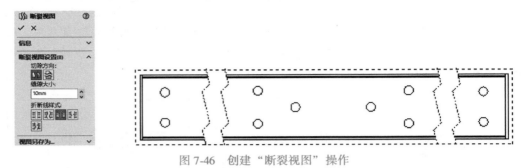

图 7-46 创建"断裂视图"操作

步骤 11 单击"工程图"工具栏中的"剖面视图"按钮，在图 7-47 中图所示位置单击，确定放置剖面线的位置，系统弹出"剖面视图"对话框，如图 7-47 右图所示，保持系统默认设置，单击"确定"按钮。

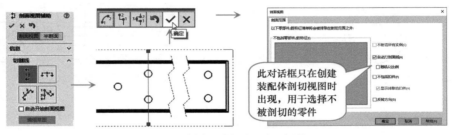

图 7-47 创建"剖面视图"操作 1

步骤 12 系统打开"剖面视图"属性管理器，如图 7-48 左图所示，在"切除线"卷展栏中设置剖切符号和剖切方向，然后向右拖动，并在适当位置单击，创建一个剖面视图，如图 7-48 右图所示。

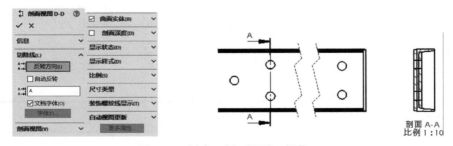

图 7-48 创建"剖面视图"操作 2

步骤 13 单击"注解"工具栏的"智能尺寸"按钮，按照与在草图中标注尺寸相同的操作为视图添加如图 7-49 所示的标注，并单击"注解"工具栏中的"孔标注"按钮，单击视图左下角的圆孔，添加孔标注（并同"步骤 8"操作添加图纸名称）。

步骤 14 单击"注解"工具栏的"自动零件序号"按钮，单击右侧剖面视图，系统自动

为其添加零件序号,然后单击"注解"工具栏的"注释"按钮 **A**,在视图的左下角添加关于零件各组成部分材质的说明性信息即可,如图7-50所示。

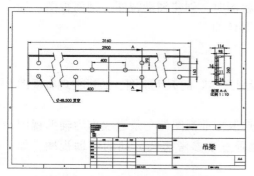

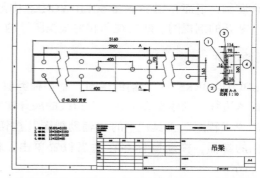

图7-49　为视图添加尺寸标注效果　　　　图7-50　为视图添加零件各组成部分材质的说明性信息后的效果

步骤 15　下面接着创建"总装配体"工程图,同样新建"工程图"文件,设置图纸大小为"A4(ANSI)横向",在系统自动打开的"视图效果"属性管理器中单击"浏览"按钮,在弹出的对话框中选择本书提供的素材文件"钢包吊具总装 .SLDASM"。

步骤 16　系统打开"模型视图"属性管理器,在"比例"卷展栏中设置视图比例为1:35,然后在图纸绘制区单击,再向右侧拖动单击,创建标准视图和投影视图,如图7-51所示。

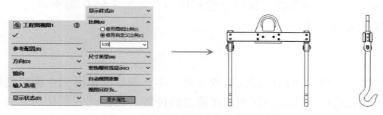

图7-51　创建标准视图和投影视图

步骤 17　同"步骤13"和"步骤14"操作,单击相应按钮,为视图添加尺寸标注,及零件序号,如图7-52所示(可单击"零件序号"按钮 ① 为每个零件单独添加序号)。

步骤 18　最后,单击"注释"按钮 **A**,添加技术要求,并通过添加"注释"和直线,在视图的左下角绘制零件材料表,再通过与"步骤8"相同的操作添加图纸名称,即可完成整个图纸的绘制,效果如图7-53所示。

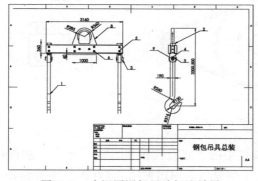

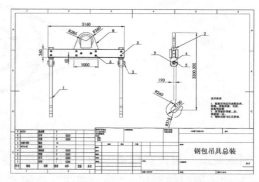

图7-52　为视图添加尺寸标注效果　　　　　图7-53　创建技术要求和零件说明表格

知识点详解

结合实例，下面介绍一下在 SOLIDWORKS 中绘制工程图时，创建辅助视图、剖面视图、局部视图、断开的剖视图、断裂视图和剪裁视图等的方法，具体如下。

● 1. 辅助视图

在 SOLIDWORKS 中，"辅助视图"是一种类似于"投影视图"的派生视图，通过在现有视图中选取参考边线，创建垂直于该参考边线的展开视图。

单击"工程图"工具栏中的"辅助视图"按钮 ，选取标准视图的一条边线作为辅助视图投影方向的参照，拖动鼠标并在适当位置单击，将创建垂直于参考边线方向的辅助视图，如图 7-54 所示。

图 7-54　生成"辅助视图"

在"辅助视图"属性管理器的"选项"卷展栏中（如图 7-54 中图所示），可选择在辅助视图中显示模型某个方向上的注解。

● 2. 剖面视图

在绘制工程图时，一些实体的内部构造较复杂，需要创建剖面视图才能清楚地了解其内部结构。所谓剖面视图就是指用假想的剖切面，在适当的位置对视图进行剖切后，沿指定的方向进行投影，并给剖切到的部分标注剖面符号，由此得到的视图被称为剖面视图。

单击"工程图"工具栏中的"剖面视图"按钮 ，打开"剖面视图辅助"属性管理器，选择一种剖切线方式，然后在零件视图的剖切位置处单击，并单击"确定"按钮，拖动鼠标再在合适位置处单击（此时可在"剖面视图"属性管理器中设置剖面符号等），即可创建通过此剖面线切割的剖面视图，如图 7-55 所示。

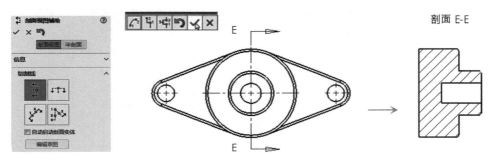

图 7-55　生成"剖面视图"

"剖面视图"属性管理器中的"切割线"卷展栏中的"竖直"按钮 和"水平"按钮 用于创建竖向或横向的剖切，"辅助视图"按钮 用于创建斜向剖切视图，"对齐"按钮 用于创建旋转剖切视图。

其中前三个按钮较易操作，在操作区的某个视图需要剖切的位置单击（或单击两次），确定剖切线的位置，"确定"后拖动单击即可创建剖切视图。而单击"对齐"按钮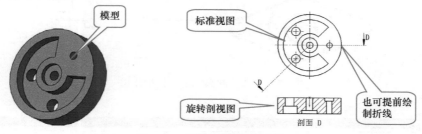后，顺序绘制两条共端点的折线（先绘制共同的端点），可创建旋转剖视图，如图 7-56 所示（旋转剖视图是两条折线剖切面的合并视图）。

图 7-56　创建"旋转剖视图"

此外，在此卷展栏中选中"自动启动剖面实体"复选框，在单击确定了剖切线的位置后，将直接开始创建剖面视图，而不会出现提示可调整视图剖切线的工具栏；如不选中此复选框，可出现工具栏，此时单击此工具栏中的相关按钮，可对剖切线进行调整，如令其弯曲、旋转或呈圆弧形式等（折线位置处的视图将被忽略，而将另外两条直线剖切的位置合并），如图 7-57 所示。

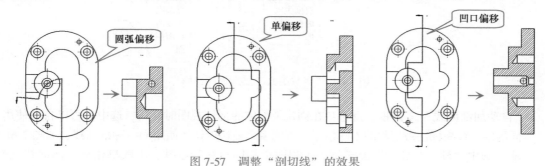

图 7-57　调整"剖切线"的效果

这里再来了解一下"剖面视图 * - *"属性管理器中（如图 7-58 所示）部分选项（主要是"剖面视图"卷展栏中的选项）的作用（未解释的选项，可参考模型视图中的解释）。

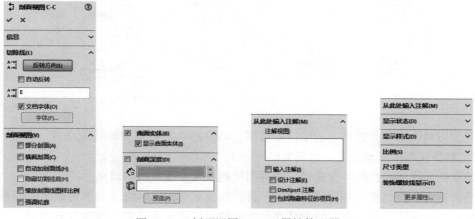

图 7-58　"剖面视图 * - *"属性管理器

➤ "部分剖面"复选框：可首先绘制一条直线（令此直线不完全通过模型），然后选中此直线，再单击"剖面视图"按钮🔁，此复选框将自动被选中，拖动后，单击可创建"部分剖面视图"，如图 7-59 所示。

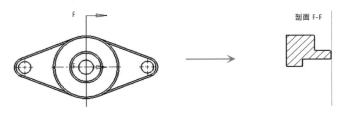

图 7-59 "部分剖面"复选框的作用

提示：

先绘制直线（或相交折线），然后选中直线，再单击"剖面视图"按钮🔁，是另外一种可以创建剖面视图的方式（老版本中使用的方式，新版本中仍然可用）。

➤ "横截剖面"复选框：用于设置只显示剖面线切除的曲面，如图 7-60 所示。

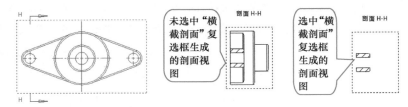

图 7-60 "横截剖面"复选框的作用

➤ "自动加剖面线"复选框：此选项在创建装配体的剖切视图时有用，选中后可以自动使用不同的剖切线来标注被切割的不同模型，否则多个被切割体将使用同一种剖切线，如图 7-61 所示（选中"随机化比例"复选框，工程图中相同材料的零件，将随机化分配剖面线比例，不选中该对话框时，相同材料的零件的剖切线比例相同）。

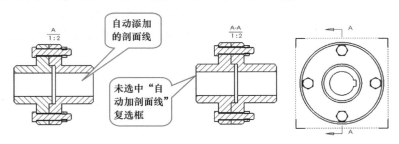

图 7-61 "自动加剖面线"复选框的作用

➤ "隐藏切割线肩"复选框：选中该复选框，将自动隐藏折线切割线的线肩（所谓线肩，是指切割折线两条线的交点，如图 7-62 所示）。
➤ "缩放剖面线图样比例"复选框：将视图比例应用于视图内的填充。
➤ "强调轮廓"复选框：选中该复选框，将粗线显示切割轮廓线（非剖切截面线将不加粗）。
➤ "显示曲面实体"复选框：设置将模型中的曲面实体显示出来，如图 7-63 所示。

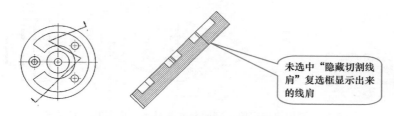

图 7-62 "隐藏切割线肩"复选框的作用

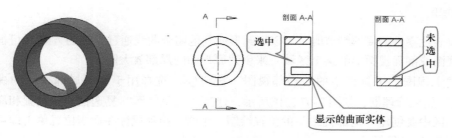

图 7-63 "显示曲面实体"复选框的作用

➢ "剖面视图"属性管理器中的"剖面深度"卷展栏（如图 7-64 所示），主要用于设置剖视图中显示零件的范围，其所设置的剖面深度是指剖切线与剖面基准面之间的距离，在此距离内的零件区域将被显示，不在此距离内的零件区域将不被显示，如图 7-64 和图 7-65所示。

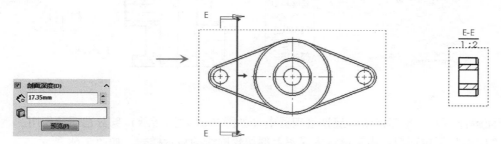

图 7-64 "剖面深度"较小时在剖面视图中只显示模型的一小部分

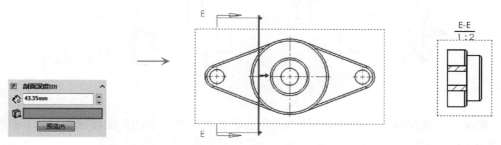

图 7-65 "剖面深度"增大时模型显示区域增加

此卷展栏中的"深度参考"选择框用于定位剖面基准面的参照位置，如图 7-66 所示。单击"预览"按钮可预览此剖面深度下剖面视图的样式。

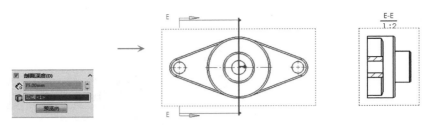

图 7-66　使用边线定位了剖面深度并显示了更多的模型区域

● 3. 局部视图

当需要表达零件的局部细节时，可以用圆形或其他闭合曲线通过框选的方式（可框选标准视图、投影视图或剖面视图等的某个区域）来创建原视图的局部放大图。

单击"工程图"工具栏中的"局部视图"按钮 ⒶＡ，选择用于绘制局部视图的视图，打开"局部视图"属性管理器，如图 7-67 左图所示，选择"完整外形"复选框，并设置相应的绘图比例，在绘图区中要创建"局部视图"的位置绘制一个圆，拖动鼠标在适当位置单击即可创建局部视图，如图 7-67 右图所示。

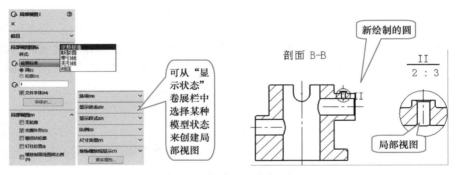

图 7-67　创建"局部视图"

下面解释一下"局部视图"属性管理器中（如图 7-67 左图所示）部分选项的作用。

➢ "样式"下拉列表：用于设置主视图上剖切轮廓线的显示样式，如图 7-68 所示。

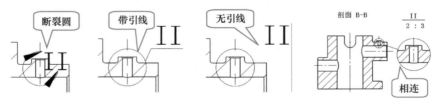

图 7-68　"样式"下拉列表的作用

➢ "轮廓"单选按钮：可使用样条线或其他曲线提前绘制一个闭合的区域作为局部视图的放大范围，如图 7-69 所示。

➢ "完整外形"复选框：选中后将在"局部视图"中显示完整的放大范围，否则只显示必要的放大范围，如图 7-70 所示。

➢ "钉住位置"复选框：选择此复选框后，可在更改视图比例时，将局部视图保留在工程图的相对位置上。

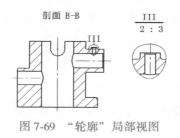
图 7-69 "轮廓"局部视图

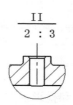
图 7-70 "完整外形"复选框的作用

> "缩放剖面线图样比例"复选框：选择此复选框后，将在局部视图中同时放大显示剖面线，否则将根据视图原剖面线的比例来重新填充剖面线。
> "比例"卷展栏：可以设置局部视图的放大比例。

● 4. 断开的剖视图

"断开的剖视图"为现有视图（如标准视图或投影视图）的一部分，是指用剖切平面局部地剖开模型所得的视图。"断开的剖视图"用剖视的部分表达机件的内部结构，不剖的部分表达机件的外部形状。

单击"工程图"工具栏中的"断开的剖视图"按钮，在视图上需要剖视的部分绘制闭合样条曲线，然后设置剖切深度（或选择要切割到的实体），单击"确定"按钮即可创建"断开的剖视图"，如图 7-71 所示。

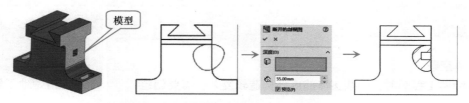
图 7-71 创建工程图的模型和"断开的剖视图"的创建过程

● 5. 断裂视图

当零件很长，在一张图纸上无法对其进行完整表述时，可以创建带有多个边界的压缩视图，这种视图就是"断裂视图"。

单击"工程图"工具栏中的"断裂视图"按钮，然后选择用于创建断裂视图的视图，并设置两条断裂线的放置位置，单击"确定"按钮，即可创建断裂视图，如图 7-72 所示。

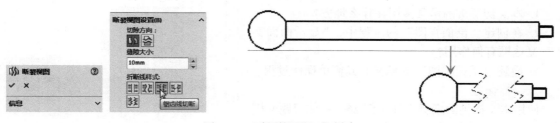
图 7-72 "断裂视图"的创建

● 6. 剪裁视图

可将标准视图和投影视图等进行剪裁，以简化视图的表达，使视图看起来更加清晰明了，而没有多余的部分。

首先使用样条曲线或其他曲线在视图中创建闭合曲线，如图 7-73 左图所示，然后选中此闭合曲线，单击"工程图"工具栏的"剪裁视图"按钮 ，即可完成对视图的裁剪，如图 7-73 右图所示。

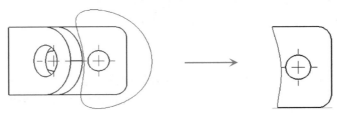

图 7-73 "剪裁视图"的创建

思考与练习

一、填空题

1. 在绘制工程图时，一些实体的内部构造较复杂，需要创建_____才能清楚地了解其内部结构。

2. 在 SOLIDWORKS 中，_____是一种类似于"投影视图"的派生视图，通过在现有视图中选取参考边线，创建垂直于该参考边线的展开视图。

3. 当需要表达零件的局部细节时，可以用圆形或其他闭合曲线通过框选的方式（可框选标准视图、投影视图或剖面视图等的某个区域）来创建原视图的_____。

4. _____为现有视图（如标准视图或投影视图）的一部分，是指用剖切平面局部地剖开模型所得的视图。

二、问答题

1. 本实例所讲的吊具多用在什么地方？

2. 在创建"剖面视图"的过程中，"显示曲面实体"复选框有何作用？

3. 简述"裁剪视图"的意义和其简单操作过程。

三、操作题

使用本文提供的素材文件实例 26——练习题\模型 .SLDPRT，创建如图 7-74 所示的工程图。

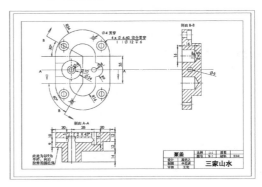

图 7-74 需创建的"工程图"

实例 27　自定心卡盘设计

卡盘是机床中的常用附件，是利用均布在卡盘体上活动卡爪的径向移动，将工件夹紧以进行定位加工的机构，如图 7-75 所示为机床中的自定心卡盘。

自定心卡盘的驱动原理与其"副齿"的结构有很大关系，如图 7-76 所示，在副齿的下面，有碟形齿轮与小锥齿轮的螺纹相啮合，当用扳手通过四方孔转动小锥齿轮时，碟形齿轮转动，再通过顶部平面螺纹带动三个卡爪向中心靠近或退出，即可夹紧不同直径的工作件。

图 7-75　"自定心卡盘"实物图

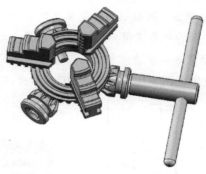

图 7-76　"自定心卡盘"的主要结构

本实例将讲解，使用 SOLIDWORKS 设计自定心卡盘工程图的操作，如图 7-77 所示为自定心卡盘的零件装配图。在设计的过程中将主要用到 SOLIDWORKS 中，编辑视图边线、更新视图、移动视图、对齐视图、旋转视图和隐藏/显示视图等操作。

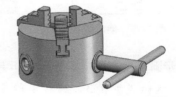

图 7-77　自定心卡盘的零件装配图

视频文件：配套\\视频\Unit7\实例 27. mp4
结果文件：配套\\案例\Unit7\实例 27——三爪卡盘\外壳 . SLDDRW

主要流程

本节主要设计自定心卡盘中结构较为复杂的外壳的工程图，如图 7-78 所示。在设计的过程中，将首先创建外壳的几个主要视图，然后创建特殊位置的剖面视图和旋转剖视图，再对视图添加新颖的标注和技术要求即可。

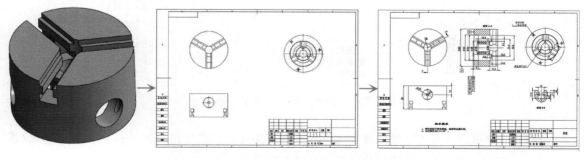

图 7-78　设计"自定心卡盘"壳体工程图的主要操作过程

自定心卡盘的壳体通常为铸铁加工而成（也有采用不锈钢或铸钢加工的），三个爪和副齿多为淬硬的调制钢或合金钢，如 40Cr、45CrMo、钛合金、20CrMnTi 等。在加工过程中应注意零件的精度，卡盘的精度直接影响使用自定心卡盘加工零件时所能达到的精度。

实施步骤

步骤 1 新建"工程图"文件，设置图纸大小为"A3（GB）"，在系统自动打开的"视图效果"属性管理器中单击"浏览"按钮，在弹出的对话框中选择本书提供的素材文件"外壳.SLDPRT"。

步骤 2 图纸比例保持系统默认设置，图纸方向设置为"右视"，在图纸绘制区中单击，创建此方向的标准视图，如图 7-79 所示。

步骤 3 单击"视图"工具栏中的"旋转视图"按钮 ⟳，在打开的"旋转工程视图"对话框中设置视图旋转的角度为 90°，单击"应用"按钮旋转视图，如图 7-80 所示。

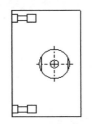
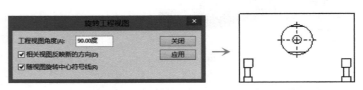

图 7-79 创建模型视图　　　　　图 7-80 "旋转工程视图"对话框和视图旋转效果

步骤 4 单击"工程图"工具栏中的"投影视图"按钮 🕮，选择"步骤 3"旋转了的标准视图，向上拖动并单击，创建一个投影视图，然后向下拖动，再按住【Ctrl】键拖动，在右侧单击创建此方向上的投影视图，如图 7-81 所示。

步骤 5 首先单击"直线"按钮，在如图 7-82 所示的位置绘制两条共端点的直线，然后选中这两条直线，单击"剖面视图"按钮 ⇄，向右侧拖动，绘制旋转剖视图（如剖切方向有误，可在左侧"剖面视图"卷展栏中进行调整），如图 7-82 右图所示。

图 7-81 创建投影视图效果

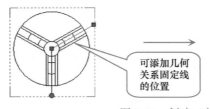
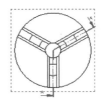

可添加几何关系固定线的位置

图 7-82 创建"旋转剖视图"操作

步骤 6 单击"步骤 5"创建的剖视图内部的某些边线，在弹出的工具栏中单击"隐藏/显示边线"按钮 🎇，将几个杂乱的边线隐藏，如图 7-83 所示。

图 7-83　隐藏视图边线操作

步骤 7　在如图 7-84 左图所示的视图中绘制直线（定义相切几何关系），然后单击"剖面视图"按钮🔁，在"剖面视图"属性管理器中选中"部分剖面"复选框，然后按住【Ctrl】键拖动，在适当位置单击创建局部剖切视图，如图 7-84 所示（注意调整视图方向）。

图 7-84　创建局部剖切视图操作

步骤 8　选择局部剖切视图上侧的一个长的边线，然后选择"工具"＞"对齐工程图视图"＞"竖直边线"菜单，将视图方向调正，如图 7-85 所示。

步骤 9　单击"样条曲线"按钮，绘制一条闭合的样条曲线，如图 7-86 左图所示，然后单击"剪裁视图"按钮，将视图剪裁为如图 7-86 右图所示的样式。

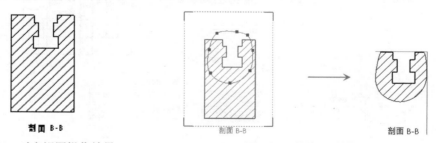

图 7-85　对齐视图操作效果　　　　　　　图 7-86　剪裁视图操作

步骤 10　同前面实例中的操作，单击"注解"工具栏的"智能尺寸"按钮、"孔"按钮和"中心线"按钮等，为视图添加相应的标注，效果如图 7-87 所示。

步骤 11　单击"注解"工具栏中的"基准特征"按钮🅰，设置基准标号分别为 A 和 D，并在如图 7-88 所示的位置分别单击，添加参考基准。

步骤 12　单击"注解"工具栏中的"形位公差"按钮，先在要添加"形位公差"的位置处单击，确定引线的指向位置，然后再次在空白处单击，打开多个"公差"窗口，如图 7-89 所示，输入公差数据；再单击所添加公差下侧的加号，在弹出的快捷菜单中，选择"新建框架"菜单项，如图 7-89 所示，通过相同操作窗口，设置另外一个公差值即可，如图 7-89 右图所示。

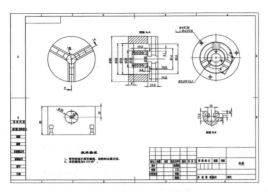

图 7-87 添加尺寸标注效果

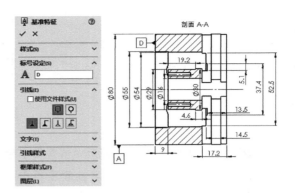

图 7-88 添加基准特征操作

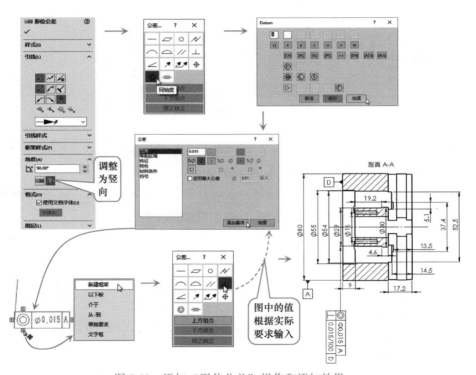

图 7-89 添加"形位公差"操作和添加效果

知识点详解

结合实例，下面介绍一下在 SOLIDWORKS 中绘制工程图时，编辑视图边线、更新视图、移动视图、对齐视图、旋转视图和隐藏/显示视图等操作的技巧，具体如下。

1. 编辑视图边线

新创建的视图，其边线并不一定符合设计的要求，如有些边线可能妨碍对模型的描述，此时可以右击需要隐藏的边线，选择"隐藏/显示边线"按钮将其隐藏，如图 7-90 所示。

图 7-90　隐藏边线的操作

提示：

　　右击视图单击"隐藏/显示边线"按钮，打开"隐藏/显示边线"对话框，然后取消被隐藏边线的选中状态，单击"确定"按钮，可将隐藏的边线显示出来。

　　另外当设置工程图的"显示样式"为"隐藏线可见" 时，模型默认显示切边的边线，此时可以右击视图选择"切边">"切边不可见"菜单，将切边隐藏，如图 7-91 所示（选择其他菜单项，可以不同方式显示切边或隐藏端点）。

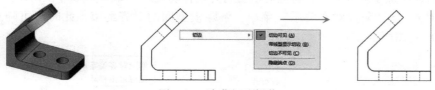

图 7-91　隐藏切边操作

　　右击视图选择"零部件线型"菜单，打开"零部件线型"对话框，可在此对话框中设置工程图各部分的线型（如图 7-92 所示）。此外在左侧模型树中，右击草绘图形，选择"显示"菜单也可将草绘图形在当前视图中显示出来，如图 7-93 所示。

图 7-92　"零部件线型"对话框

图 7-93　显示草图操作

● 2. 更新视图

模型被修改后，工程图需要随之更新，否则会输出错误的工程图。可以设置视图"自动更新"，也可以手动更新视图。

右击左侧模型树顶部的工程图图标，在弹出的快捷菜单中选择"自动更新视图"菜单项（如图 7-94 所示），可设置工程图根据模型变化自动更新。

选择"编辑" > "重建模型"菜单，或单击"标准"工具栏中的"重建模型"按钮 **8** ，可手工更新视图。

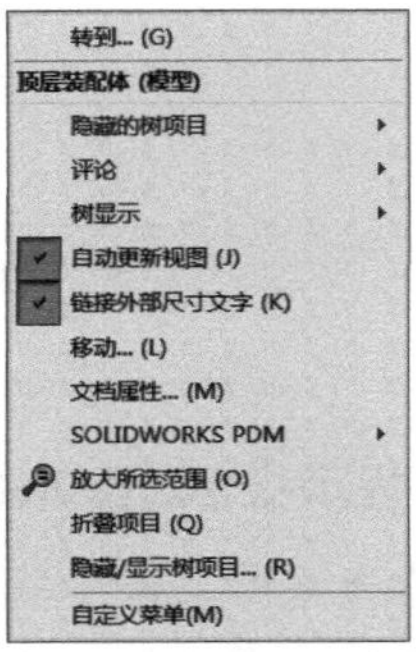

图 7-94　右击工程图
图标出现的菜单

● 3. 移动视图

可以直接在绘图区中将鼠标移至一个视图边界上，按住鼠标左键拖动来移动视图。在移动过程中如系统自动添加了对齐关系，将只能沿着对齐线移动视图，如图 7-95 左图所示。可右击视图选择"视图对齐" > "解除对齐关系"菜单，解除模型间的对齐约束，此时即可随意移动模型了，如图 7-95 右图所示。

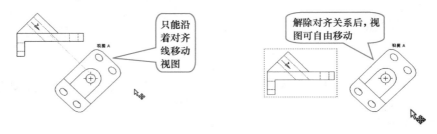

图 7-95　"移动视图"操作

右击左侧模型树顶部的工程图图标，在弹出的快捷菜单中选择"移动"菜单项，打开"移动工程图"对话框，如图 7-96 所示，然后输入工程图在 X 方向和 Y 方向上的移动距离，单击"应用"按钮，可整体移动工程图。

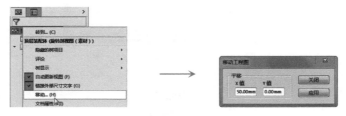

图 7-96　整体"移动工程图"操作

● 4. 对齐视图

可选择"工具" > "对齐工程图视图"菜单下的菜单项来对齐视图。如选择"水平对齐另一视图"菜单项，可将两个视图水平对齐，如图 7-97 所示。

如选择"水平边线"或"竖直边线"菜单项，可令视图以自身的某条边线为基准，进行水平对齐或竖直对齐，如图 7-98 所示。

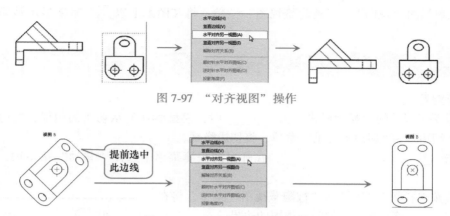

图 7-97 "对齐视图"操作

图 7-98 "水平边线"对齐操作

另外选择"解除对齐关系"菜单项可解除设置的对齐关系，选择"默认对齐关系"菜单项可恢复视图的默认对齐关系。

● 5. 旋转视图

可单击"视图"工具栏中的"旋转视图"按钮 ，或右击工程图后选择"缩放/平移/旋转" > "旋转视图"菜单，打开"旋转工程视图"对话框，设置好视图旋转的角度，单击"应用"按钮旋转视图，如图 7-99 所示。

在"旋转工程视图"对话框中，选择"相关视图反映新的方向"复选框可令与此视图相关的视图（如"投影视图"）同时更新；选择"随视图旋转中心符号线"复选框，将在旋转视图的同时，旋转中心符号线，否则不旋转中心符号线，如图 7-100 所示。

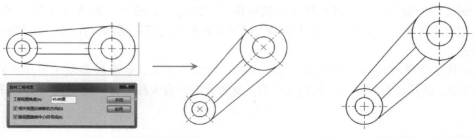

图 7-99 旋转视图操作　　　　　图7-100 不旋转中心符号线操作

知识库：

右击视图，然后选择快捷菜单中的"视图对齐" > "默认旋转"菜单项，可恢复视图旋转前的状态。

● 6. 隐藏/显示视图

工程图视图建立后，可以隐藏一个或多个视图，也可以将隐藏的视图显示。右击需要被隐藏的视图，在弹出的快捷菜单中选择"隐藏"菜单项，则可以隐藏所选视图；右击视图，然后在弹出的快捷菜单中选择"显示"菜单项，则可恢复视图的显示。

选择菜单栏的"视图">"被隐藏视图"菜单，将在图纸上以⊠符号来显示被隐藏视图的边界。

思考与练习

一、填空题

1. 当设置工程图的"显示样式"为_____时，模型默认显示切边的边线，此时可以右击视图选择"切边">"切边不可见"菜单，将切边隐藏。

2. 右击_____，在弹出的快捷菜单中选择"移动"菜单项，可整体移动工程图。

3. 选择菜单栏的"视图">"被隐藏视图"菜单，将在图纸上以_____符号来显示被隐藏视图的边界。

二、问答题

1. 应如何隐藏视图边线？试简述其操作。

2. 应如何设置工程图自动更新？试简述其操作。

3. 简述"旋转视图"的操作过程。

三、操作题

使用本文提供的素材文件"实例 27——练习题 \ 凸缘联轴器 \ 装配 . SLDASM"，创建如图 7-101 所示的工程图。

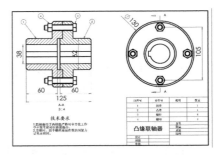

图 7-101　需创建的"工程图"

实例 28　旋锁设计

"旋锁"从字面意思，可以理解为旋转即可锁定的装置，多用于吊具中，用于在吊装重物时，自动实现钳口的开合。

本实例设计的旋锁为钢坯吊夹具（也被称作"方坯夹"）的一个配件（如图 7-102 所示），也被称为钳口开闭器，不需要任何动力驱动，即可实现吊装时锁定货物，并在放下货物后自动解除锁定状态。

钳口开闭器之所以具有这种功能，与旋锁的特殊结构有关，其原理类似于按压形式的圆珠笔，如图 7-103 所示，每触碰一次货物或地面，旋锁前端的扁头都会自动旋转90°，从而控制吊具不断开合。

图 7-102　"旋锁"在吊具中的使用

图 7-103　本实例要设计的"旋转"和其剖视图

本实例将讲解，使用 SOLIDWORKS 设计如图 7-103 所示的旋锁相关工程图的操作。在设计的过程中将主要讲解 SOLIDWORKS 中为工程图添加标注的相关操作，如添加尺寸标注、尺寸公差、形位公差、孔标注等的操作技巧。

> 视频文件：配套\\视频\\Unit7\\实例 28. mp4
> 结果文件：配套\\案例\\Unit7\\实例 28——旋锁\\旋锁装配体 . SLDDRW

提示：

需要注意的是，在集装箱吊具中不会使用此种旋锁（如同时有四个此类旋锁用于卡住集装箱的四个角，不难想象难以保持其开合状态一致，所以也无法保证其安全性），而使用液压驱动，其原理与杠杆类似，通过液压推动旋锁转动。

主要流程

本节主要创建旋锁的壳体、旋轴和总装配体的工程图，如图 7-104 所示。在创建壳体的过程中应注意孔标注、尺寸公差、表面粗糙度和焊接符号的添加技巧，在创建总装配体工程图时，应注意表格的使用技巧。

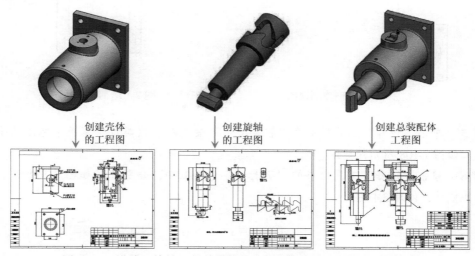

创建壳体
的工程图

创建旋轴
的工程图

创建总装配体
工程图

图 7-104 设计"旋锁"相关零件和总装配体工程图的主要操作过程

此种旋锁的壳体可由多个零件焊合而成，材料可用普通碳素结构钢；旋轴用钢应牢固、耐磨，可选用 45#钢、40Cr、42CrMo、35CrMo 等；旋轴螺旋线部分的加工较为复杂，需要专门的工装，有经验的操作人员也可以用铣床结合分度头来实现。

实施步骤

下面看一下，在 SOLIDWORKS 中创建旋锁工程图的详细操作步骤，在创建的过程中，应注意掌握尺寸标注、尺寸公差和形位公差等的标注方法。

● 1. 创建"壳体"工程图

步骤 1 新建"工程图"文件，设置图纸大小为"A3（GB）"，在系统自动打开的"视图效果"属性管理器中单击"浏览"按钮，在弹出的对话框中选择本书提供的素材文件"旋锁壳体.SLDPRT"。

步骤 2 图纸比例保持系统默认设置，图纸方向设置为"上视"，在图纸绘制区中单击，创建标准视图，然后向下拖动创建一个投影视图，如图 7-105 所示。

步骤 3 如图 7-106 所示，在"上视"标准视图中绘制直线，并单击"剖面视图"按钮创建此剖切线的剖视图。

步骤 4 单击"注释"工具栏中的"中心线"按钮 ，在"步骤3"创建的剖视图中，连续选择多组对称的边线，创建其中心线，如图 7-107 所示。

图 7-105 创建标准视图

图 7-106 创建剖视图　　　　　　图 7-107 添加中心线

步骤 5 单击"注释"工具栏中的"智能尺寸"按钮 ，以类似于草图中标注尺寸的方式为视图添加如图 7-108 所示的标注。

步骤 6 单击"注释"工具栏中的"孔标注"按钮 ⊔∅，分别选择如图 7-109 所示位置的孔，并向外拖动，创建孔标注。

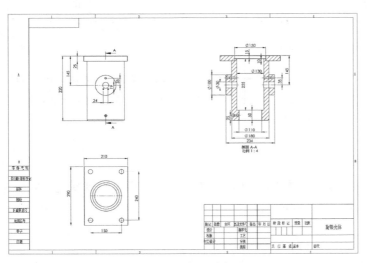

图 7-108 添加尺寸标注

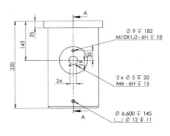

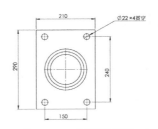

图 7-109 创建孔标注

步骤 7 单击"注释"工具栏中的"表面粗糙度符号"按钮√，在打开的"表面粗糙度"属性管理器中设置最大粗糙度 12.5，单击剖视图上表面，标注粗糙度，如图 7-110 所示。

步骤 8 通过与"步骤 7"相同的操作，在图 7-111 所示位置为工程图标注其他需要标注的表面粗糙度。

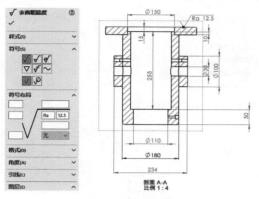

图 7-110 添加粗糙度标注

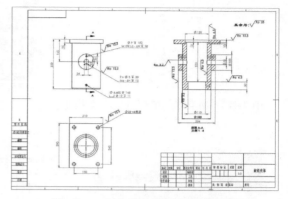

图 7-111 添加所有其他粗糙度标注

步骤 9 单击"注释"工具栏中的"焊接符号"按钮，打开"属性"对话框，设置焊缝大小为 8，并选中"全周"复选框，单击"焊接符号"按钮，打开下拉列表，设置焊接类型为"填角焊接"，单击剖视图内部角位置，添加焊接标注，如图 7-112 所示。

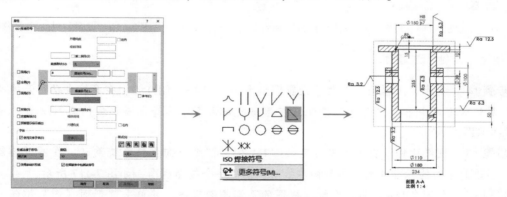

图 7-112 添加焊接符号标注

步骤 10 同"步骤 9"操作，设置焊脚大小和焊接位置，为视图标注其他焊接符号，如图 7-113 所示（也可进行连续标注）。

步骤 11 选中剖视图顶部的尺寸标注，在左侧显示的"尺寸"属性管理器中设置"公差/精度"为"与公差套合"，再按图示设置参数，效果如图 7-114 所示。

步骤 12 选择剖视图左侧孔的直径标注，在打开的"尺寸"属性管理器中同样设置"公差/精度"为"与公差套合"，但是此次只选用"孔套合"并设置套合的公差值，效果如图 7-115 所示。

步骤 13 通过与"步骤 12"相同的操作，为壳体底部孔设置"孔套合"的公差值，如图 7-116 所示，完成工程图的创建。

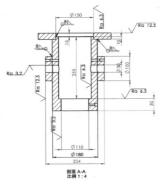

图 7-113　所有添加的焊接标注效果

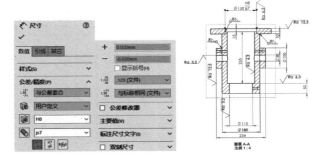

图 7-114　设置参数和效果

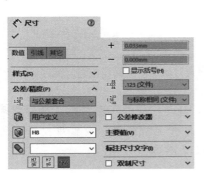

图 7-115　设置单独的孔套合精度和效果

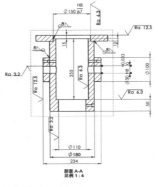

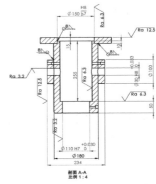

图 7-116　设置另外一个公差精度

● 2. 创建"旋轴"工程图

步骤 14　新建"工程图"文件，设置图纸大小为"A3（GB）"，在系统自动打开的"视图效果"属性管理器中单击"浏览"按钮，在弹出的对话框中选择本书提供的素材文件"旋锁旋轴 . SLDPRT"。

步骤 15　图纸比例设置为用户自定义"1：3"，图纸方向保持系统默认，在图纸绘制区中单击，创建此方向的标准视图，然后向右拖动，创建一个投影视图，如图 7-117 所示。

步骤 16　如图 7-118 所示，在标准视图的下端绘制直线，并单击"剖面视图"按钮，按住【Ctrl】键拖动，创建剖面视图。

步骤 17　选中剖面视图，在左侧出现的"剖面视图"属性管理器中设置显示样式为"隐藏线可见"，并右击竖向的虚线，选择"隐藏"菜单项将其隐藏，如图 7-119 所示。

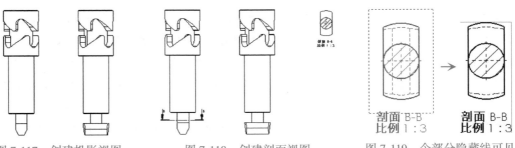

图 7-117　创建投影视图　　　图 7-118　创建剖面视图　　　图 7-119　令部分隐藏线可见

步骤 18 单击"工程图"工具栏中的"模型视图"按钮🖼，选择素材文件"旋锁旋轴.SLDPRT"，创建一个自定义比例 1∶3、"右视"的基准视图，如图 7-120 所示。

步骤 19 如图 7-121 左图所示，在左侧模型树中，展开刚创建的工程图的特征列表，右击"包覆"特征下的草绘特征，在弹出的快捷菜单中选择"显示"菜单项，将此草绘图形显示在标准视图中，如图 7-121 右图所示。

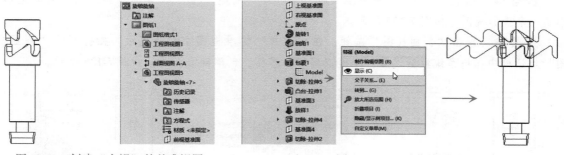

图 7-120 创建"右视"的基准视图 　　　　　　　　图 7-121 显示草绘图形

步骤 20 单击"步骤 19"操作后的视图，在弹出的快捷工具栏中单击"隐藏/显示边线"按钮，打开"隐藏/显示边线"属性管理器，框选此视图中的所有边线，单击"确定"按钮，将所有边线隐藏，如图 7-122 所示。

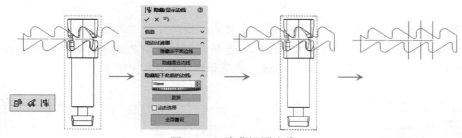

图 7-122 隐藏视图边线

步骤 21 单击"注释"工具栏中的"智能尺寸"按钮✦和"注释"按钮等，为视图添加尺寸标注、备注和图纸名称，效果如图 7-123 所示。

步骤 22 同"步骤 7"，单击"注释"工具栏中的"表面粗糙度符号"按钮√，为视图标注正确的粗糙度符号即可，效果如图 7-124 所示。

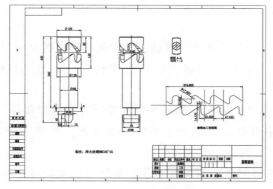

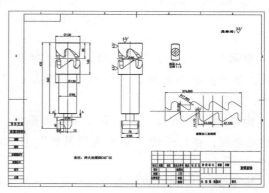

图 7-123 添加尺寸标注 　　　　　　　　图 7-124 标注正确的表面粗糙度符号

● 3. 创建"装配体"工程图

步骤 23　新建"工程图"文件，设置图纸大小为"A3（GB）"，在系统自动打开的"视图效果"属性管理器中单击"浏览"按钮，在弹出的对话框中选择本书提供的素材文件"旋锁装配体 .SLDASM"。

步骤 24　图纸比例设置为用户自定义"1∶3"，创建"上视"标准视图，然后向右拖动，创建一个投影视图，如图 7-125 所示。

步骤 25　单击"剖面视图"按钮，在"上视"标准视图中绘制直线，在打开的"剖面视图"对话框中保持系统默认设置，单击"确定"按钮，创建剖面视图，如图 7-126 所示。

图 7-125　创建投影视图　　　　　　　　　图 7-126　创建剖面视图

步骤 26　右击剖面视图，选择"属性"快捷菜单项，打开"工程视图属性"对话框，切换到"剖面范围"选项卡，如图 7-127 左图所示，选择剖面视图中的旋锁旋轴、销轴、油杯和内六角螺钉为不剖切的对象，单击"确定"按钮，效果如图 7-127 右图所示。

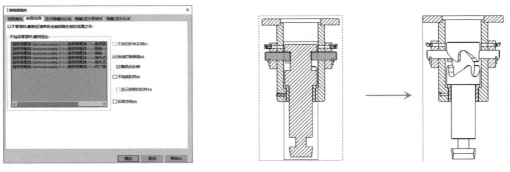

图 7-127　设置剖视图中不被剖切的对象

步骤 27　执行与"步骤 25"相同的操作，单击"剖面视图"按钮，在右侧投影视图中绘制直线，并在弹出的对话框中保持系统默认，单击"确定"按钮，创建剖面视图，如图 7-128 所示。

步骤 28　执行与"步骤 26"相同的操作，右击"步骤 27"创建的剖面视图，选择"属性"快捷菜单项，在打开的"工程视图属性"对话框中设置旋锁旋轴为不剖切的对象，如图 7-129 所示。

步骤 29　分别右击标准视图和投影视图，选择"隐藏"快捷菜单项，在弹出的对话框中单击"否"按钮，将这两个视图隐藏，如图 7-130 所示。

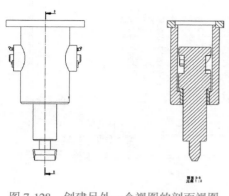

图 7-128　创建另外一个视图的剖面视图

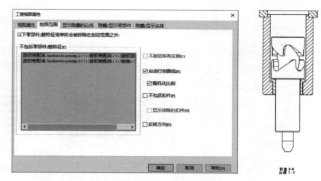

图 7-129　设置旋锁旋轴为不剖切的对象

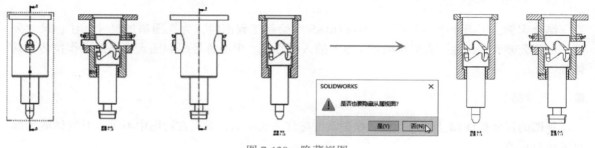

图 7-130　隐藏视图

步骤 30　将两个剖面视图移动到合适位置，单击"注释"工具栏中的"智能尺寸"按钮 和"注释"按钮等，为视图添加尺寸标注、备注和图纸名称等，如图 7-131 所示。

步骤 31　单击"注释"工具栏中的"零件序号"按钮，选择旋锁的各组成部分，为其标注序号，如图 7-132 所示。

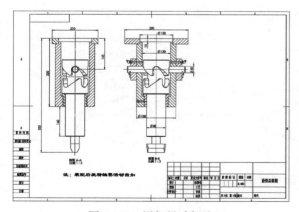

图 7-131　添加尺寸标注

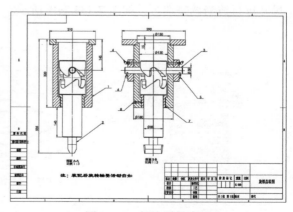

图 7-132　标注零件序号

步骤 32　单击"注释"工具栏中的"一般表格"按钮，在工程图中插入一个 5 列、9 行的表格，并为其添加适当的数据即可（注意与模型标号相对应），如图 7-133 所示。

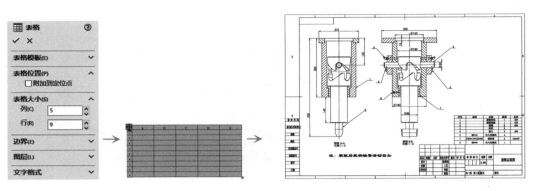

图 7-133　插入表格

知识点详解

结合实例，下面介绍一下在 SOLIDWORKS 中绘制工程图时，为视图添加尺寸标注、尺寸公差、形位公差、孔标注、表面粗糙度，以及插入中心线、中心符号线和插入表格的操作技巧，具体如下。

● 1. 尺寸标注

视图的尺寸标注和"草图"模式中的尺寸标注方法类似，只是在视图中不可以对物体的实际尺寸进行更改。

在视图中，既可以由系统根据已有约束自动地标注尺寸，也可以由用户根据需要手动标注尺寸。

单击"注解"工具栏的"模型项目"按钮 或选择"插入">"模型项目"菜单，打开"模型项目"属性管理器，如图 7-134 左图所示，将来源设置为"整个模型"，并选中"为工程图标注"按钮 ，单击"确定"按钮即可自动标注尺寸，如图 7-134 中图所示，然后对自动标注的尺寸进行适当调整即可，如图 7-134 右图所示。

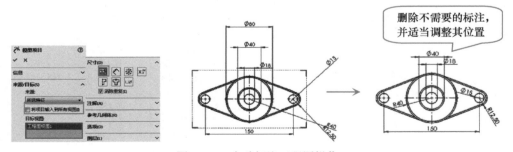

图 7-134　自动标注工程图操作

提示：

通过"模型项目"属性管理器的其他选项，可以为视图自动添加注解、参考几何体和孔标注等，此处不再详细叙述。

单击"注解"工具栏"智能尺寸"下拉列表中的相应按钮，可以手动为模型标注尺寸，其中"智能尺寸"按钮 较常用，可以完成竖直、平行、弧度、直径等尺寸标注，如图 7-135 所示（其使用方法可参考前面"草图"模式的尺寸标注）。

图 7-135　手动标注工程图操作

● 2. 尺寸公差

模型加工后的尺寸值不可能精确得与理论数值完全相等，通常允许在一定的范围内浮动，这个浮动的值即是所谓的尺寸公差。

选择一个尺寸标注，在右侧将显示"尺寸"属性管理器，如图 7-136 左图所示，在此管理器的"公差/精度"卷展栏的"公差类型"下拉列表中选择一个公差类型，如选择"双边"项，然后设置"最大变量"和"最小变量"的值（即设置模型此处的上下可变化范围），单击"确定"按钮即可设置尺寸公差，如图 7-136 右图所示。

图 7-136　自动标注工程图操作

下面解释一下"尺寸"属性管理器中各个卷展栏的作用。

➤ "样式"卷展栏：用于定义尺寸样式并进行管理，如单击 按钮可将默认属性应用到所选尺寸，单击 按钮可添加和更新常用类型的尺寸，单击 按钮可删除常用类型的尺寸。

➤ "公差/精度"卷展栏：可选择设置多种公差或精度样式来标注视图。

> **知识库：**
>
> "公差/精度"卷展栏中的"基本"到"最大"公差方式较易理解；"套合""与公差套合"与"套合（仅对公差）"三个选项用于设置孔和轴的套合关系。可设置三种套合类型：间隙、过渡和过盈，在设置"间隙"时，孔公差带大于轴公差带，在设置"过渡"时，孔公差带与轴公差带相互重叠，在设置"过盈"时，孔公差带小于等于轴公差带（详细内容可参考机械制图方面的专业书籍）。

➤ "主要值"卷展栏：用于覆写尺寸值（如图 7-137 所示），如可选中"覆盖数值"复选框，然后输入"尺寸未定"或其他值。

➤ "双制尺寸"卷展栏：设置使用两种尺寸单位（如毫米和英寸）来标注同一对象，可选择"工具">"选项"菜单，在打开的对话框中选择"文件属性"选项卡下的"单位"列表项来指定双制尺寸所使用的单位类型。

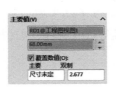  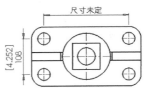

图 7-137　覆写尺寸值和双制尺寸

● 3. 形位公差

　　形位公差包括形状公差和位置公差，机械加工后，零件的实际形状或相互位置与理想几何体规定的形状或相互位置不可避免地存在差异，形状上的差异就是形状误差，而相互位置的差异就是位置误差，这类误差影响机械产品的功能，设计时应规定相应的公差并按规定的符号标注在图样上，即标注所谓的形位公差。

　　单击"注解"工具栏的"形位公差"按钮 ，打开"形位公差"属性管理器，如图 7-138 左图所示，在"引线"卷展栏中选择公差的引线样式，在操作区视图左侧竖直边线单击，再拖动鼠标设置"形位公差"的放置位置，打开"公差…"对话框（如图 7-138 右图所示）。在"公差…"对话框中选择公差符号（如"垂直"），打开"公差"对话框，选中"范围"列表项，并在右侧文本框中输入公差值，如图 7-139 所示。

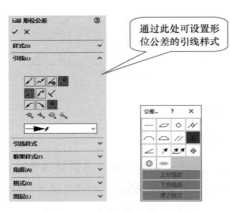

通过此处可设置形位公差的引线样式

图 7-138　标注形位公差操作

通过这里的公差项，可以对更多公差选项进行设置

图 7-139　"公差"对话框

　　再单击"添加基准"按钮，打开"Datum"对话框（即"基准"对话框），如图 7-140 所示，在左上角第一个文本框中输入"A"（表示与右侧的 A 基准垂直），然后单击"完成"按钮，即可完成形位公差的创建操作，如图 7-141 所示。

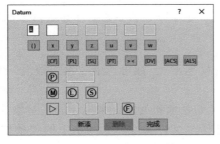

图 7-140　"Datum"对话框

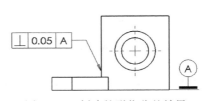

图 7-141　创建的形位公差效果

"形位公差"创建完成后，双击该公差，可对公差进行调整（如图 7-142 所示）。其中双击每个单项，可弹出相应的对话框，如单击"公差符号"将弹出"公差…"对话框，通过该对话框，可以设置公差的基本特性；单击"公差值"可弹出"公差"对话框，通过该对话框，可以设置公差的值；单击"公差基准"可弹出"Datum"对话框，通过该对话框可对公差对应的基准进行更改。

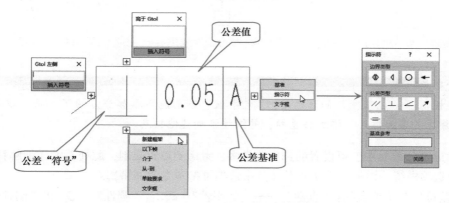

图 7-142　对"形位公差"的编辑操作

此外，在调整"形位公差"时，会发现在已添加的公差上下左右四个方向，都有一个加号（如图 7-142 所示），通过单击这些加号，可以为"形位公差"添加更多的信息。

其中通过单击左侧和上部的加号，可以为"形位公差"添加一些说明性的信息（类似于文本框）；通过单击右侧的加号，在弹出的快捷菜单中选择"基准"菜单，可以为此"形位公差"添加更多的公差基准；选择"指示符"菜单，可以打开"指示符"对话框，通过该对话框，可以为公差添加"指示符"，即如图 7-143 所示的 b 部分。

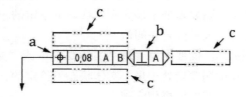

图 7-143　ISO 1101-2017 新版"形位公差"的结构

知识库：

"指示符"是在 ISO 1101-2017 版本里新加入的内容，如图 7-143 中的 b 部分所示，目的主要是为了能够更好地说明公差带的方向。此外，a 部分是 ISO 1101 版中"形位公差"标注部分，c 部分可以添加更多公差和说明信息等。

单击图 7-142 下部的加号，选择"新建框架"菜单项，可以为当前位置再添加一个公差，如图 7-144 所示；选择"以下帧"（用"帧以下"更加贴切）菜单项，可以在当前公差帧下部添加说明信息；选择"介于"菜单项，用于指定公差值的范围，在两个点或两个实体之间，如图 7-145 所示；选择"从-到"菜单项，用于指定公差值的范围，在点到点，或点到实体之间，如图 7-146 所示；选择"单独要求"菜单项，添加"单独要求"文字，当多个被测要素相对同一个基准时，表示每个公差单独要求；选择"文字框"菜单项，用于在下部添加文字说明信息。

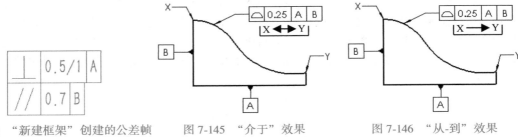

图 7-144　"新建框架"创建的公差帧　　　图 7-145　"介于"效果　　　图 7-146　"从-到"效果

提示：

　　"文字框"和"以下帧"的区别是，"文字框"下不能再添加公差帧了，而"以下帧"下可以继续通过"添加框架"添加公差帧，并继续添加其他信息。

　　由于"形位公差"中，可设置的选项非常多，考虑到篇幅限制，此处不做详细解释，而只对其中的部分选项做统一讲解，具体如下（其余选项可参考专业书籍）。

➤ "公差符号"主要包括："直性" ⎯ 、"平性" ⟋⟋ 、"圆性" ○ 和"圆柱性" ⌀/ 形状公差符号，可插入"直线轮廓" ⌒ 和"曲面轮廓" ⌓ 形状和位置公差符号，可插入"平行" ⟋⟋ 、"垂直" ⊥ 、"尖角性" ∠ 、"环向跳动" ↗ 、"全跳动" ↗↗ 、"定位" ⊕ 、"同心" ◎ 和"对称" ═| 。

➤ "直径"按钮 ⌀ ：当公差带为圆形或圆柱形时，可在公差值前添加此标志，如可添加此种形式的形位公差——⊥ ⌀ 0.05 A 。

➤ "球直径"按钮 S⌀ ：当公差带为球形时，可在公差值前添加此标志。

➤ "最大材质条件"按钮 Ⓜ ：也被称为"最大实体要求"或"最大实体原则"，用于指出当前标注的形位公差是在被测要素处于最大实体状态下给定的，当被测要素的实际尺寸小于最大实体尺寸时，允许增大形位公差的值。

➤ "最小材质条件"按钮 Ⓛ ：也被称为"最小实体要求"或"最小实体原则"，用于指出当前标注的形位公差是在被测要素处于最小实体状态下给定的，当被测要素的实际尺寸大于最小实体尺寸时，形位公差的值将相应减少。

➤ "无论大小如何"按钮 Ⓢ ：不同于"最大材质条件"和"最小材质条件"，用于表示无论被测要素处于何种尺寸状态，形位公差的值不变。

➤ "相切基准面"按钮 Ⓣ ：在公差范围内，被测要素与基准相切。

➤ "自由状态"按钮 Ⓕ ：适用于在成型过程中，对加工硬化和热处理条件无特殊要求的产品，表示对该状态产品的力学性能不做规定。

➤ "统计"按钮 ⓢⓣ ：用于说明此处公差值为"统计公差"，用"统计公差"既能获得较好的经济性，又能保证产品的质量，是一种较为先进的公差方式。

➤ "投影公差"按钮 Ⓟ ：除指定位置公差外，还可以指定投影公差，使公差更加明确。如图 7-147 所示，可使用投影公差控制嵌入零件的垂直公差带（选择 P 按钮后，可在右

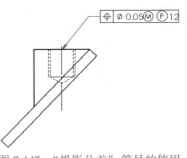

图 7-147　"投影公差"符号的使用

侧"高度"文本框中输入最小的投影公差带)。

可单击"基准特征"按钮 🄰 在视图中标注作为基准的特征，如图 7-148 所示。

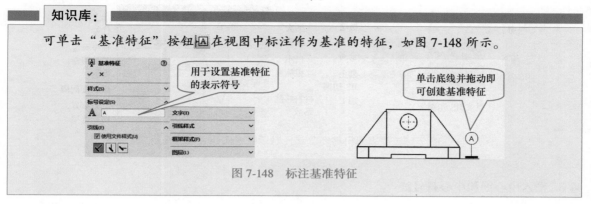

图 7-148 标注基准特征

4. 孔标注

孔标注用于指定孔的各个参数，如深度、直径和是否带有螺纹等信息。单击"注释"工具栏的"孔标注"按钮 凵∅，然后在要标注孔的位置单击，系统将按照模型特征自动标注孔的直径和深度等信息，如图 7-149 所示。

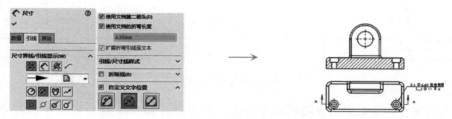

图 7-149 添加"孔标注"操作

孔标注的"尺寸"对话框可参照草图章节中的讲述进行理解，其不同点在于可以设置多种尺寸界线和引线样式。

5. 表面粗糙度

模型加工后的实际表面是不平的，不平表面上最大峰值和最小峰值的间距即为模型此处的表面粗糙度，其标注值越小，表明此处要求越高，加工难度越大。

单击"注释"工具栏的"表面粗糙度符号"按钮 √，在打开的"表面粗糙度"属性卷展栏中输入粗糙度值，再在要标注的模型表面单击即可标注表面粗糙度，如图 7-150 所示。

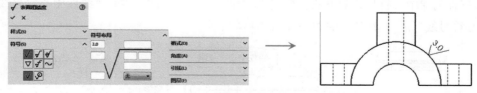

图 7-150 添加"表面粗糙度符号"操作

"表面粗糙度"属性对话框"符号"卷展栏中各按钮的作用如图 7-151 左图所示（JIS 是日本工业标准），"符号布局"卷展栏中各文本框的意义，如图 7-151 右图所示。

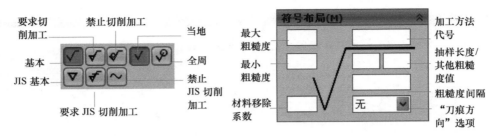

图 7-151 "表面粗糙度"属性对话框中部分区域的作用

● 6. 插入中心线和中心符号线

工程图中的中心线以虚线绘制，表示孔、回转面的轴线和图形的对称线等。单击"注释"工具栏的"中心线"按钮，选择整个视图或视图中两段平行的边线，可插入中心线，如图 7-152 所示。

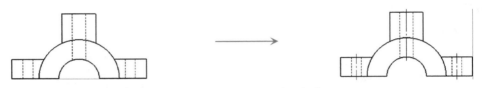

图 7-152 插入"中心线"操作

"中心符号线"用于标识圆或圆弧的中心点。单击"注释"工具栏的"中心符号线"按钮，选择视图中的圆（或一段圆弧），将在圆的中心插入中心符号线，如图 7-153 所示。

图 7-153 插入"中心符号线"操作

共有三种创建中心符号线的方式，分别为"单一中心符号线"、"线性中心符号线"和"圆形中心符号线"，其各自的作用如图 7-154 所示。

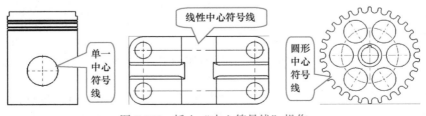

图 7-154 插入"中心符号线"操作

● **7. 插入表格**

单击"注释"工具栏的"表格"按钮 ⊞，可在弹出的下拉列表中选择插入何种形式的表格，如可选择插入"一般表格""孔表"和"材料明细表"等，其中"一般表格"和"材料明细表"较常使用，下面说明一下其作用。

总表可用于创建"标题栏"，其操作与 Word 中的表格操作类似，只需设置"行数"和"列数"，单击"确定"按钮，并在适当位置单击即可插入一般表格。如图 7-155 所示，插入"一般表格"后可以根据需要对其执行拖动和合并等操作，双击单元格后，可以在其中输入文字。

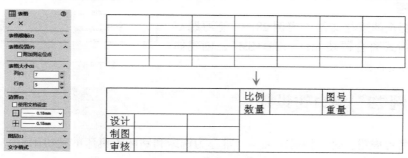

图 7-155　插入"一般表格"并对其进行修改

"材料明细表"按钮可用于创建装配工程图的配件明细表，如图 7-156 所示，选择一个视图作为生成材料明细表的指定模型，单击"确定"按钮，并在适当位置单击，即可生成材料明细表。

项目号	零件号	说明	数量
1	凹件		1
2	凸件		1
3	螺杆		4
4	螺母		4

图 7-156　插入"材料明细表"操作

提示：

在生成材料明细表之前，应首先为装配视图标注零件序号，可单击"注释"工具栏的"零件序号"按钮 ①，为视图中的各个零件标注序号，标注方法此处不再赘述。

思考与练习

一、填空题

1. 模型加工后的尺寸值不可能精确得与理论数值完全相等，通常允许在一定的范围内浮动，这个浮动的值即是所谓的＿＿＿＿＿＿。

2. 单击"＿＿＿＿＿＿"工具栏中的相应按钮，可以手动为模型标注尺寸，其中＿＿＿＿＿＿按钮较常用。

3. 模型加工后的实际表面是不平的，不平表面上最大峰值和最小峰值的间距即为模型此处的表面粗糙度，其标注值越＿＿＿＿＿＿，表明此处要求越高，加工难度越大。

4. 形位公差包括_____和_____，机械加工后，零件的实际形状或相互位置与理想几何体规定的形状或相互位置不可避免地存在差异，形状上的差异就是_____，而相互位置的差异就是_____。

二、问答题

1. 有几种创建中心符号线的方式？简述每种创建方式的不同。

2. 简述更改"双制尺寸"尺寸类型的方法。

3. 简述添加"孔标注"的操作过程。

三、操作题

使用本文提供的素材文件"实例28——练习题\齿式离合器\齿式离合器装配件.SLDASM"，创建如图 7-157 所示的工程图。

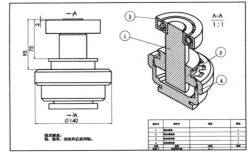

图 7-157 需创建的"工程图"

实例 29 平口钳设计

平口钳又名台虎钳，是一种通用夹具，常作为铣床和钻床等机床的随机附件，用来夹持工件以进行切削等加工处理。

平口钳主要由固定钳身、活动钳身、丝杠螺母、丝杠等零件组成，如图 7-158 所示，其中丝杠固定在固定钳身上，转动丝杠可带动丝杠螺母移动，进而带动钳身移动，从而可形成对工件的夹紧或松开。

本实例将讲解使用 SOLIDWORKS 设计如图 7-158 所示的平口钳装配体的工程图。在设计的过程中，将自定义图纸大小，使用图线创建自定义的图纸模板，并讲述进行打印的操作技巧。

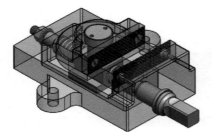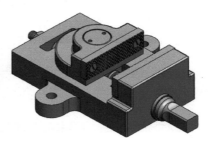

图 7-158 "平口钳"透视图和装配图

视频文件：配套\\视频\Unit7\实例 29. mp4

结果文件：配套\\案例\Unit7\实例 29——平口钳\平口钳装配. SLDDRW

主要流程

本实例首先创建图纸模板，然后绘制模型的主要工程图，最后为模型添加标注、零件序号、公差要求和材料明细表等内容，如图 7-159 所示。在创建的过程中，自定义图纸格式操作是关键，其他技巧主要对前面学习的内容进行复习。

此外，在设计平口钳时，钳身和活动钳口应采用性能不低于合金钢的材料制造，而且其各个工作面应淬硬（硬度不低于58HRC），表面粗糙度 Ra 值应不大于 0.8mm。此外，钳口材料还应具有一定的韧度，可淬火后再正火处理，且加工时应注意凹槽的平行度，以增加工作面的咬合力。

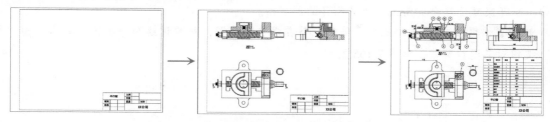

图 7-159 创建平口钳装配体工程图的主要操作过程

实施步骤

步骤 1 新建"工程图"文件，然后右击左侧"设计树"中的图纸列表项，选择"属性"命令，打开"图纸属性"对话框，如图 7-160 所示，选中"自定义图纸大小"单选按钮，并设置图纸宽度为 420mm，图纸高度为 297mm，单击"确定"按钮，创建空白图纸。

步骤 2 单击"取消"按钮，暂时不创建模型视图，并右击工程图空白处，在弹出的快捷菜单中选择"编辑图纸格式"菜单项，如图 7-161 所示，进入编辑图纸格式操作空间。

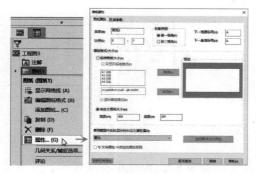

图 7-160 "图纸属性"对话框

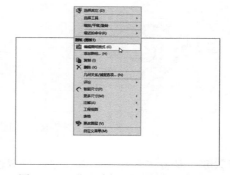

图 7-161 进入编辑图纸格式操作空间

步骤 3 在编辑图纸格式操作空间中，使用"直线"和"注释"工具，绘制如图 7-162 所示的图框和文字（最外侧矩形与图纸大小相同），并单击按钮 返回到编辑图纸空间。

步骤 4 通过单击"模型视图"按钮或"剖面视图"等按钮，创建如图 7-163 所示的标准视图和剖视图（视图比例为 1：1.5）。

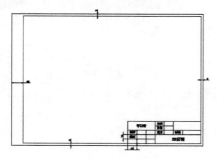

图 7-162 编辑图纸格式并回到编辑图纸空间

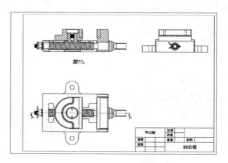

图 7-163 创建标准视图和剖视图

步骤 5 在右侧标准视图中创建如图 7-164 所示的闭合草绘图形，并单击"断开的剖视图"按钮，断开深度设置为 115mm，创建断开的剖视图。

步骤 6 再以 1∶1.5 的比例，绘制一个右视基准视图，并通过绘制一个圆，单击"剪裁视图"按钮对其进行剪裁，如图 7-165 所示。

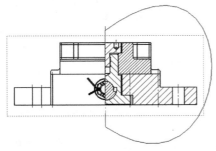

图 7-164　创建"断开的剖视图"1

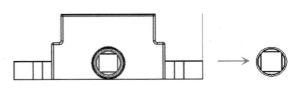

图 7-165　创建"剪裁视图"

步骤 7 再在下部的基准视图中绘制如图 7-166 左图所示的闭合样条曲线，然后单击"断开的剖视图"按钮，创建深度为 13.5mm 的断开的剖视图，如图 7-166 右图所示。

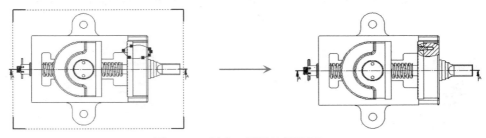

图 7-166　创建"断开的剖视图"2

步骤 8 单击"注释"工具栏中的"智能尺寸"按钮 ，为模型标注尺寸，并在标注尺寸的过程中设置适当的公差值，如图 7-167 所示。

步骤 9 单击"零件序号"按钮添加部件序号，单击"材料明细表"按钮，选择左上角视图生成材料明细表，如图 7-168 所示（未自动生成的项可手工添加）。

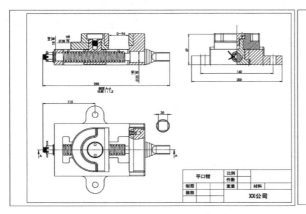

图 7-167　添加尺寸标注操作效果

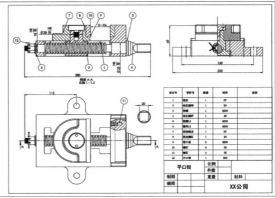

图 7-168　添加零件序号及插入材料明细表效果

步骤 10 选择"文件">"打印"菜单，或单击"打印"按钮，打开"打印"对话框，在"名称"下拉列表中选择打印机，单击"属性"按钮，在弹出的打印机属性对话框中，设置正确的图纸大小，单击两次"确定"按钮直接进行打印即可，如图 7-169 所示。

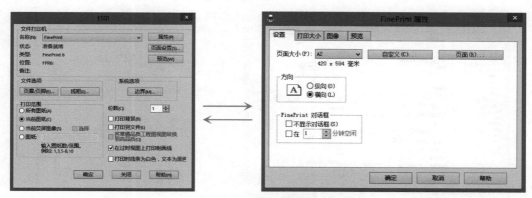

图 7-169　简单的打印输出操作

知识点详解

结合实例，下面介绍一下在 SOLIDWORKS 中，设置工程图选项、创建图纸模板和打印工程图的相关技巧，具体如下。

● 1. 工程图选项设置

选择"工具">"选项"菜单，打开"系统选项"对话框，并默认打开"系统选项"选项卡，如图 7-170 左图所示，在此选项卡中可设置"工程图"的整体性能，如可设置工程图的显示类型、剖面线样式、线条颜色以及文件保存的默认位置等。

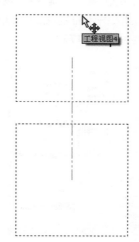

图 7-170　设置工程图的"系统选项"

如图 7-170 所示，在左侧对话框中取消"拖动工程视图时显示内容"复选框的选中状态时，拖动视图时的视图显示样式，此功能可加快工程图的操作速度。

在"系统选项"对话框中切换到"文档属性"选项卡，如图 7-171 左图所示，在此选项卡中主要可设置"注释"的样式，如可设置注释的线性、尺寸和字体等参数。如图 7-171 右图所示为在左图中改变注释箭头的显示样式的模型效果（"文档属性"设置只对当前正在操作的工程图文件有影响）。

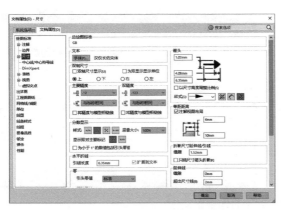 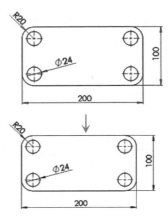

图 7-171　设置工程图的"文档属性"

2. 创建图纸模板

图纸模板大都包含规范的标题栏，因此在使用图纸模板创建工程图后，只需简单地修改标题块属性，即可获得符合标准的图纸。SOLIDWORKS 提供了众多图纸模板，但是多是国外标准，不一定符合企业内部规范，因此需要创建自定义的图纸模板。

创建图纸格式的操作较为简单，通过右击设计树中的工程图，选择"属性"菜单项，打开"图纸属性"对话框，选用自定义的图纸大小（如图 7-172 所示）；然后右击操作区空白区域，选择"编辑图纸格式"快捷菜单项，进入"编辑图纸格式"模式，再使用图线绘制需要的图纸样式即可（如图纸边框和标题栏等内容）。

在使用图线编辑自定义的图纸模板的过程中，可以通过"线型"工具栏中的按钮更改图线的宽度或颜色，如图 7-173 所示。

图 7-172　"图纸属性"对话框　　　　图 7-173　通过"线型"工具栏设置线型和颜色

图纸格式编排完毕后，可选择"文件">"保存图纸格式"菜单，打开"另存为"对话框，如图 7-174 所示，输入图纸名称，单击"确定"按钮将图纸模板保存到默认位置即可（新创建的图纸模板将出现在新建图纸的对话框中，如图 7-175 所示）。

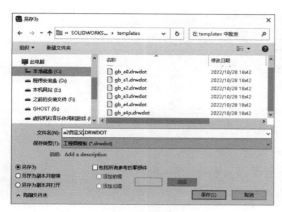

图 7-174 保存图纸格式操作

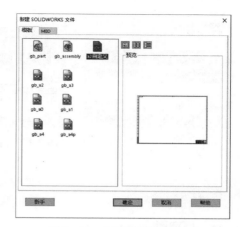

图 7-175 新建图纸的对话框

● 3. 打印工程图

在 SOLIDWORKS 中打印工程图较简单，在绘制完工程图后，只需选择"文件">"打印"菜单，在弹出的"打印"对话框中（如图 7-176 左图所示）选择打印输出的打印机，并单击"确定"按钮即可将图纸打印输出。

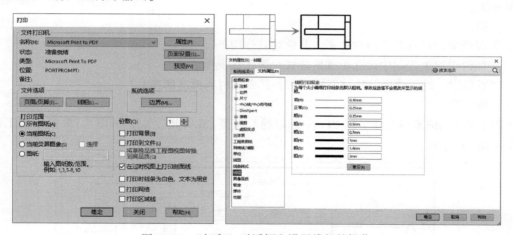

图 7-176 "打印"对话框和设置线粗的操作

在"打印"对话框中单击"线粗"按钮，可打开"文档属性"对话框，并自动选中线粗选项，然后在右侧文本框中可设置打印输出图形线型的粗细，如图 7-176 右图所示。

单击"页面设置"单选按钮，可打开"页面设置"对话框，如图 7-177 所示，在此对话框中选中"颜色/灰度级"单选按钮，并单击"确定"按钮可打印输出彩色工程图。

此外，在图 7-176 左图所示的"打印"对话框中，单击"页眉/页脚"按钮，可在弹出的对话框中为工程图添加页眉和页脚，如图 7-178 所示。

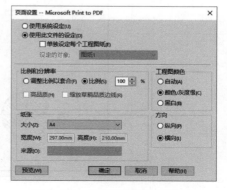

图 7-177 "页面设置"对话框

图 7-178 打印工程图所选区域操作

思考与练习

一、填空题

1. 平口钳主要由固定钳身、活动钳身、丝杠螺母、丝杠等零件组成，其中_____固定在固定钳身上，转动_____可带动丝杠螺母移动，进而带动钳身移动。

2. 在 SOLIDWORKS 中打印工程图较简单，在绘制完工程图后，只需选择_____菜单，在弹出的"打印"对话框中选择打印输出的打印机，并单击"确定"按钮即可将图纸打印输出。

3. 在使用图线编辑自定义的图纸模板的过程中，可以通过_____工具栏中的按钮更改图线的宽度或颜色。

二、问答题

1. 工程图通常具有几个组成要素？并简述其作用。

2. 应如何设置工程图中尺寸标准的样式？简述其操作。

3. "平口钳"的哪个部分应该坚硬耐磨？其常用材料都有哪些？

三、操作题

使用本文提供的素材文件实例 29——练习题 \ 模型 . SLDPRT，创建如图 7-179 所示的工程图，并将其正确打印出来。

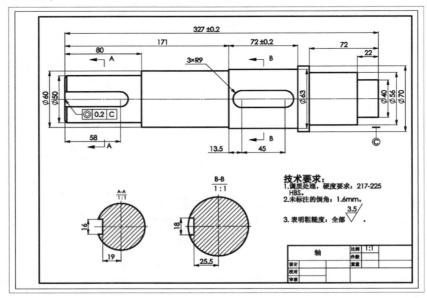

图 7-179 需创建的"工程图"

知识拓展

　　工程图是 SOLIDWORKS 的重要模块，结合灵活快捷的建模方式，通过标准化的视图和视图标注，可以高效率地创建和打印工程图。本章主要讲述了创建视图、编辑视图和添加视图标注的方法，其难点是视图标注。下面看一下还有哪些需要了解的知识点。

● 1. 工程图的组成要素

　　工程图简单地说就是通过二维视图反映三维模型的一种方式，通常被打印出来，并装订成图集，以作为后续加工制作的参照。工程图通常具有如下几个构成要素（参见图 7-180）。

> ➤ 视图：是模型在某个方向上的投影轮廓线，包括基本视图（前视图、后视图、左视图、右视图等）、剖视图和局部视图等。
> ➤ 标注：在视图上标识模型的尺寸、公差和表面粗糙度等参数，加工人员可以根据这些参数来加工模型。
> ➤ 标题栏：标明工程图的名称和制作人员等。
> ➤ 技术要求：顾名思义用于标明模型加工的技术要求，如要求进行高频淬火等。
> ➤ 图框：标明图纸的界限和装订位置等，超出图框的图形将无法打印。

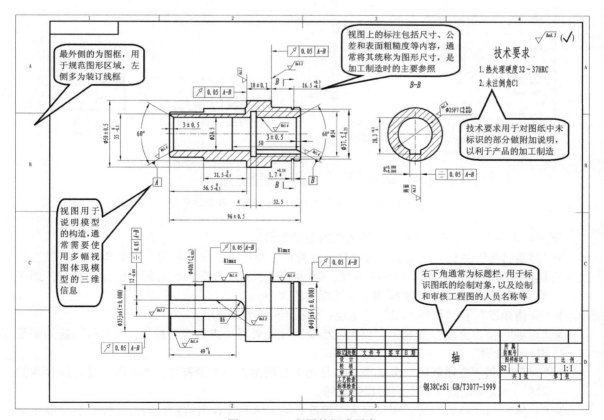

图 7-180　工程图的组成要素

● **2. 夹具设计的基本原则**

在设计夹具时，通常应遵循如下原则：

➤ 要有足够的夹持力，以保证在使用过程中，可以保证被加工工件定位稳定、可靠。

➤ 装夹过程要简单、快捷，不要耽误工时。

➤ 易损零件的更换要简单方便，且更换后应不影响性能。

➤ 尽可能选用质量可靠的标准品作为零件，以避免结构复杂，增加成本。

➤ 设计方案应遵循手动、气动、液压、伺服的依次优先选用原则。

➤ 产品应尽量系列化和标准化，以方便工厂灵活选用。

● **3. 焊接符号**

在工程图环境中，单击"注解"工具栏中的"焊接符号"按钮 ⚒️，打开焊接符号下拉列表，在此下拉列表中可以设置实际需要进行的焊接（如需进行"现场""全周"焊接等，选择"更多符号"项，可打开"符号图库"对话框，以根据需要选择更多符号），然后在视图中单击两次放置焊接符号即可，如图 7-181 所示。

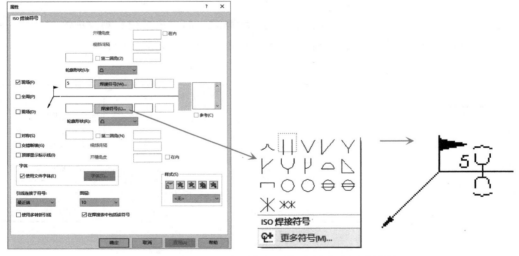

图 7-181　在工程图中添加焊缝标注操作和焊缝效果

下面解析一下，焊接下拉列表中各选项的主要作用。

➤ **"焊接符号"按钮**：单击后，可以打开"符号"对话框，在"符号"对话框中，可以选择焊接符号的主要标准（如 ISO 标准、GB 标准、JIS 标准等）和主要焊接标注符号，如 V 形、U 形等（其前后文本框用于设置焊缝的大小）。

➤ **"开槽角度"** 和 **"根部间隔"** 等选项：只在 JIS 标准中使用。

➤ **"现场"** 和 **"全周"** 复选框：以黑色小旗标注此处需要进行现场加工，"全周" 就是需要进行"全周"加工。

➤ **"对称"** 和 **"交错断续"** 复选框：都是用于表明加工方式的符号，"对称" 就是焊缝两侧对称，"交错断续" 就是表明焊缝交错。

➤ **"字体"** 和 **"样式"** 等：用于设置焊接符号的字体和保存当前定义的符号样式等（其他选项请参考关于焊接的专业书籍）。

此外，常用 ISO 标准焊缝符号和其表达的意义，可参考表 7-1。

表 7-1　ISO 标准焊接类型

焊 接 类 型	符　　号	图　示	焊 接 类 型	符　　号	图　示
两凸缘	⋏		U 形	⋎	
I 形	‖		J 形	⋐	
V 形	∨		背后焊接	⌒	
K 形	⋁		填角焊接	◺	
V 形附根部	⋎		沿缝焊接	⊖	
K 形附根部	⋎				

● 4. 工程图中的图层功能

在"工程图"操作环境中，通过"图层"工具栏，可以设置当前绘图所在的工作图层。单击"图层"工具栏中的"图层属性"按钮 🗐，可以打开"图层"对话框，在此对话框中可以完成设置当前图层，设置图层中图线的宽度、样式和颜色，显示和隐藏图层等功能（其图层功能与 AutoCAD 类似，但是要简单得多）。

在 SOLIDWORKS 工程图中，通过使用和管理"图层"，可以快速设置工程图中的图线，以方便打印输出符合要求的工程图，如图 7-182 所示。

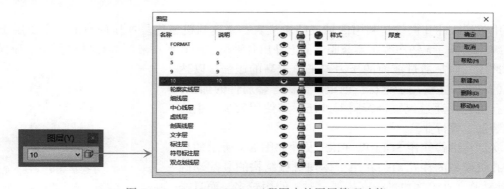

图 7-182　SOLIDWORKS 工程图中的图层管理功能

第**8**章

传动机构设计——运动仿真

本章要点

- ☐ 冲孔机凸轮运动动画仿真
- ☐ 挖土机连杆机构运动仿真
- ☐ 汽车刮水器连杆机构 Motion 运动仿真与分析
- ☐ 自动闭门器 Motion 运动仿真与分析

学习目标

　　随着机器人智能化趋势的不断深入，用于将发动机动能转换为作用力的各种传动系统，显得越来越重要。本章讲述几个较为典型的传动实例，如挖土机、汽车刮水器等，并主要讲述在 SOLIDWORKS 中设计这几种传动系统的动画和进行动画分析的操作。

 实例30　冲孔机凸轮运动动画仿真

　　冲孔机俗称打靶机，或称为穿眼机、点眼机等，主要包括机械式冲孔、液压冲孔和气动冲孔等类型。

　　其中机械式冲孔机就是利用曲轴或凸轮旋转，来达到机械往复冲压的目的。主要用于在皮革、海绵、纸板、无纺布等各类薄膜产品上冲出各种所需的孔形；液压冲孔机类似于千斤顶，不是瞬时冲压，而是通过液面的压力差来形成高的压强，以达到压孔的目的，主要用于钢材、钢板、铜板等金属件的加工；气动冲孔机主要通过气缸进行瞬时冲压，其使用较少，主要用于服装加工等行业。

　　本实例将讲解使用 SOLIDWORKS 设计如图 8-1 所示的机械式冲孔机模型的冲孔动画和用于体现机械结构的装配动画（这两种动画，在给客户进行商品展示时，使用较多，而且操作方便，所以建议读者用心掌握其操作方法）。

　　在操作的过程中，将引导讲述 SOLIDWORKS 的"运动算例操作界面"、马达的使用和视图定向动画的操作技巧等，这些都是进行动画仿真的基础内容。

图 8-1　本节要进行仿真的冲孔机

视频文件：配套\\视频\Unit8\实例 30. mp4
结果文件：配套\\案例\Unit8\实例 30——冲孔机\冲孔机装配 . SLDASM

主要流程

　　本节在制作冲孔机动画之前，将首先完成冲孔机的装配，并创建其爆炸视图，然后使用创建的爆炸视图创建冲孔机的爆炸动画和装配动画，最后创建冲孔机的冲孔动画，如图 8-2 所示。在创建的过程中应注意凸轮配合的添加技巧，以及马达的相关参数设置等。

图 8-2　本节制作冲孔机动画的基本操作流程

　　本实例设计的机械冲孔机主要通过凸轮实现，外部驱动多为电动机，此外为了获得更大的冲压力，可通过杠杆原理添加更多的连杆机构。机械式冲压机的冲孔效率较高，在制作时，其主受力头应选用高强度或超高强度合金钢制造。

实施步骤

　　下面看一下在 SOLIDWORKS 中创建冲孔机模型动画的详细操作步骤，创建过程中应注意体会和掌握 SOLIDWORKS 动画制作的基本操作技巧。

● 1. 装配并制作装配动画

　　步骤 1　新建一个装配体类型的文件，然后按照本书第 5 章中的相关讲述，顺次导入冲孔机的所有零部件（设置机座为固定），并为部件添加必要的标准配合，完成模型的初始装配操作，效果如图 8-3 所示。

图 8-3　导入零部件并进行初始装配

　　步骤 2　单击"装配体"工具栏中的"配合"按钮，在打开的"配合"属性管理器中，切换到"机械配合"卷展栏，并单击"凸轮"按钮，然后在"配合选项"卷展栏中，选择凸轮的所有面为"要配合的实体"，选择"冲孔轮"的外表面为"凸轮推杆"面，完成"凸轮"机械配合的添加，如图 8-4 所示。

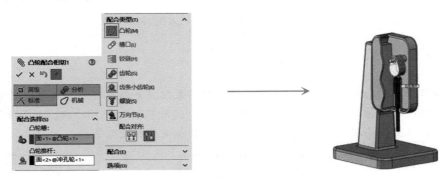

图 8-4　添加"凸轮"机械配合

步骤 3　单击"装配体"工具栏中的"爆炸视图"按钮，依次拖动除"机座"外的所有零部件，创建爆炸视图，如图 8-5 所示（注意拖动方向，应按照模型正常装配的路径进行拖动，即令零部件路径尽量不要穿透其他实体）。

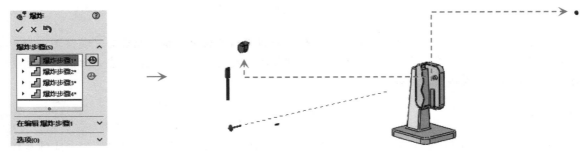

图 8-5　创建爆炸视图操作

步骤 4　右击 SOLIDWORKS 操作界面顶部的空白区域，在弹出的快捷菜单中选择"Motion-Manager"菜单项（如底部已经显示出"运动算例"标签，则无须此操作），再在底部标签栏中单击"运动算例 1"标签，打开"运动算例"操作面板，如图 8-6 所示。

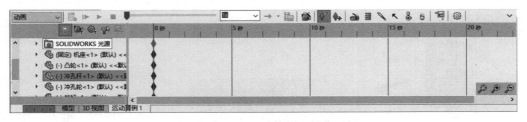

图 8-6　打开"运动算例"操作面板

步骤 5　在"运动算例"操作面板中单击"动画向导"按钮，在打开的"选择动画类型"对话框中选中"爆炸"单选按钮，并单击"下一步"按钮，设置动画长度为 8s，动画开始时间为 0s，单击"完成"按钮，即可完成爆炸动画的创建，如图 8-7 所示。

步骤 6　完成爆炸动画的创建后，在"运动算例"操作面板中单击"播放"按钮▶，可观看刚才创建的爆炸动画。

图 8-7 创建"爆炸"动画并进行播放操作

步骤7 再次单击"动画向导"按钮![icon]，在打开的对话框中选中"解除爆炸"单选按钮，然后单击"下一步"按钮，再设置动画长度，即可创建解除爆炸的动画。

● **2. 制作冲孔动画**

步骤8 右击"操作面板"左下角的"运动算例 1"标签，在弹出的快捷菜单中选择"生成新运动算例"菜单项，如图 8-8 所示，新建一个运动算例。

步骤9 单击"操作面板"中的"马达"按钮![icon]，打开"马达"属性管理器，单击"旋转马达"按钮，再在操作区中选择凸轮的圆柱面为"马达位置"，其他选项保持系统默认设置，单击"确定"按钮，即可完成驱动马达的添加，如图 8-9 所示。

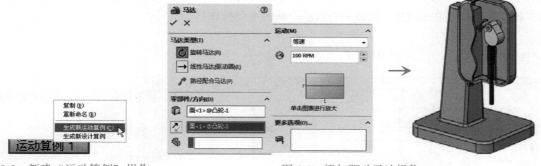

图 8-8 新建"运动算例"操作　　　　　　　　图 8-9 添加驱动马达操作

步骤10 在"步骤9"操作完成后，单击"播放"按钮，实际上已经可以观看到动画的播放效果，只是此时凸轮的首尾位置不一致，重复播放时动画显得不连贯；为此可以将"冲孔机装配"的键码向后拖动一格（即一秒），然后选择"循环播放"按钮![icon]，再单击"播放"按钮，即可观察到冲孔机连续的冲压操作了，如图 8-10 所示。

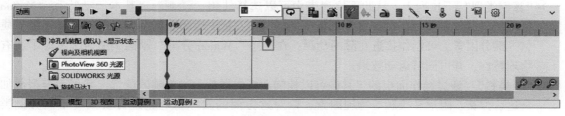

图 8-10 拖动键码位置和设置循环播放操作

307

提示：

完成动画的制作后，单击运动算例"操作面板"中的"保存动画"按钮🔳，可将制作的动画保存为"AVI"视频文件，然后就可以使用此视频文件向其他人或客户展示自己制作的作品了。

知识点详解

运动算例（即 MotionManager）是 SOLIDWORKS 用于制作动画的主要工具，可用于制作商品展示动画、机械装配动画，以及模拟装配体中机械零件的机械运动等。其动画原理与 Flash 等常用动画制作软件的原理基本相同，都是通过定义单帧的动画效果，然后由系统自动补间零件的运动或变形，从而生成动画。

与常用动画软件不同的是，运动算例还可对对象进行真实的物理模拟，如可模拟马达、弹簧、阻尼及引力等物理作用，以测算出零件的运行轨迹或受力情况等。

结合实例，下面首先来初步认识一下 SOLIDWORKS 的运动算例，了解其常用的操作技巧、常用工具和操作面板的基本功能等，具体如下。

🔵 1. 运动算例操作界面

右击 SOLIDWORKS 操作界面顶部的空白区域，在弹出的快捷菜单中选择"MotionManager"菜单项，然后在底部标签栏中单击"运动算例 x"标签，可调出运动算例操作面板，如图 8-11 所示，此操作面板是在 SOLIDWORKS 中创建动画的主要操作界面。

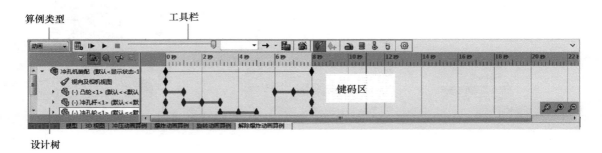

图 8-11 运动算例的操作面板

运动算例操作界面主要由算例类型、工具栏、键码区和设计树几个主要部分组成，下面看一下各组成部分的作用。

➤ **"算例类型"** 下拉列表：从此下拉列表中可以选择使用"动画""基本运动"和"Motion 分析"三种算例类型。动画算例侧重于动画制作；基本运动算例类型制作动画时考虑了质量等部分因素，可制作接近实际的动画；在使用"Motion 分析"动画类型时，考虑了所有物理特性，并可图解运动效果。

➤ **"工具栏"**：通过操作面板的工具栏可以控制动画的播放，当前帧的位置，并可为模型添加马达、弹簧、阻尼和接触等物理因素，以对这方面的实际物理量进行模拟（不同算例类型，可以使用的动画按钮并不相同）。

> **提示：**

要使用"Motion 分析"动画类型，需要在顶部选项下拉列表中选择"插件"项，并在打开的对话框中，启用"SOLIDWORKS Motion"插件。本章"实例 30"将主要介绍"动画"算例的操作技巧和使用方法；"实例 31"将主要介绍"基本运动"算例的使用方法；"实例 32"和"实例 33"主要介绍"Motion 分析"算例的使用方法。

> ➤ **"键码区"：** 显示不同时间，针对不同对象的键码。键码是模型在某个时间点状态或位置的记录。在工具栏"自动键码"按钮 ✦ 处于选中状态时，用户对模型执行的操作，可自动被记录为键码，也可单击"添加/更改键码"按钮，来添加键码。
> ➤ **"设计树"：** 是装配体对象、动画对象（如马达）和配合等的列表显示区，其与右侧的键码区是对应的，右侧键码为空时，表示此时段、此对象不发生变化，或不起作用。

> **提示：**

通过单击设计树上部的"过滤器"按钮 ⛛🖼️🔍⛛🖼️，可以有选择性地显示某些需要对其进行操作的对象，如单击"过滤选定"按钮 ⛛，将只在设计树和键码区中显示选定对象的设计树和键码。

● 2. 制作爆炸或装配动画

单击动画算例"操作面板"工具栏的"动画向导"按钮 🎬，可以通过打开的"添加动画类型"向导对话框，如图 8-12 所示，创建旋转模型、爆炸、解除爆炸（即装配动画）、从基本运动输入运动和从 Motion 分析输入运动、太阳辐射算例动画效果。

下面解释一下这几种动画类型。

图 8-12 "添加动画类型"向导对话框

> ➤ **旋转模型：** 即创建绕模型轴向旋转的动画，可用于简单的商品展示。
> ➤ **爆炸：** 用于创建从装配体到爆炸效果的动画（在创建之前，需要首先创建爆炸视图）。
> ➤ **解除爆炸：** 创建爆炸动画的反向动画，同样需要首先创建装配体的爆炸视图，常用于模拟模型装配操作。
> ➤ **从基本运动输入运动：** 由于在"动画"类型的运动算例中很多效果无法模拟（如引力等），而在"基本运动"算例类型中对关键帧的操作又有一定的限制，所以使用此功能可将"基本运动"动画导入到"动画"算例，以进行后续的帧频处理。
> ➤ **从 Motion 分析输入运动：** 同"从基本运动输入的运动"。
> ➤ **太阳辐射算例：** 模拟太阳围绕所设计的机械运动的光照效果（操作前，需在导航控制区"DisplayManager"选项卡中添加"阳光"）。

> **提示：**

关于使用"动画向导"按钮创建动画的操作，可参考上面实例中的操作过程，此处不做过多讲述。此外，在创建爆炸或解除爆炸动画时，应注意爆炸视图中爆炸路径的设置，应尽量避免穿越实体。

● 3. 零件运动操作技巧

首先在键码区中将当前键置于某个时间点（如5秒处，单击即可），并保证"自动键码" 🖋 按钮处于选中状态，然后手动拖动零件到某个位置，如图8-13所示，松开鼠标，系统将在当前时间点处自动添加键码，并创建补间动画（单击"播放"按钮可查看动画效果）。

如果想更加精确地控制零件的移动或旋转，在装配体的动画算例中右击"零部件"，在弹出的快捷菜单中选择"以三重轴移动"菜单项，将在操作界面中显示出用于移动零部件的三重轴，如图8-14所示，此时拖动三重轴的各个轴线或径向，对零部件进行操作即可。

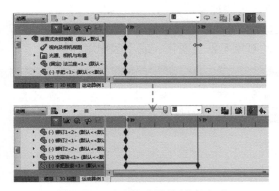

图 8-13　通过拖动零件创建动画

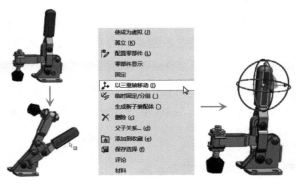

图 8-14　调出三重轴操作

> **提示：**
>
> 右击三重轴坐标系的轴面或轴圈，可以在弹出的快捷菜单中选择更多的选项，来更加精确地定义零件偏移的值（如选择"显示旋转三角形 XYZ 框"菜单，可以在显示出的框中指定零件旋转的具体角度值）。
>
> 此外，此处定义的零件运动，需要在添加"配合"的允许范围内操作，否则所加操作将被忽略。

● 4. 认识马达

单击动画算例"操作面板"工具栏的"马达"按钮🖐️，选择某个圆柱面等设置马达动力输出的位置，在"运动"卷展栏中设置马达的类型和速度，单击"确定"按钮，即可为选中对象添加默认5秒驱动的马达动画。如果默认添加了马达与其他零件的"配合"关系，则可在配合允许的范围内，带动其他零部件运动，如图8-15所示。

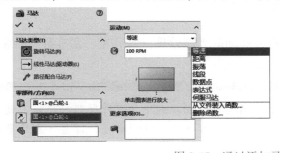

图 8-15　通过添加马达创建动画操作

添加马达后，可通过拖动"键码区"中马达对应的键码来加长或缩短马达运行的时间长度。此外默认添加的马达类型为"旋转""等速""100RPM（100r/min）"的马达，此外也可创建"线性马达"和"路径配合马达"，下面解释一下这三种马达类型。

> **旋转马达**：绕某轴线旋转的马达，应尽量选择具有轴线的圆柱面、圆面等为马达的承载面，如选择边线为马达承载面，零件将绕边线旋转。此外，当马达位于活动的零部件上时，应设置马达相对移动的零部件。

> **线性马达**：用于创建沿某方向直线驱动的马达，相当于在某零部件上添加了一台不会拐弯的发动机，其单位默认为"mm/s"。

> **路径配合马达**：此马达只在"Motion 动画"算例中有效，在使用前需要添加零件到路径的"路径配合"，而在添加马达时，需要在"马达"属性管理器中的添加此配合关系为马达位置。

此外，在"马达"属性管理器的"运动"卷展栏中可以设置等速、距离等多种马达类型，如图 8-15 左图所示，下面再集中解释一下这些马达类型有何不同。

> **等速**：设置等速运动的马达，如 r/min（RPM）或 mm/s。

> **距离**：设置在某段时间内，马达驱动零部件转多少度或运行多少距离。

> **振荡**：设置零部件，以某频率在某个角度范围内或距离内振荡。

> **线段**：选中此选项后，可打开一个对话框，在此对话框中，可添加多个时间段，并设置在每个时间段中零件的运行距离或运行速度。

> **数据点**：与"线段"的作用基本相同，只是此项用于设置某个时间点处的零件运行速度或位移。

> **表达式**：通过添加"表达式"可设置零件在运动过程中的变形，也可设置零部件间的相互关系等（其方法与软件开发非常类似，可在函数中引用其他零部件的某个"尺寸值"，此尺寸值位于此零部件某"尺寸"属性管理器的主要值卷展栏中）。

> **伺服马达**：指定基于事件的伺服马达（关于基于事件的运动算例，详见"实例 32"中的"知识点详解"）。

> **从文件装入函数和删除函数**：用于导入函数或删除函数。

● 5. 视图定向键码生成

在创建动画的过程中，运动算例默认使用模型或装配体空间的视图位置或视图方向，为运动算例第一个键码中模型的位置和视图方向，用户对其做的视向调节不会记录为键码，如需要改变动画第一帧的视图方向，或将视图方向的改变记录为键码，可执行如下操作：

右击运动算例设计树中的"视图及相机视图"项，在弹出的右键快捷菜单中选择"禁用观阅键码生成"菜单项，如图 8-16 所示，然后调整视图方向时，即可将更改记录为键码。

如在右键快捷菜单中选择"禁用观阅键码播放"菜单项，那么在播放动画时将忽略视图方向的改变，如选择"隐藏/显示树项目"菜单项，则可在打开的"系统选项"对话框中设置设计树中可以显示的项目。

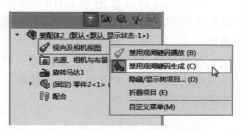

图 8-16 开启观阅键码操作

> **提示：**
>
> 除了上面讲述的几种创建动画的方法外，单击"屏幕捕获"工具栏中的"录制视频"按钮，对当前界面的操作进行录制，再单击"装配体"工具栏中的"移动零部件"按钮，拖动零部件也可创建视频动画（此种方法较少采用）。
>
> 此外，通过"移动零部件"属性管理器，可设置多种移动零部件的方式，也可以检查零部件间的碰撞关系，用户可在需要时选择使用。

思考与练习

一、填空题

1. 冲孔机俗称打靶机，或称为穿眼机、点眼机等，主要包括_____、_____和_____等类型。

2. 运动算例操作界面主要由_____、_____、键码区和设计树几个主要部分组成。

3. 应尽量选择具有_____的圆柱面、圆面等为马达的承载面，如选择边线为马达承载面，零件将_____。

二、问答题

1. 设计树上部的"过滤器"按钮主要有什么作用？试举例说明。

2. 应如何为模型添加"马达"，试简单叙述其操作。

三、操作题

使用本章提供的素材文件，创建如图 8-17 所示的"发动机凸轮"动画。

图 8-17 "发动机凸轮"动画

● 实例 31 挖土机连杆机构运动仿真

挖土机（也称挖掘机）的挖掘臂是用于完成挖掘任务的主要装置，由动臂、斗杆、铲斗等部分连接而成，各部分的转动都是通过往复式双作用液压缸进行驱动的。挖掘机的柴油发动机是挖掘臂的动力源，它通过液压泵将动力传递给挖掘臂上的液压马达、液压缸等执行元件，进而推动工作装置动作，完成挖掘等作业。

本实例将讲解使用 SOLIDWORKS 设计如图 8-18 所示的挖掘机模型挖掘动画的操作，主要包括挖掘和放下物体两个动作。

图 8-18 本节要进行仿真的挖掘机

在操作的过程中，应着重注意"线段"类型"马达"的添加和使用，以及为模型添加"接触"和"引力"模拟元素的操作方法和作用等。

> **视频文件：** 配套\\视频\Unit8\实例 31. mp4
>
> **结果文件：** 配套\\案例\Unit8\实例 31——挖土机\挖土机总装 . SLDASM

主要流程

挖土机的挖掘臂，共有三个液压缸，底部的缸体用于控制挖掘臂的升降，顶部的两个挖掘臂用于形成挖掘操作，本节使用三个直线类型的"马达"分别模拟这三个液压缸推动或伸缩，如图 8-19 所示。通过添加重力，以及定义零部件间的接触模拟元素，完成挖取物体，并放下的操作。

添加马达和重力等形成动画

图 8-19　通过添加马达创建动画操作

挖掘机或者挖掘机的挖掘臂本身结构较为复杂，此处不探讨其制造技术。

实施步骤

下面看一下在 SOLIDWORKS 中创建挖土机动画的详细操作步骤，创建过程中应注意学习"基本运动"等相关元素的操作技巧。

● 1. 添加驱动马达

步骤 1　直接打开本文提供的素材文件"挖土机.SLDASM"，并单击底部的"运动算例 1"标签打开运动算例操作面板，再在"算例类型"下拉列表中选择"Motion 分析"算例类型（此处未选择"基本动画"算例类型，虽然本节主要讲述此算例类型下的模拟元素，这主要是因为在此类型下，线性马达控制较难实现）。

步骤 2　单击操作面板工具栏中的"马达"按钮，选择操作台底部的圆柱面作为马达位置，选择"底座装配"为马达"要相对移动的零部件"，如图 8-20 左图和中图所示，然后在"运动"卷展栏的下拉列表中选择"线段"下拉列表项，在打开的"函数编制程序"对话框中，输入如图 8-20 右图所示的数据，添加一个旋转马达。

图 8-20　添加旋转马达并定义马达线段操作

步骤 3　同"步骤 2"的操作，单击"马达"按钮，选择支撑"动臂"的一个"活塞"，

"要相对移动的零部件"为下部的"活塞缸",然后输入"线段"运动类型的相关数据,如图 8-21 所示。

图 8-21 添加第一个直线马达并设置马达线段操作

步骤4 同"步骤3"的操作,添加"动臂"上部"活塞"的直线马达,如图 8-22 所示,并按照如图 8-22 右图所示,设置马达的线段参数。

图 8-22 添加第二个直线马达并设置马达线段操作

步骤5 同"步骤3"的操作,添加驱动"挖斗"的"活塞"的直线马达,"要相对移动的零部件"同样选择与其相连的"活塞缸",如图 8-23 所示,并按照如图 8-23 右图所示,设置马达的线段参数。

图 8-23 添加第三个直线马达并设置马达线段操作

步骤6 将键码区最顶部的键码向后拖动到 15s 的位置,如图 8-24 所示。完成上述操作后,单击"计算"按钮,可以生成初步的挖掘臂移动动画,只是此时无法挖取到要挖掘的物品,下面继续进行操作,以实现挖掘和释放物体的仿真。

图 8-24 添加的马达和拖动"键码"操作效果

● 2. 添加重力等元素

步骤 7 单击操作面板工具栏中的"引力"按钮 🔋，选择"挖掘机壳体"的台体为引力方向的参考面，并通过单击"反向"按钮设置正确的引力方向，如图 8-25 所示，为操作对象添加引力模拟元素。

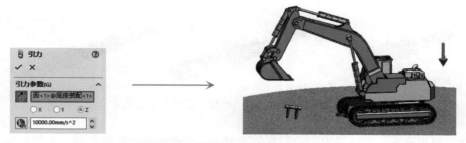

图 8-25 添加引力模拟元素操作

步骤 8 单击操作面板工具栏中的"接触"按钮 🔋，打开"接触"属性管理器，选中"使用接触组"复选框，然后在两个接触组区域中分别选择模拟地和地面上的一个小部件（此部件用于被挖土机挖取），如图 8-26 所示。

图 8-26 设置被挖掘件与模拟地间的接触模拟元素

步骤 9 同"步骤 8"中的操作，单击"接触"按钮 🔋，设置地面上的小部件和"挖斗"为两个相对的接触组，添加其间的接触模拟元素，如图 8-27 所示，完成整个动画模型的设置操作，单击"计算"按钮 🔋，再单击"播放"按钮 ▶ 即可观看动画效果。

图 8-27 设置被挖掘件与挖斗间的接触模拟元素

知识点详解

结合实例，下面了解一下在制作"基本运动"算例类型的动画仿真时，常用的操作技巧和所使用的模拟元素，如接触、引力等设置，具体如下。

● 1. 接触

当需要避免两个或多个零部件间互相穿越的发生，可以为其添加"接触"模拟元素。添加"接触"元素后，零件运行过程中，如产生碰撞，将带动被碰撞的物体一起运动，如图 8-28 所示。

图 8-28　添加零部件"接触"模拟元素的效果

"接触"模拟元素，在"基本运动"算例类型中，可设置的元素非常少，如图 8-29 所示，在操作时只需选择要设置互相接触的零部件即可（如选中"使用接触组"复选框，可在两个组间添加接触，此时相同组间的接触被忽略）。

在"Motion 动画"算例类型中，可以设置更多的"接触"参数，如图 8-30 所示，这里一并做一下介绍。

> "曲线"按钮：单击此按钮后，可以设置两条曲线或零件边线间具有接触特点。
> "材料"卷展栏：可以选择零部件表面的材料特点，进而通过材料特点自动设置零件表面的摩擦系数，如需要自定义摩擦系数，需要取消"材料"卷展栏的选择状态。
> "弹性属性"卷展栏：可以定义零件受到冲击的弹性系数等参数。

图 8-29　"基本运动"算例
类型中的"接触"属性管理器

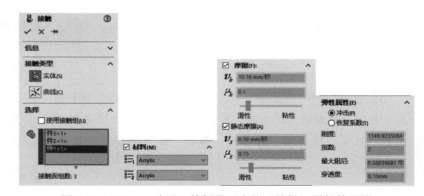

图 8-30　"Motion 动画"算例类型中的"接触"属性管理器

提示：

　　为避免不必要的运算时间，添加"接触"的零部件应尽量少，如必须添加"接触"，则应尽量使用"接触组"定义零件间的接触关系。

● 2. 引力

单击操作面板工具栏中的"引力"按钮 ，使用当前坐标系的某个轴线为引力方向，或选择某个参考面定义引力的方向，输入引力值，可以为当前装配体添加"引力"模拟元素，如图 8-31 所示。

图 8-31 "引力"属性管理器

提示：

在定义引力时，有以下两项需要注意：一是一个装配体中只能定义一个引力；二是马达的运动优先于引力的作用（实际上马达代表一个无限大小的作用力，所以在使用马达仿真时，即使零件碰到了"接触"的物品，仍然会保持其原有运动状态）。

● 3. 设置运动算例属性

单击操作面板工具栏中的"属性"按钮 ⚙，打开"运动算例"属性对话框，如图 8-32 所示，在此对话框中可以对运动算例的帧频和算例的准确度等属性进行设置，以确保可以使用最少的时间计算出需要的仿真动画。下面逐项解释一下此对话框中各参数的含义。

- ➢ **每秒帧数**：在"动画""基本运动"和"Motion 分析"算例类型中都可以对此参数进行设置，用于确定所生成动画的帧频。此值越高，生成的动画越清晰，当然计算的时间也较长，但是此值大小不会影响动画的播放速度。
- ➢ **几何体准确度**：用于确定"基本运动"算例中实体网格的精度。精度越高，用于计算的网格将越接近于实际几何体，模拟更准确，但需要更多的计算时间。
- ➢ **3D 接触分辨率**：设置实体被划分为网格后，在模拟过程中，所允许的贯通量。此值越大，实体表面网格被划分得越细致，模拟时间可以产生更平滑的运动，模拟更逼真，当然计算更费时。
- ➢ **在模拟过程中动画**：选中后将在计算模拟动画的过程中显示动画，否则在计算过程中不显示动画，减少计算时间。
- ➢ **以套管替换冗余配合**：对于冗余的配合，将使用"套管"参数（相当于在配合处添加了一个很大的结合力和阻尼）来替换这些配合，以保证模拟更逼真。
- ➢ **精确度**：用于设置模拟的数量等级，此数值越小，计算精度越高，计算越费时。
- ➢ **周期设定**：用于自定义马达或力配置文件中的循环角度。循环角度可以定义马达在某点处的旋转速度（如"周期/秒"，即 CPS）。
- ➢ **图解默认值**：设置所生成图解的默认显示效果，如图 8-33 所示。
- ➢ **高级选项**：用于设置求解器的类型，有 GSTIFF、WSTIFF 和 SI2 GSTIFF 三种积分器可以使用。其中 GSTIFF 积分器，最常使用，速度较快，但是计算精度较 WSTIFF 和 SI2 GSTIFF 会稍差一些（此选项中的其他值请参考其他专业书籍）。
- ➢ **为新运动算例使用这些设定作为默认值**：选中此选项后，会将此次设置的运动算例值作为每个新运动算例的默认值。

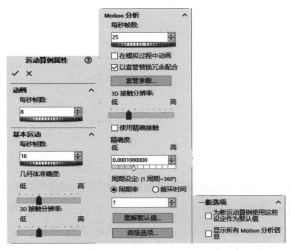

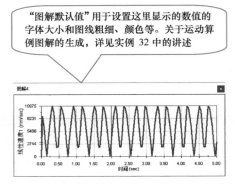

"图解默认值"用于设置这里显示的数值的字体大小和图线粗细、颜色等。关于运动算例图解的生成，详见实例 32 中的讲述

图 8-32　"运动算例"属性对话框

图 8-33　图解的默认显示效果

> **显示所有 Motion 分析信息**：选中该选项后，在运动算例的计算过程中将显示算例的详细计算内容和反馈信息。

思考与练习

一、填空题

1. 挖土机的挖掘臂由动臂、斗杆、铲斗等部分连接而成，各部分的转动都是通过_____进行驱动的。

2. 当需要避免两个或多个零部件间互相穿越的发生，可以为其添加_____模拟元素。

3. "运动算例"属性对话框中的"精确度"值用于设置模拟的数量等级，此数值越_____，计算精度越高，计算越费时。

二、问答题

1. 简单叙述"马达"模拟元素中"线段"参数的设置方法和其意义。

2. 一个装配体中可以有几个"引力"模拟元素，应如何添加"引力"？

三、操作题

使用本章提供的素材文件，创建如图 8-34 所示的"槽轮"动画。

图 8-34　需要进行仿真的槽轮模型

实例 32　汽车刮水器连杆机构 Motion 运动仿真与分析

刮水器是为了防止车前玻璃上的雨水及其他污物影响视线，而设计的一种简单清理的工具。刮水器通常采用小型电动机驱动，电动机外通常连接蜗轮/蜗杆机构（用于减速增扭，实际上多会整合到电动机中，注意其输出仍然为轴向旋转），然后通过其输出轴带动连杆机构，通过连杆机构把连续的旋转运动改变为左右摆动的运动。

本节不对刮水器的电动机和蜗轮/蜗杆机构等做过多的叙述，而着重讲述其连杆机构的构成和动画仿真过程。

如图8-35所示为本实例要设计的刮水器连杆机构，它主要由三组连杆机构组成，左侧两根连杆将电动机的旋转输入转变为横向移动，右侧连杆将横向运动转变为周期性的摆动，顶部齿轮连杆机构保证刮水器摆动时具有较大的臂长（详细结构可参考本书提供的实例模型）。

本实例除了马达的添加外，主要目的在于分析使用此连杆机构的刮水器，能够跨越多大的擦拭面积。

图 8-35   本节要进行仿真的雨刷

视频文件：配套\\视频\Unit8\实例 32. mp4

结果文件：配套\\案例\Unit8\实例 32——汽车雨刷\雨刷装配体 . SLDASM

主要流程

本实例的操作非常简单，添加马达后，对仿真效果进行计算，然后通过设置生成结果图解即可，如图8-36所示。在创建的过程中应注意添加"结果和图解"的操作技巧（由于篇幅限制，此处未讲解此模型的装配过程，有兴趣的读者不妨一试）。

图 8-36   制作汽车刮水器动画的基本操作流程

在实际设计刮水器时，注意应令刮水器静止时，每次都能在玻璃边缘，不要妨碍了驾驶者的视线，而且能够随需求调整刮水器的变速，此外若左右两个刮水器片同时刷动时，应避免碰撞（这些功能通常可通过电动机的内部构造来实现）。

实施步骤

步骤1   打开本文提供的素材文件"刮水器 . SLDASM"，单击底部的"运动算例1"标签打开运动算例操作面板，并在"算例类型"下拉列表中选择"Motion 分析"算例类型。

步骤2   单击操作面板工具栏中的"马达"按钮，选择电动机输出轴作为马达位置，选择"电动机"为马达"要相对移动的零部件"，如图8-37所示，添加一个旋转马达。

步骤3   单击操作面板工具栏中的"计算"按钮，计算在"马达"的驱动下，刮水器的运行动画（计算完成后，可单击"播放"按钮观看刮水器的摆动效果，但是只通过目视无法判断刮水器的擦拭范围，所以需要进行下面的操作）。

步骤4   单击操作面板工具栏中的"结果和图解"按钮，打开"结果"属性管理器，如

图 8-38 左图所示，在其下拉列表中依次选择"位移/速度/加速度">"跟踪路径"类别，再选择刮水器顶部的一个端点，单击"确定"按钮，即可以线的形式显示出刮水器的路径。

图 8-37　添加旋转马达操作

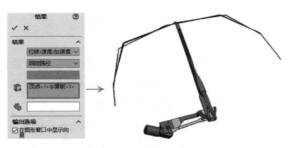

图 8-38　添加"结果和图解"操作及图解效果

提示：

　　添加的"结果和图解"默认位于运动算例设计树的"结果"分类文件夹中，如图 8-39 所示，右击生成的图解，选择"隐藏图解"菜单可将图解隐藏，反之可重新显示图解。此外，为了分析的需要，可在一个运动算例中添加多个图解。

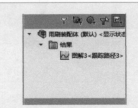

图 8-39　图解在设计树中的位置

知识点详解

　　结合实例，下面了解一下在制作"Motion 分析"动画算例时的常用操作技巧，以及所使用的模拟元素，如结果和动画、基于事件的运动视图等，具体如下。

● 1. 结果和图解

　　单击操作面板工具栏中的"结果和图解"按钮，打开"结果"属性管理器，选择需要分析的类别，如位移、力、能量和动量等，然后根据需要选择模型、模型面、点或它们之间的配合，单击"确定"按钮，可以表格或线等形式显示分析数据，如图 8-40 所示。

　　在"结果"属性管理器的"图解结果"卷展栏中可以设置生成新图解，也可以将分析结果附加到其他图解表格中，此时原图解表格将进行复合显示。

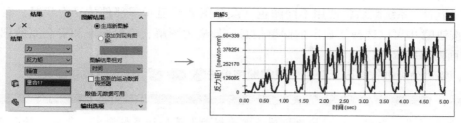

图 8-40 "结果和图解"操作及效果

2. 基于事件的运动视图

在"实例 31"中，我们通过设置马达的"线段"数据点，控制了马达在某时间段上的运行距离；在"Motion 分析"动画算例中，系统提供了一种功能更加强大，也更加直观和易操作的制作方式，那就是基于事件的运动视图，如图 8-41 所示。

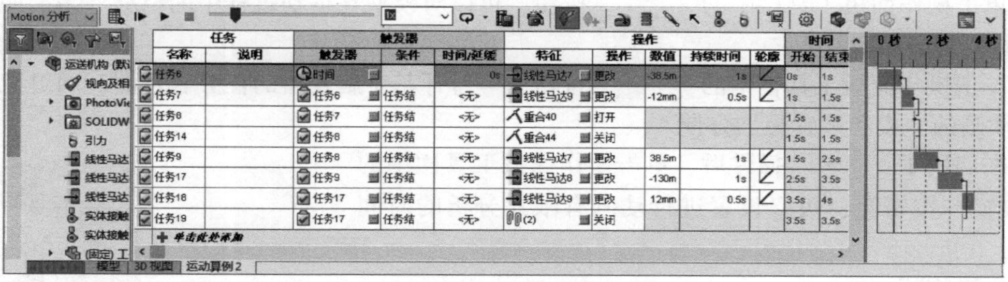

图 8-41 "基于事件的运动视图"效果

单击操作面板工具栏中的"时间线视图"按钮▦，可打开基于触发器的任务管理器，如图 8-41 所示。通过此管理器可以设置单个马达的启用时间（需要提前将马达设置为"伺服马达"），也可设置任务执行的顺序，以及每个任务的执行时间，在某个任务中开启或关闭特定的配合等，从而令动画的生成更加方便。

3. 动画的有限元分析

在启用了"SOLIDWORKS Simulation"插件💾后，单击操作面板工具栏中的"模拟设置"按钮💾，打开"Simulation 设置"对话框，在此对话框中选择要进行有限元分析的零件，并设置要进行有限元分析的时间长度，单击"确定"按钮，然后单击工具栏中的"计算模拟结果"按钮💾，可以对此时间段内所选的零部件进行有限元分析，如图 8-42 左图所示。

图 8-42 动画的有限元分析效果

分析完毕后，系统默认将使用不同颜色（颜色图表）显示零部件的受力状况，在"应力图解"下拉按钮 中可以选择要显示的图解信息，如应力图解、变形图解和安全系数图解等，如图 8-42 右面两图所示。

总之，要对动画进行有限元分析，只需顺序单击 🔵 🔵 🔵 这三个按钮即可。

> **提示：**
>
> 需要注意的是，有限元分析较为烦琐，需要耗费大量的计算机资源，所以在进行 Motion 中的有限元分析时，应尽量选择较小的、需要进行分析的时间段进行计算。另外，本书第 9 章中将讲解功能更加全面的基于算例的有限元分析操作。

思考与练习

一、填空题

1. 单击操作面板工具栏中的_____按钮，可以对模型在运动过程中的位移、力、能量或动量等进行图解分析。

2. 单击操作面板工具栏中的_____按钮，可打开基于触发器的任务管理器，通过此管理器可以令动画的生成和设置更加方便。

3. 在启用了_____插件后，单击操作面板工具栏中的"模拟设置"按钮 🔵，可以设置进行动画有限元分析的时间长度。

二、问答题

1. 简单叙述基于事件的运动视图的特点，和其基本功能。

2. "结果和图解"是对动画仿真的量化工具，应如何得到需要的图解结果？

三、操作题

使用本章提供的素材文件，创建如图 8-43 所示的"万向轴"动画，并图解其中"星形轮"轴孔的受力状况。

图 8-43　需要进行仿真的万向轴模型

实例 33　自动闭门器 Motion 运动仿真与分析

闭门器是可以使门自动关闭，但是又不会猛烈撞击门框的装置，如图 8-44 所示，实际上它主要是通过弹簧和液压节流原理实现的。

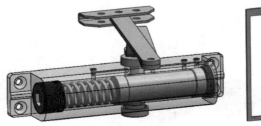

图 8-44　闭门器透视图和闭门器在开门和关门时的状态

闭门器主要由壳体、传动齿轮、复位弹簧、单向阀和连杆等组成，壳体内装有液压油。其工作原理是：开门时，门体带动连杆动作，并使传动齿轮转动，驱动齿条柱塞向弹簧侧移动，柱塞的移动会令弹簧受到压缩，存储了关门的能量；开门过程完成后，弹簧存储的弹性势能释放，将柱塞往左侧推，带动传动齿轮和闭门器连杆转动，可使门关闭。

在关闭门的过程中，由于单向阀的作用，壳体内的液压油只能通过壳体与柱塞之间的缝隙或回流孔缓慢流回原腔体，液压油对弹簧能量的释放起到了缓冲作用，可以使门缓慢关闭。

本实例将讲解使用 SOLIDWORKS 的 "Motion 运动仿真" 功能准确模拟关门器在开门和关门过程中的受力状况，并分析其开关门时各阶段的速度特点。在进行模拟的过程中，应注意学习"弹簧""阻尼"和"力"模拟元素的使用。

> **视频文件：**配套\\视频\\Unit8\\实例 33. mp4
> **结果文件：**配套\\案例\\Unit8\\实例 33——自动闭门器\\闭门器总装 . SLDASM

主要流程

本实例所模拟的闭门器过程，主要是添加三个模拟元素，如图 8-45 所示，顺序添加适当大小的力、弹簧和阻尼即可。在完成动画的仿真操作后，将进行适当的结果分析。

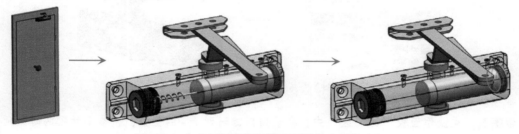

图 8-45　本实例制作闭门器动画的基本操作流程

实际生产闭门器时，应通过壳体间小孔的关合程度令关门力量可调，并应保证所用的液压油不会在低温时凝结，以防冬季时无法使用。

实施步骤

步骤 1　打开本文提供的素材文件"自动闭门器.SLDASM"，打开运动算例操作面板，并选用"Motion 分析"算例类型。

步骤 2　单击操作面板工具栏中的"力"按钮，打开"力"属性管理器，选择"门"的后面为力的作用面，并将力调整为正确的方向，设置力的大小为 10N，其他选项保持系统默认，添加推门的作用力，如图 8-46 所示。

图 8-46　添加推门的作用力操作

步骤3 单击操作面板工具栏中的"弹簧"按钮 ，打开"弹簧"属性管理器，选择"活塞"和"阀门力量调节盖"的对应面为弹簧的作用位置，设置弹簧常数为0.5N/mm，弹簧"自由长度"为100mm，其他选项保持系统默认设置，单击"确定"按钮，添加一个线性弹簧（Motion中无法直接对弹簧进行模拟，本文素材中亦没有加载此处的弹簧模型）。

图8-47 添加"弹簧"操作

步骤4 单击操作面板工具栏中的"阻尼"按钮 ，打开"阻尼"属性管理器，选择"活塞"另外一个面和其对应的"端盖"面，作为阻尼的两个端点，设置"阻尼力表达式指数"为2，"阻尼常数"为0.15，添加阻尼模拟液压油的缓冲力，如图8-48所示。

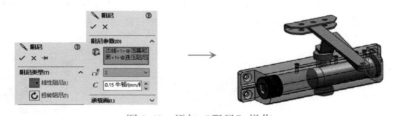

图8-48 添加"阻尼"操作

步骤5 在操作面板"键码区"中，拖动顶部键码到15s的位置，将整个动画的时间延长到15s，再在"力"元素对应的键码区3s处右击，在弹出的快捷菜单中选择"关闭"菜单项，将推门力的作用时间限制为3s，如图8-49所示。

图8-49 键码点调整操作

步骤6 完成上述操作后，单击"计算"按钮 ，完成仿真计算后，再单击"播放"按钮 ，即可以观看开门和关门的仿真动画过程了。

步骤7 单击操作面板工具栏中的"结果和图解"按钮 ，打开"结果"属性管理器，在其下拉列表中依次选择"位移/速度/加速度" > "线性速度" > "幅值"类别，并选择门的左上角点为检测点，生成图解，可以发现关门的速度较为平缓，如图8-50所示。

步骤8 将"阻尼"压缩，并单击"计算"按钮 对算例重新进行计算，然后执行与"步骤7"相同的操作，生成一个新的速度图解，如图8-51所示，从此图可以发现，在没有油压缓冲的作用下，关门时门一直在加速，直至碰到门框时才会瞬间停止。

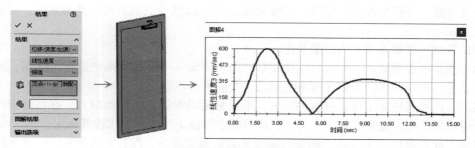

图 8-50　图解门的线性速度操作及图解结果

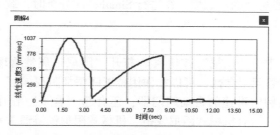

图 8-51　在没有油压缓冲的作用下，门一直在加速

知识点详解

结合实例，下面了解一下在制作"Motion 分析"动画算例时，三个重要模拟元素的相关知识，包括弹簧、阻尼和力，具体如下。

● 1. 弹簧

单击操作面板工具栏中的"弹簧"按钮🢒，打开"弹簧"属性管理器，选择弹簧的作用位置，并设置弹簧参数，可以在作用位置间模拟弹簧，如图 8-52 所示。

系统默认添加的为"线性弹簧"，也可在"弹簧"属性管理器中单击"扭转弹簧"按钮，以添加"扭转弹簧"。添加扭转弹簧时，只需选择被扭转零部件（活动零部件）的一个面或边线，以确定扭转方向，并设置弹簧参数即可，如图 8-53 所示为扭转弹簧实物图。

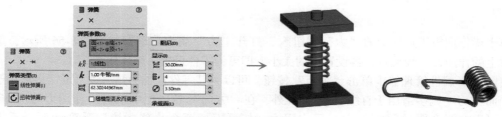

图 8-52　"弹簧"属性管理器和弹簧的显示效果　　　　图 8-53　扭转弹簧

此外在添加"弹簧"模拟元素时，可以对弹簧常数等很多参数进行设置，这里集中解释如下。

➤ 弹簧力表达式指数：弹簧的伸缩力通常呈线性变化，即指数为 1，也有呈高阶变化的非线性弹簧。指数越高，弹簧长度的微小变化产生的反作用力越大、越迅速。

- ➤ **弹簧常数**：弹簧受外力变形时，每增加或较少 1mm 所受到的负荷。此值越大，表示弹簧强度越强。
- ➤ **自由长度**：弹簧不受外力时的长度。
- ➤ **随模型更改而更新**：选中此单选按钮后，如弹簧端点平面处的模型进行了更新，此数值将自动进行相应调整，否则在模型更新后，此值保持不变。
- ➤ **阻尼**：此卷展栏用于设置弹簧的阻尼，阻尼是阻碍弹簧来回振动的力。在实际应用时，由于弹簧的作用力通常比此力大得多，所以很多情况下可以不考虑弹簧阻尼。
- ➤ **显示**：此卷展栏用于设置"弹簧"模拟元素的预览形态，没有实际意义，可不必设置。
- ➤ **承载面**：此选项主要用于方便在 Simulation 进行有限元分析（在动画仿真时，可不设置此值），通过此卷展栏选择的承载面，在进行 Simulation 分析时，载荷将分布于选择的面上。

2. 阻尼

单击操作面板工具栏中的"阻尼"按钮，打开"阻尼"属性管理器，如图 8-54 所示，选择阻尼的作用位置，并设置阻尼参数，可以在作用位置间添加阻尼。

常见的阻尼，如本实例中讲述的自动闭门器，还有起"合页"作用的阻尼铰链，如图 8-55 所示，其大多为液压阻尼（也有机械式阻尼铰链，机械式阻尼铰链通常是通过弹簧来控制门的开关的）。

图 8-54　"阻尼"属性管理器　　　　　　　图 8-55　阻尼铰链

需要注意的是，"阻尼"不是"阻力"，也不是由阻力引起的，虽然很多时候，我们可以通过阻尼原理来降低零件的运行速度，但是它与阻力是两个概念。从定义上来说，阻尼是指振动系统，由外界作用或系统自有原因引起的振幅逐渐下降的特性。根据阻尼方程式 $F = cv^e$，阻尼力的大小与速度相关，速度越快阻尼力越大，c 为阻尼常数，与材料相关。在仿真时，用户根据需要对这两个参数的值进行设置即可。

3. 力

单击操作面板工具栏中的"力"按钮，打开"力"属性管理器，如图 8-56 所示，选择力在零件上的作用面、线或点，再设置力的大小，即可为零件设置一个作用力。

在"力"属性管理器中单击"力矩"按钮，可以为某零件添加力矩（"力矩"多适用于旋转运动，而"力"则多适用于直线运动）。此外，在"方向"卷展栏中单击"作用力与反作用力"按钮，可以在两个零件间添加力与反作用力，如可模拟两个小球碰撞后受到的两个反力，如图 8-57 所示，生成动画后，小球将向相反方向运动。

> **提示：**
>
> 　关于其他参数，这里不做过多解释，其中"力"的类型可参考前面关于"马达"的解释，其他选项可参考对"弹簧"元素的解释。

图 8-56 "力"属性管理器

图 8-57 反作用力效果

思考与练习

一、填空题

1. "阻尼"不是"阻力",也不是由阻力引起的,从定义上来说,阻尼是指_____,由外界作用或系统自有原因引起的_____的特性。

2. 弹簧的伸缩力通常呈线性变化,即指数为_____,也有呈高阶变化的非线性弹簧。指数越高,弹簧长度的微小变化产生的反作用力越大、越_____。

3. 在"力"属性管理器中单击"力矩"按钮,可以为某零件添加力矩,"力矩"多适用于模拟_____,而"力"则多适用于模拟_____。

二、问答题

1. 简述"自动闭门器"的基本构造和缓冲闭门原理。

2. 在"弹簧"属性管理器中,选中"随模型更改而更新"选项有何作用?

三、操作题

使用本章提供的素材文件,创建如图 8-58 所示的"飞机引擎"动画(不要使用"马达",而通过"力"和"阻尼"实现)。

图 8-58 需要进行仿真的飞机引擎模型

 知识拓展

本章主要讲述了在 SOLIDWORKS 中创建动画的相关知识,如果用户在学习本章之前,有一定的动画制作基础,相对来说对本章内容会较易理解和掌握;另外对于理科方面的一些专业知识也须有扎实的基础,否则对对话框中某些选项功能的理解,将成为学习动画仿真制作的瓶颈。下面看一下还有哪些需要了解的知识点。

● 1. 存储运动单元

可以将定义好的马达或其他模拟元素存储到设计库中,当需要使用这些单元时,可将其直接拖动到运动算例中(需要重新定义元素位置等必要参数)。

右击运动算例设计树中的运动单元,在弹出的快捷菜单中选择"添加到库"命令,打开"添加到库"属性管理器,设置运动单元的名称,选择保存位置为 Motion 文件夹,然后单击"确定"按钮,即可将单元添加到库,如图 8-59 所示。

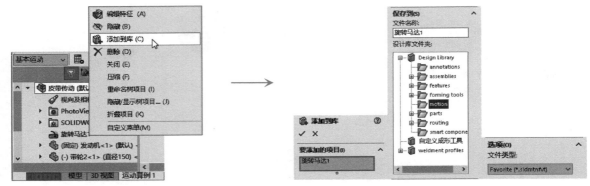

图 8-59　存储运动单元操作

● 2. 对零件显示属性的调整

将当前键码位置设置到某个时间点，然后右击某个零部件，在弹出的快捷菜单中选择"零部件显示"菜单下的子菜单项（或单击快捷工具栏中的"显示""隐藏""更改透明度"按钮），如选择子菜单中的"线架图" ⊞，系统将在选择的时间点处添加键码，并自动创建到此显示状态的渐变动画，如图 8-60 所示。

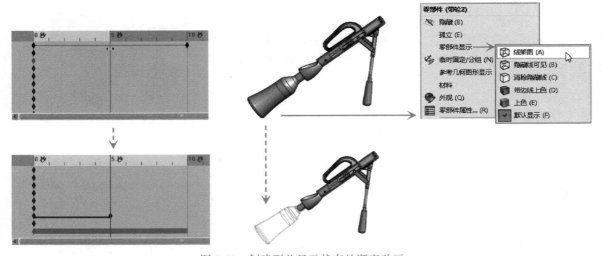

图 8-60　创建到此显示状态的渐变动画

使用此功能，可以在动画演示的过程中令零件显示或隐藏。

提示：

使用此功能前，应保证"自动键码" 功能处于打开状态，否则应在关键位置处单击"添加/更新键码"按钮 添加键码，然后在键码点处设置新的零件状态。

此外，在使用"添加/更新键码"按钮 添加键码时，应首先选中需要设置视频属性变化的元件。

在"基本运动"和"Motion 分析"中不支持此动画效果。

● 3. 关于插值模式

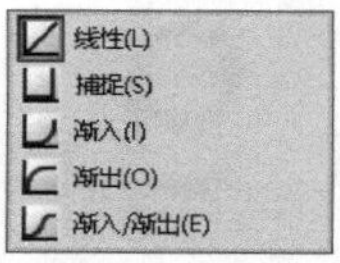

图 8-61　插值模式调整子菜单

在"动画"运动算例中，右击键码点，可在弹出的快捷菜单中选择"插值模式"菜单下的子菜单项（如图 8-61 所示），以选用零件变化的插值模式。不同的插值模式，零件移动或变化的速度不同。

● 4. SOLIDWORKS 动画制作要点

在使用 SOLIDWORKS 提供的动画制作功能进行动画仿真时，通常应注意如下几点。

➢ 可以使用 SOLIDWORKS 制作两种动画：一种为"机械演示动画"，一种为"机械仿真动画"。前者主要用于成果或方案演示说明，后者多用于验证机械设计。前者应尽量在"动画"运动算例中完成，后者则应尽量在"Motion 分析"算例中完成。

➢ 在制作"机械演示动画"时，如在"动画"运动算例中难以实现需要的效果，可以先在"Motion 分析"算例中完成制作，然后将其导入"动画"运动算例中。

➢ 在制作"机械仿真动画"时，应将物体的实际情况尽量考虑全面，如在物体旋转时，不要忘记考虑物体的惯性等，总之所建立的模型越逼真，就越容易实现需要的动画效果。

➢ 要正确完成"机械演示动画"，看懂复杂的机械图纸是一个最根本的要求。另外，还应对机械构造等有一个全局的掌握。

➢ SOLIDWORKS 软件的渲染功能毕竟有限，在制作客户展示类动画时，为了得到更好的展示效果，可将用 SOLIDWORKS 建好的模型，导出为 WRL 格式，然后将其导入 3dsMax 中，用 3dsMax 进行更加完美的效果处理。

➢ 对于视频效果的后期处理，也可借助于 Photoshop、3dsMax 和 After Effects（主要用于视频合成）等软件的功能。

第 **9** 章

弹簧和控制装置——有限元分析

本章要点

- ☐ 安全阀有限元分析
- ☐ 离心调速器受力分析
- ☐ 扭矩限制器分析

学习目标

有限元分析是仿真的重要功能模块，通过有限元分析可以解决很多问题，如在设计一个货架时，可以提前通过分析获得当前所设计货架的最大载重量（不会令货架变形）；在设计汽车大梁时，可以通过有限元分析判断当前设计的大梁有没有足够的强度等。

当然上面所举的这两个例子，在现实制造的过程中，都可以通过现场的压载试验或碰撞试验得到准确的检测值，但是当遇到类似于要判断一座大楼的抗震级数等问题时，再通过真实的实验检测，就会显得有些不太现实了。

实际上，通过有限元分析，我们不仅可以取得一些很难通过试验获得的数据，而且可以提前验证设计的合理性，在很大程度上提高产品性能，节约原料成本，进而缩短产品开发的周期。

本章讲述在 SOLIDWORKS Simulation 有限元分析软件中，进行有限元分析的基本操作，包括基本流程、常用工具和获得分析结果等几个重要部分。此外，在讲解有限元分析的过程中，将讲解安全阀、离心调速器等装置的结构和基本运行原理。

 实例34 安全阀有限元分析

安全阀是一种常用的排放容器内压力的阀门，当容器压力超过一定值时，阀门自动开启，排出一部分流体，使容器内压力降低，当压力降低到一定程度时，阀门自动关闭，以保持容器内的压力可以固定在一定的范围内。

安全阀按照单次的排放量，可以分为微启式安全阀和全启式安全阀，微启式安全阀阀瓣的开启高度为阀座内径的 1/20~1/15，全启式安全阀阀瓣的开启高度为阀座内径的 1/4~1/3。

本实例所设计的安全阀为全启式安全阀，如图 9-1 所示，其中需要使用有限元验证的是：在安全阀"整定压力"下弹簧的长度，以此来确定调整螺钉和固定螺钉的初始位置，以及分析在"排放压力"下，本安全阀能否达到所设计的开启高度。

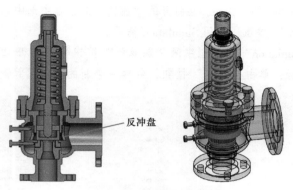

图 9-1　安全阀剖视图和透视图

标注：反冲盘

视频文件：配套\\视频\Unit9\实例 34. mp4

结果文件：配套\\案例\Unit9\实例 34——安全阀\分析用模型\（全部文件）

提示：

"整定压力"是指阀瓣开始开启时的压力，它与安全阀的预紧力相等；"排放压力"是指"整定压力"加"超过压力"，对于全启式安全阀，"超过压力"与反冲盘的开口角度和长度等有很大关系。

主要流程

由于本节的终极目的是得到弹簧的预紧力长度，和验证安全阀的设计合理性，本节在进行仿真之前，首先对整个模型进行了简化（理想化），以快速得到需要的分析数据，然后通过常用的有限元分析步骤——添加应用材料、设置夹具和外部载荷进行分析，即可得到模型分析结果，如图 9-2 所示。

说明文字：简化模型后，为模型应用材料、添加夹具和外部载荷　　划分网格后，通过分析得到分析结果

图 9-2　安全阀有限元分析的基本操作流程

此外，安全阀的整定压力通常为容器工作压力的 1.05 倍。安全阀开启后，阀瓣所受压力通常只有整定压力的 0.3 倍，这两个参数是下面在计算过程中需要用到的。

实施步骤

步骤 1　打开本文提供的素材文件"安全阀仿真用有限元模型 1. SLDASM"，单击"常用"工具栏"选项"下拉菜单中的"插件"按钮，在打开的"插件"对话框中选中☑ 🗔 SOLIDWORKS Simulation 前的复选框，单击"确定"按钮，启用 Simulation 插件。

步骤 2 单击"Simulation"工具栏中的"新算例"按钮🔍，打开"算例"属性管理器，设置算例类型为静应力分析，单击"确定"按钮，创建一个新的有限元算例，如图 9-3 所示。

图 9-3 添加新的有限元算例

> **提示：**
>
> 关于为什么如此"理想化"仿真模型，这里稍作说明：因为在此次有限元分析中，会忽略重力的影响，所以弹簧两侧弹簧座的大小对仿真值的影响可以忽略，而理想化后的下部仿真座的圆面大小与阀座的开口面积相同，可代表阀门的实际受压面积。

步骤 3 右击"算例"树中的"零件"项🗔，在弹出的快捷菜单中选择"应用材料到所有"菜单项，打开"材料"对话框，为所有零件选用"不锈钢（碳素体）"材料（此材料耐蒸汽的腐蚀，也是制作弹簧的常用材料），如图 9-4 所示。

图 9-4 应用材料操作

步骤 4 右击"算例"树中的"夹具"项🗔，在弹出的快捷菜单中选择"固定几何体"菜单项，打开"夹具"属性管理器，选择装配体上部的模型面为固定面，单击"确定"按钮，将此面完全固定，如图 9-5 所示。

步骤 5 再次右击"夹具"项🗔，在打开的快捷菜单中选择"高级夹具"菜单项，打开"夹具"属性管理器，选择"在圆柱面上"按钮，并选择"受力面积仿真座"的圆柱面为只可切向运动的面，选中"径向"按钮🗔，单击"确定"按钮，令弹簧只能沿轴向压缩或伸长，如图 9-6 所示。

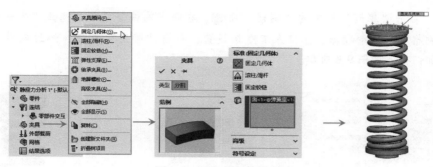

图 9-5　固定几何体操作

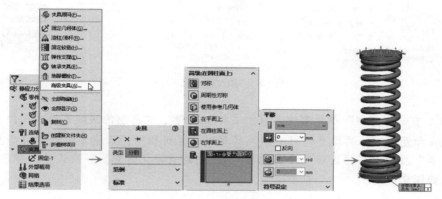

图 9-6　添加高级夹具操作

步骤 6　右击"算例"树中的"外部载荷"项 🌡️，在弹出的快捷菜单中选择"压力"菜单项，打开"压力"属性管理器，选择"受力面积仿真座"的底部面为受力面，设置压力大小为 52500N/m^2，单击"确定"按钮，为弹簧添加外部载荷，如图 9-7 所示。

提示：

　　之所以设置压力大小为 52500N/m^2，这主要与所设计的安全阀的额定工作压力有关，本文所设计的安全阀的额定工作压力为 0.5MPa，即 50000N/m^2，而安全阀的开启压力也就是整定压力，通常为容器工作压力的 1.05 倍，所以取值为 52500N/m^2。

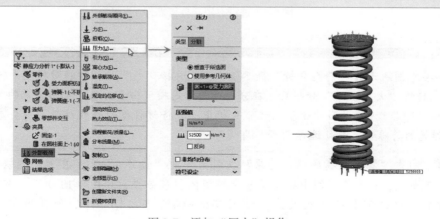

图 9-7　添加"压力"操作

步骤7 右击"算例"树中的"网格"项 ，在弹出的快捷菜单中选择"生成网格"菜单项，打开"网格"属性管理器，保持系统默认设置，单击"确定"按钮，经过软件自动计算为仿真模型添加网格，如图9-8所示。

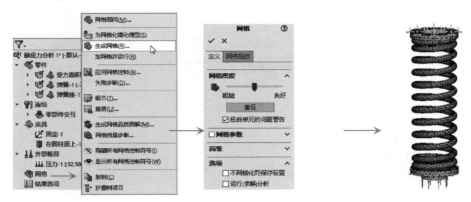

图9-8 "生成网格"操作

步骤8 右击"算例"树顶部的"算例名称"项 ，在弹出的快捷菜单中选择"运行"菜单项，系统自动开始对仿真模型进行有限元计算。计算过程中，系统会弹出"静态分析"提示框，单击"否"按钮（其原因详见下面的提示），完成有限元计算，并默认显示有限元"应力"图解结果，如图9-9所示。

图9-9 进行有限元分析操作

> **提示：**
>
> 在图9-9中图所示的"静态分析"提示框中，如选择"是"按钮，将对模型进行"大型位移"分析，启用"大型位移"分析后，在分析时将考虑模型由于形状变化而带来的对材料刚度变化的影响（即非线性）；而"小型位移"分析中，会将材料视为线性材料，不会考虑上述情况，由于弹簧的特殊性，此处选择"否"即可。

步骤9 右击"算例"树底部"结果"文件夹中的"位移1"项，在弹出的快捷菜单中选择"显示"菜单项，在右侧视图中将图解显示模型的位移效果，如图9-10所示，其最顶部为模型的最大位移，也是弹簧的压缩长度，为 $1.402e+001$，即 $14.02mm$，而弹簧的自然长度为 $126mm$，所以可大概确定装配时，应使弹簧压缩后的长度接近 $112mm$。

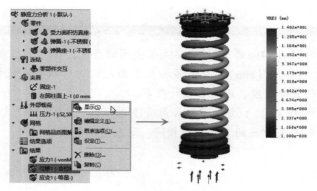

图 9-10 显示模型的位移效果

提示:

仿真结果以科学计数法来标识数字,为取得正常数值,+时可将小数点右移,-时可将小数点左移,后面是移动的位数。

此外,仿真后的图示位移往往不是模型的默认位移,右击算例树中的"位移"结果项,在弹出的快捷菜单中选择"编辑定义"菜单项,打开"位移图解"属性管理器,如图 9-11 所示,在"变形形状"卷展栏中选中"真实比例"单选按钮,可以在模型上显示真实的位移。

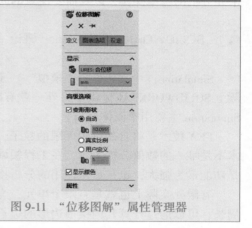

图 9-11 "位移图解"属性管理器

步骤 10 通过与"步骤 1~9"相同的操作,打开素材文件"分析模型(2)\ 安全阀仿真用有限元模型 . SLDASM",设置压力大小为 157500N/m²,其他设置与前面操作相同,进行有限元仿真,可得出此时弹簧的最大位移为 26.3mm,如图 9-12 所示。

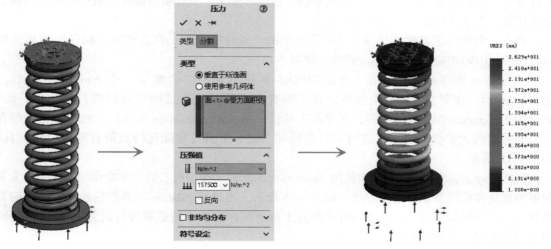

图 9-12 设置压力大小

> **提示:**
>
> 因为模型的阀座内径为 24mm, 根据全启式安全阀的要求, 其"开启高度"实际上应在 6~8mm, 而 26.3-14.02=12.28 (mm), 其值远远大于额定值, 所以存在设计缺陷, 应缩小反冲盘的面积, 或者增强弹簧的强度, 以符合设计要求。
>
> 此外, 在"分析模型 (2) \ 安全阀仿真用有限元模型.SLDASM"文件中, "受力面积仿真座"底部的平面面积与反冲座的平面面积相同, 这也是理想化的模型。

知识点详解

有限元分析是一个复杂的过程, 结合上面的实例操作, 下面再来跟大家一起梳理一遍进行有限元分析的基本操作, 以及需要注意的问题, 具体如下。

● 1. SOLIDWORKS Simulation 概论

Simulation (中文意思是"模拟") 是一款基于有限元分析 (FEA) 技术的设计分析软件 (实际上 SOLIDWORKS 还提供了另外一款有限元分析软件——SOLIDWORKS Flow Simulation, 而 Flow Simulation 主要用于流体分析)。

FEA 技术是将自然界中无限的粒子, 划分为有限个单元, 然后进行模拟计算的技术。FEA 技术不是唯一的数值分析工具, 在工程领域还有有限差分法、边界元法等多种方法, 但是 FEA 技术是功能最为强大, 也是最常使用的分析技术。

有限元实际上也就是有限个单元, 为什么要划分为有限个单元呢? 这就像是要计算一个圆的周长, 可以通过计算其内接多边形的边长来近似得到, 要得到更加准确的周长值, 可以将多边形的边数无限增加, 当然最终我们所计算的圆的周长值也只能是一个近似值 (就像是圆周率 π 是一个无限位数的小数)。

在计算机中, 同样不能将一个物体的所有因素完全考虑清楚, 因为那将是一个永远无法完成的计算量, 所以使用有限个单元模拟无限的物理量不失为一个高明的做法。虽然我们仅得到了一个近似值, 但是在很多领域已经足够了。

单击"常用"工具栏"选项"下拉菜单中的"插件"按钮, 在打开的"插件"对话框中可以启用 SOLIDWORKS Simulation 插件, 如图 9-13 所示。

Simulation 插件启用后, 在 SOLIDWORKS 顶部菜单栏中会增加一个 Simulation 菜单, 如图 9-14 所示, 此菜单下的子菜单项包含了所有在有限元分析过程中可以进行的操作。此外, 如启用了 CommandManager 功能, 在顶部工具栏中将显示 Simulation 标签栏, 此标签栏中包含了有限元分析的大多数工具, 并进行了归类整理, 是一个具有智能化特点的有限元分析工具栏, 如图 9-15 所示。

当然实际上, 在 Simulation 中使用 Simulation 工具栏加模型树右键菜单操作的方式, 不失为一种更加直接和简便易学的操作方法, 如图 9-16 所示。通过 Simulation 工具栏新建需要使用的算例类型后, 在左侧算例树中, 使用右键菜单自上而下顺序对树中的选项进行设置, 然后进行分析, 即可初步完成有限元分析操作。

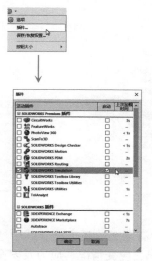

图 9-13 "插件"对话框

菜单栏与 CommandManager 中的大多数功能都是相同的，只是 CommandManager 中的 Simulation 标签栏的功能会更加智能一些，会根据当前需要调整可以使用的工具

图 9-14 Simulation 菜单   图 9-15 Simulation 标签栏

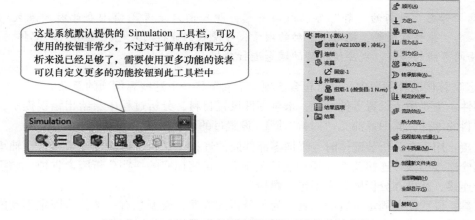

这是系统默认提供的 Simulation 工具栏，可以使用的按钮非常少，不过对于简单的有限元分析来说已经足够了，需要使用更多功能的读者可以自定义更多的功能按钮到此工具栏中

图 9-16 Simulation 工具栏和模型树（及其右键菜单）

提示：

建议初学者学习时，首选 Simulation 工具栏加模型树右键菜单的操作方式，此方式虽然有些"避重就轻"，但是对于初学者入门，或者对于非工程专业人员逐步掌握 Simulation 分析工具的使用确实非常必要。

有限元分析是一个复杂的过程，在学习的后期，您将会发现实际上得到分析结果并不难，难的是能够用较快捷的算例得到比较准确的数据（因为这个过程中，我们既要考虑软件的算法、算法的局限性和误差因素，也要考虑机械、声学、电磁学等很多工程学科的因素，需要读者具备比较多的专业知识）。

● 2. 新建有限元算例

单击"Simulation"工具栏中的"新算例"按钮 🔍，打开"算例"属性管理器，设置算例类型，单击"确定"按钮，可以创建一个有限元算例，如图 9-17 所示。

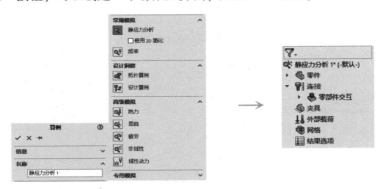

图 9-17　添加新算例操作

Simulation 有限元分析，共提供了从静态到压力容器设计等 9 种有限元分析方法，其中"静态"算例是最常使用的分析算例，可以用于分析线性材料的位移情况、应变情况、应力及安全系数等（其他各算例的作用，可参见本章后面的知识拓展）。

> **提示：**
>
> 注意"静态"分析的"静"字，所谓静态，即我们只是考虑模型在此时间点处的状态，如受力状态、位移效果等，绝对没有动的因素，即使我们分析的是一个运动的装配体，例如链轮、带轮间力矩的传递，也应使用静的理念进行分析。

"静态"算例的算例树中，通常包含 5 项，下面解释一下这些算例项的意义。

- **零件**：主要用于设置零件材料，未对零件设置材料，分析过程中会给出错误提示，未设置材料的零件，其图标前无"对钩" 🗎，设置过的以"对钩"标识 🗎。
- **连接**：用于在分析装配体时，添加零部件间的连接关系，可以添加弹簧连接、轴承连接和螺栓连接等多种连接关系（添加连接关系后，可将原有的一些分析因素省掉，如添加了螺栓连接，就可在分析模型中不包含螺栓）。
- **夹具**：设置模型固定位置的工具，为了分析的方便，模型总有一部分是固定不动的，添加夹具后，可以省去对原有夹具的分析，以进一步理想化分析模型。
- **外部载荷**：设置模型在某时间点的受力情况，可添加力、压力、扭矩、引力、离心力等，也可对温度等进行模拟。
- **网格**：用于对模型划分网格，也可以控制模型个别位置网格的密度，以保证分析结果的可靠性。

3. 设置零件材料

右击"算例"树中的"零件"项 🗊，在弹出的快捷菜单中选择"应用材料到所有"菜单项（或右击"零件"项下的某个零件，在弹出的快捷菜单中选择"应用/编辑材料"菜单项），打开"材料"对话框，然后可以为所有零件或某个零件选用材料，如图 9-18 所示。

用户无法对默认材料库中的材料属性进行编辑（只可以选用），如需要使用系统未定义的材料，可以在下部的"自定义材料"分类中进行添加。添加自定义材料时需要注意，红色的选项是必填项，是必需的材料常数，在大多数分析中会被用到；蓝色的为选填项，它们只在特定的载荷中才会被使用。

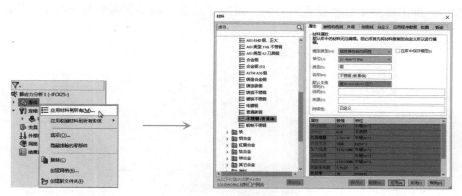

图 9-18　应用材料操作

● 4. 固定零部件

右击"算例"树中的"夹具"项 📎，在弹出的快捷菜单中选择"固定几何体"菜单项（或其他固定工具），打开"夹具"属性管理器，选择模型的某个面、线或顶点，可为模型添加固定约束，如图 9-19 所示。

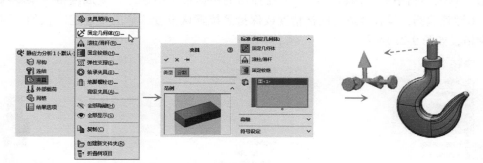

图 9-19　固定几何体操作

"固定几何体"是完全定义模型位置的约束（关于其他约束的意义，详见本章"实例 35"中知识点的讲述），被约束的对象，在没有弹性变形的情况下将完全无法运动。而被添加夹具的面或线上将显示夹具标记，标识对点的 6 个自由度（3 个平移自由度和 3 个旋转自由度）做了限制（不同夹具所限制的自由度个数有所不同，标识也会有所不同）。

● 5. 添加载荷

右击"算例"树中的"外部载荷"项 ⬇️，在弹出的快捷菜单中选择要添加的载荷（如选择"力"项），打开"力/扭矩"属性管理器，然后设置力的受力位置、方向和大小等要素，即可添加外部载荷，如图 9-20 所示。

在添加外部载荷的过程中，关键是对载荷的大小和方向的设置，如在"力/扭矩"对话框中，除了可以通过面的法向设置力的方向外，还可以通过选定的方向设置力的方向。在"单位"卷展栏中可设置力的单位（SI 为国际单位，即牛顿，此外也可以使用英制和公制），在"符号设定"卷展栏中可以设置力符号的颜色和大小。

此外，一次可同时在多个不同面上添加不同方向的多个力。在"力/扭矩"卷展栏中，"按条目"是指在每个面上添加单独所设置的力值，而按"总数"则是在两个面上按比例分配所设置的力值。

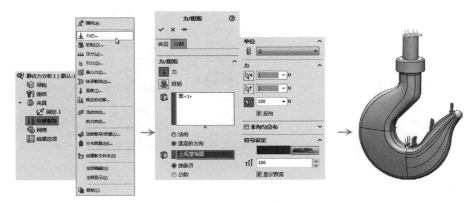

图 9-20　添加外部载荷

● 6. 网格划分

右击"算例"树中的"网格"项<img>，在弹出的快捷菜单中选择"生成网格"菜单项，打开"网格"属性管理器，设置合适的网格精度或保持系统默认设置，单击"确定"按钮，可以为模型划分网格，如图 9-21 所示。

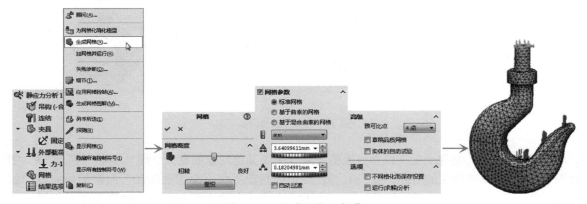

图 9-21　"生成网格"操作

通过"网格"属性管理器中的"网格密度"卷展栏中的精度条，可以调整网格的精度，网格精度越大，模型分析结果越接近真实值，但是用时也越长。

SOLIDWORKS 提供了两种网格单元（针对实体）：一种为一阶单元，另一种为二阶单元。一阶单元（即所谓的草稿品质）具有 4 个节点，二阶单元具有 10 个节点。系统默认选用二阶单元划分网格，如需选用一阶单元划分网格，可选择"网格"属性管理器中的"高级"卷展栏中的"草稿品质网格"复选框。

此外，"高级"卷展栏中的"雅可比点"用于设定在检查四面单元的变形级别时要使用的积分点数，值越大计算越精确，所用时间越长。"选项"卷展栏中的"不网格化而保存设置"复选框表示只设置新的网格数值，而不立即进行网格化处理；选中"运行（求解）分析"复选框，可在网格化之后立即运行仿真算例分析。

● 7. 分析并看懂分析结果

　　右击"算例"树顶部的"算例 X"项 ，在弹出的快捷菜单中选择"运行"菜单项，可以对仿真模型进行有限元计算，完成有限元计算，系统将默认显示有限元"应力"的图解结果，如图 9-22 所示。

图 9-22　运行有限元分析操作

　　如图 9-22 所示，在有限元分析图解结果中，右侧的颜色条与模型上的颜色紧密对应，在"应力"图解中，默认使用红色表示当前实体上所受到的最大应力，使用蓝色表示所受到的较小应力，根据颜色条上的值可以读出应力大小。在颜色条的下端显示有当前模型的屈服力值，如实体材料已处于屈服状态，将在颜色条中用箭头标识屈服点的位置。

> **提示：**
>
> 　　如"应力"颜色条下面未显示出当前材料的屈服力，可选择"Simulation">"选项"菜单，打开"系统选项"对话框，在"普通">"结果图解"栏目中选中"为 vonMises 图解显示屈服力标记"复选框即可。

　　"静态"分析后，系统默认生成 3 个分析结果，分别为应力、位移和应变，如图 9-23 左图所示。右击算例树中的"结果"项，可在打开的快捷菜单中选择需要的菜单项，添加其他算例分析结果，如选择"定义疲劳检查图解"菜单项，在打开的对话框中选用转载类型，或保持系统默认，单击"确定"按钮可添加疲劳检查图解，如图 9-23 所示。

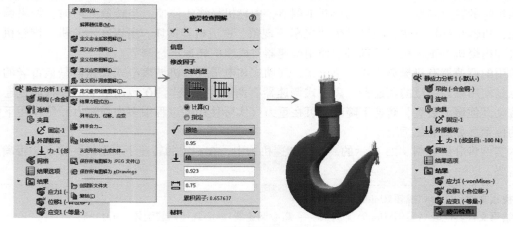

图 9-23　添加疲劳检查图解操作

　　应力就是模型上某点所受到的力，而应变是指在应力作用下，模型某单元的变形量与原来尺寸的比值。

　　此外，疲劳检查图解用于检查模型的某些区域是否可能在无限次反复装载和卸载后发生失效，分析完成后，系统会使用红色区域标识可能会出现疲劳问题的区域（关于疲劳分析对话框中各选项的设置，请参考工程学中的专业书籍）。

　　关于更多分析结果的查看工具，详见下面"实例36"中知识点的讲述。

思考与练习

　　一、填空题

　　1. Simulation 是一款基于_____分析（FEA）技术的设计分析软件。

　　2. SOLIDWORKS 还提供了另外一款有限元分析软件——SOLIDWORKS Flow Simulation，Flow Simulation 主要用于_____。

　　3. Simulation 有限元分析提供了 9 种有限元分析方法，其中_____算例是最常使用的分析算例。

　　二、问答题

　　1. 解释"静态"分析中，"静"字的主要含义。

　　2. 在设置零件载荷时，"按条目"和"总和"的力，有何区别？

　　三、操作题

　　使用本章提供的素材文件，进行有限元分析，观察在受到 1N·m 的力矩作用下的应力情况，如图 9-24 所示。

图 9-24　模型受力分析结果

　实例 35　离心调速器受力分析

　　使驱动力所做的功与阻力所做的功趋于平衡的专用装置称为调速器。在内燃机中，调速器可以根据内燃机负荷的变化，自动增减喷油泵的供油量，从而使内燃机能够以稳定的转速运行。

　　当机组的转速降低时，如果调速器不调节，内燃机最终将停掉；当转速升高时，如果调速器不作用，机器将越转越快，最终发生"飞车"现象，造成机器损坏。所以在水轮机、汽轮机、燃气轮机和内燃机等很多机组中都必须使用调速器对机组的转速进行调节。

　　常用的调速器有机械离心式、液压式、气动式和电子式。机械离心式调速器是最古老的调速器，也是使用最为广泛的调速器。离心式调速器有两个"飞块"，在转速增加时，将通过连杆等装置拉动其他调节装置，转速下降时，可在重力（实际使用的过程中多为弹簧力）等作用下恢复原来的位置，如图 9-25 所示。

　　本实例将分析如图 9-25 所示的离心式调速机构中，在一定的转速下，滑块的移动能否满足设计的需要。

> **视频文件：**配套\\视频\Unit9\实例 35. mp4
> **结果文件：**配套\\案例\Unit9\实例 35——离心调速器\离心调速器装配体 . SLDASM

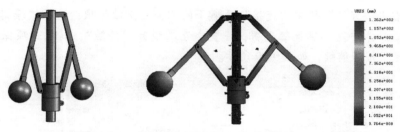

图 9-25　理想化的离心式调速器和调速器有限元分析效果

主要流程

　　本实例的主要过程与"实例 34"类似，也是首先添加应用材料，然后设置夹具和外部载荷，最后进行分析，得到模型分析结果，如图 9-26 所示。不同的是，由于调速器由众多连杆机构构成，所以仿真的重点是"连接"和"夹具"的添加。

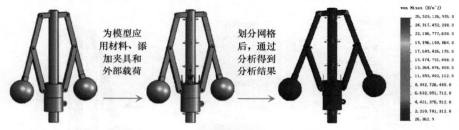

为模型应
用材料、添
加夹具和
外部载荷

划分网格
后，通过
分析得到
分析结果

图 9-26　调速器有限元分析的基本操作流程

　　因此此处直接使用了理想化的调速器模型进行仿真分析，本实例不对调速器的设计做过多叙述。

实施步骤

　　步骤 1　打开本文提供的素材文件"离心调速器装配体 . SLDASM"，启用 Simulation 插件后，单击"Simulation"工具栏中的"新算例"按钮，打开"算例"属性管理器，设置算例类型为静态，单击"确定"按钮，创建一个新的有限元算例，如图 9-27 所示。

　　步骤 2　右击"算例"树中的"零件"项，在弹出的快捷菜单中选择"应用材料到所有"菜单项，打开"材料"对话框，为所有零部件选用"普通碳钢"材料，如图 9-28 所示。

图 9-27　创建新的有限元算例

图 9-28　选用"普通碳钢"材料

步骤3 右击"算例"树中"连接"项🔩下的"全局接触"项，选择"编辑定义"快捷菜单项，打开"零部件交互"属性管理器，设置交互类型为"接触"，其他选项保持系统默认设置，单击"确定"按钮继续，如图9-29所示。

图9-29 设置零部件的接触关系

步骤4 右击"算例"树中的"连接"项🔩，在弹出的快捷菜单中选择"零部件交互"菜单项，打开"零部件交互"属性管理器，设置接触类型为"接合"，并选择"飞球2"和"臂杆2"，添加此连接关系，如图9-30所示。

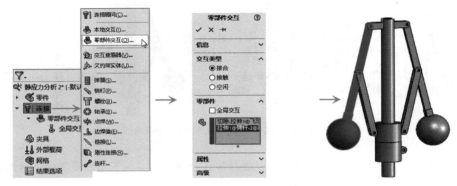

图9-30 设置"接合"连接关系1

步骤5 同"步骤4"的操作，右击"算例"树中的"连接"项🔩，在弹出的快捷菜单中选择"零部件交互"菜单项，分别为"飞球1"和"臂杆1""立轴"和"横杆""轴环"和"轴套"添加"接合"连接关系，如图9-31所示。

图9-31 设置"接合"连接关系2

步骤6 右击"算例"树中的"连接"项🔩，在弹出的快捷菜单中选择"销钉"菜单项，打开"接头"属性管理器，然后选择"连杆1"和"臂杆2"连接处的圆孔面为对应连接的销钉面，添加销钉连接关系，如图9-32所示。

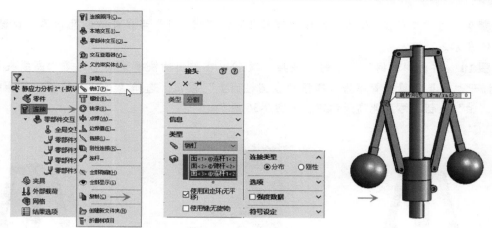

图 9-32　添加"销钉"连接关系 1

步骤 7　同"步骤 6"操作，分别为"连杆 2"和"臂杆 1""连杆 1"和"轴环""连杆 2"和"轴环"连接处的圆孔面添加三个销钉连接关系，如图 9-33 所示。

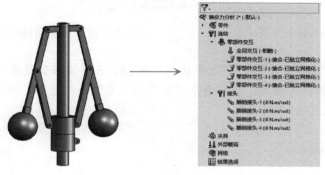

图 9-33　添加"销钉"连接关系 2

步骤 8　右击"算例"树中的"夹具"项，在弹出的快捷菜单中选择"固定铰链"菜单项，打开"夹具"属性管理器，然后选择"臂杆 1"和"横杆 1"连接处的圆孔面为对应连接的固定铰链面，添加铰链约束，如图 9-34 所示。

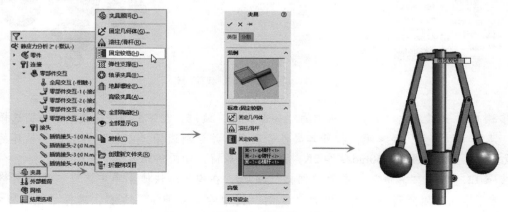

图 9-34　添加"固定铰链"夹具 1

步骤 9 同"步骤 8"操作，选择"臂杆 2"和"横杆 1"连接处的圆孔面添加铰链约束，如图 9-35 所示。

步骤 10 右击"算例"树中的"夹具"项 🦴，在弹出的快捷菜单中选择"高级夹具"菜单项，打开"夹具"属性管理器，选择"在圆柱面上"按钮，选择"立轴"柱面，并选中"径向"和"轴"按钮，添加此高级约束，如图 9-36 所示。

图 9-35 添加"固定铰链"夹具 2

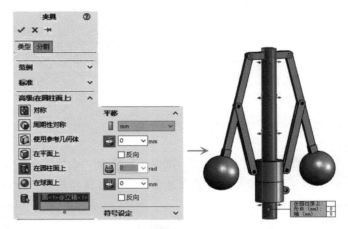

图 9-36 设置"在圆柱面上"夹具操作

步骤 11 右击"算例"树中的"外部载荷"项 🌡️，在弹出的快捷菜单中选择"引力"菜单项，打开"引力"属性管理器，然后选择"前视基准面"为参考面，添加一个"引力"外部载荷，如图 9-37 所示。

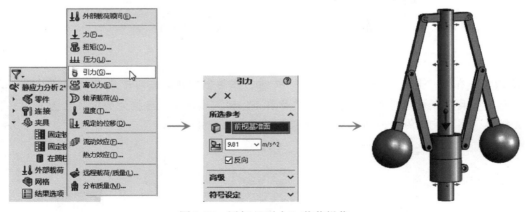

图 9-37 添加"引力"载荷操作

步骤 12 继续右击"算例"树中的"外部载荷"项 🌡️，在弹出的快捷菜单中分别选择"离心力"菜单项和"力"菜单项，打开其属性管理器，并分别选择"立轴"的柱面和轴环的上部面为受力面，大小分别为 150rad/s 和 2N，添加两个载荷，如图 9-38 所示。

步骤 13 右击"算例"树中的"网格"项 📦，在弹出的快捷菜单中选择"生成网格"菜单项，使用默认值划分网格，然后右击"算例"树中的"算例 1"项 💫，选择"运行"按钮，进行仿真分析，如图 9-39 所示（出现对话框时，全部选择"否"）。

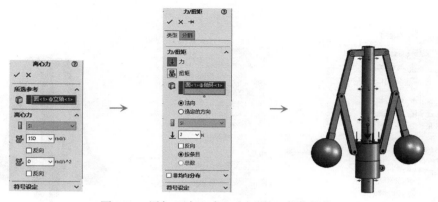

图 9-38　添加"离心力"和"力"载荷操作

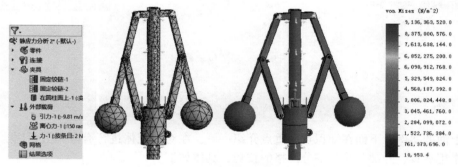

图 9-39　划分网格并进行分析操作

步骤 14　右击"算例"树中的"结果"中的"位移 1"项，在弹出的快捷菜单中选择"显示"菜单项，显示零部件的位移有限元分析图例，从图例中可知，模型中最大位移为 127mm，如图 9-40 所示，但是此值并非轴套的移动距离，所以需要继续进行操作。

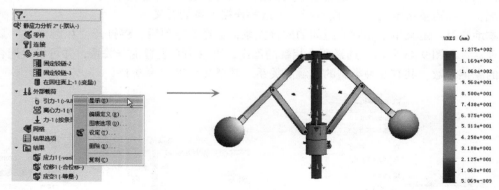

图 9-40　查看位移操作

步骤 15　右击"算例"树中的"结果"中的"位移 1"项，在弹出的快捷菜单中选择"探测"菜单项，打开"探测结果"属性管理器，选择"轴套"底部边线，可在"探测结果"属性管理器，以及图例的提示标签中获得"轴套"的移动距离为 21.7mm，符合设计要求，如图 9-41 所示。

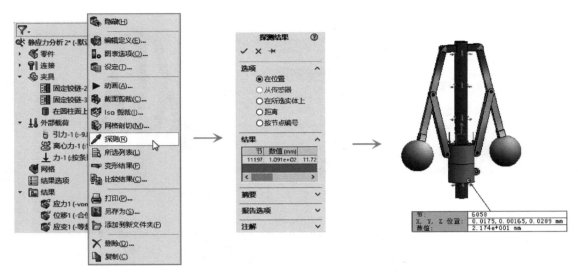

图 9-41　探测位移操作

知识点详解

　　结合上面的实例，下面在知识点中重点介绍一下，在对装配体进行有限元分析时，常用的连接关系、常用夹具、外部载荷和细分网格的技巧，具体如下。

● 1. 装配体中的常用连接关系

　　当创建一个"装配体"的有限元算例时，在算例树中会出现一个名称为"连接"的文件夹 🔩，右击这个文件夹，选择弹出菜单中的菜单项，如图 9-42 所示，可以指定装配体中零部件之间的连接关系（类似于装配体中的配合，需要注意的是，在有限元算例中，并不会继续使用装配体中的配合，而需重新定义），下面解释一下这些连接关系的意义。

　　➤ **本地交互**：定义单个相触面组间的配合关系，选择此选项后，将打开"相触面组"属性管理器，如图 9-43 所示，选择两个相触的面组，可以为其设置配合关系，并可设置配合面间的摩擦系数，共有 5 种类型的相触面关系，其意义详见"表 9-1"。

图 9-42　连接关系右键菜单

图 9-43　"相触面组"属性管理器

表 9-1　5 种类型相触面组的意义

类　　型	意　　义	图　　示
相触	定义面间不能互相穿透（相抵触的意思），但是允许滑移，较接近于真实的物体接触，但是计算较耗时	
接合	在选定面处将两个零部件"黏合"在一起，分析时将其看作一个整体，面间不可滑移	
空闲	在分析时，允许所选面处互相贯通，而不会计算其间的应力，如果可以确定两个零部件不会产生干涉，那么使用此项可以节省计算时间	
冷缩配合	冷缩配合用于模拟将对象装配到略小的型腔中。由于型腔较小，所以在接合处会产生预应力，力的大小与材料属性等有关	
虚拟壁	可以定义某个实体面到基准面（虚拟壁）的接触关系，通常应使实体面在虚拟壁上滑动，如移动过程中，实体面与虚拟壁发生碰撞，虚拟壁将阻止实体面的穿越	

提示：

在"本地交互"属性管理器中，选中"自动查找相触面组"单选按钮，选中要检查相触面组的零部件（或全部零部件），再单击"查找面"按钮，可以自动查找相触面组，然后在分析结果中，选中要使用的相触面组，并击"确定"按钮即可。

此外，需要注意的是，在设置相触面组时，可以自定义零部件的"摩擦系数"，也可以不指定。当不指定摩擦系数时，并不表明这两个面间没有摩擦，分析时系统将会使用 Simulation "选项"中设置的默认摩擦系数，通常为 0.05。

> **零部件交互**：定义实体间的接触关系，共有三种类型，分别为：无穿透、接合和允许贯通，其意义同上。当此配合与定义的"接触面组"配合冲突时，系统使用"接触面组"中定义的配合。
> **弹簧**：定义只抗张力、只抗压缩或者同时抗张力和压缩的弹簧（其意义可参考 Motion 中的弹簧）。
> **销钉**：用于模拟"无旋转"或"无平移"的销钉，连接的销钉面可整体移动。
> **螺栓**：模拟真实装配体中两个零件间的螺栓连接（需选择对应的圆孔面），螺栓连接不同于面的"固定约束"，在进行仿真分析时，会在螺栓连接处产生应力。
> **轴承**：用于模拟杆和外壳零部件之间的轴承接头。
> **点焊和边缝焊**：用于模拟零部件间的焊接关系，以仿真验证零件间焊接的牢固性。
> **链接**：定义零部件间的两个对应的支撑点（相当于在这两个支撑点间创建了一个刚性的不可压缩的连杆），在仿真分析时，这两个支撑点间的距离保持不变。
> **刚性连接**：类似于"链接"，定义零部件间两个对应面，这两个对应面永远保持刚性，在分析时，面上任何两点的距离保持不变。
> **连杆**：用于模拟各种连杆。

2. 常用夹具

右击"算例"树中的"夹具"项 🧊，在弹出的快捷菜单中可以选择合适的工具来定义模型的固定约束，如图 9-44 所示。在"夹具"属性管理器的"分割"选项卡中，选择草图和要进行分割的面，可以将面分割，然后将夹具定义在此面的某个区域内，如图 9-45 所示（此功能在连接关系和载荷中同样可以使用）。

图 9-44 夹具快捷菜单　　　　　　图 9-45 "夹具"属性管理器"分割"选项卡的作用

下面解释一下这些常用夹具的作用。

➤ **固定几何体**：令所选择的面、线或点的位置完全固定，即包括位移和旋转的 6 个自由度完全固定，不可移动、不可旋转。

➤ **滚柱/滑杆**：定义某面只能在原始面的方向移动，但不能在垂直于其原始面的方向移动。

➤ **固定铰链**：定义类似合页的固定轴。固定铰链与销钉的不同之处在于，定义了固定铰链轴面的位置处于夹具的锁紧位置，不可移动。

➤ **弹性支撑**：定义某面受到的弹性支撑力。与"连接关系"中的弹簧不同的是，弹性支撑无须选择对应面，而只是当零件所选面处发生位移或变形的一个支撑。"弹性支撑"可用于模拟弹性基座和减振器。

➤ **轴承夹具**：在所选圆柱面处模仿轴承面，仿佛有一个潜在的固定轴承将所选的圆柱面进行了固定。所选面可自由旋转，但不可有轴向的位移。在执行此操作时，如选中"允许自我对齐"按钮 ⬛，可模仿球面自位轴承接头（此时轴承面将被允许在一定范围内变动）。

➤ **地脚螺栓**：定义圆孔到基准面间的螺栓连接关系。定义螺栓的边线必须位于目标基准面（可被看作"虚拟壁"），否则无法使用此夹具。

➤ **高级夹具**：可限制零件在某平面、球面或圆柱面上的移动。在对其选项进行设置时（如选择 ⬛），选中的项表示在此方向上进行限制，0 值表示在此方向不可移动，输入数值可设置移动的范围，未选中的项表示在此方向上不做限制。

● 3. 常用外部载荷

右击"算例"树中的"外部载荷"项 ⬛，在弹出的快捷菜单中可以选择某时间点处零件受到的载荷，如图 9-46 所示。下面解释一下这些常用载荷的意义。

➤ **力、扭矩、压力、引力、离心力**：这几个载荷较为常用，用于在选定面上模拟零件受到的作用力，其设置和使用方法也较易理解，此处不做过多说明。

➤ **轴承载荷**：定义接触的两个圆柱面之间或壳体圆形边线之间具有轴承载荷，如图 9-47 所示，轴承载荷将在接触界面生成非均匀压力，用于模拟机组由于重力作用对轴承造成的压力（或某个方向上的冲击力），所选坐标系是受力方向的参照。

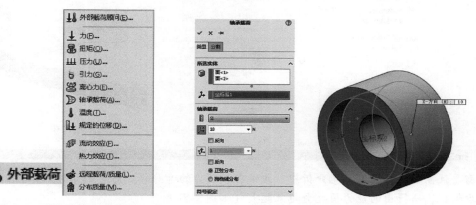

图 9-46　外部载荷快捷菜单　　　　　　　图 9-47　添加轴承载荷的操作

➤ **温度**：可通过此菜单项设置某面、边线、顶点或零部件的温度，以模拟零件受热时的状态。

➤ **远程载荷/质量**：将远程载荷、质量或位移转移到所选面、线或顶点处，如图 9-48 所示。当选用"载荷（直接转移）"项时，将从所选坐标系原点（或系统）处为所选面增加载荷（此时会将远程力和由此力形成的到所选面的力矩同时转移到所选面上），当选用质量或位移时，将通过刚性杆固定的质量，或设置的位移加载到所选面上。

图 9-48　添加"远程载荷/质量"操作

➤ **分布质量**：在选定的面上分布指定大小的质量。可使用此功能模拟已压缩或未包括在建模中的零部件。

● 4. 细分网格

右击"算例"树中的"网格"项，在弹出的快捷菜单中选择相应的菜单项，如图 9-49 所示，可以设置零件的网格密度，或控制网格的显示等，下面集中解释一下此快捷菜单中各菜单项的作用。

➤ **应用网格控制**：根据需要为模型中的不同区域指定不同的网格大小，如图 9-50 所示。局部细化的网格有利于对受关注处受力情况的分析，而又不会对整个分析时间造成太大的影响。

图 9-49 网格操作快捷菜单

图 9-50 指定不同的网格大小

提示：

需要注意的是，在有限元分析中，网格存在应力的奇异性，对于尖角处的网格，随着网格的逐步细化，所得出的应力值也会越来越大（如图 9-51 所示）。

图 9-51 网格的奇异性应力比较效果

这主要是因为，根据弹性理论，在尖角处的应力应该是无穷大的，但是有限元模型不会产生一个无穷大的应力，而是会将此应力分散到邻近单元中。所以在进行有限元分析时，如果对边角处或邻近区域的应力感兴趣，应为其设置圆角，否则由于模型自身的问题，所得出的分析数据与实际值会有很大差异。

➢ **为网格化简化模型**：当模型过于复杂时，选择此命令，系统可根据零件的大小判断出实体中"无意义的体积"，并列举在任务窗格中，用户可以首先将其抑制，然后对装配体进行分析，以节省有限元分析的时间。

➢ **细节**：打开"网格细节"窗口，如图 9-52 所示，显示当前网格划分的所有信息，包括节总数和单元总数等内容。

➢ **摘要**：打开"网格摘要"窗口，如图 9-53 所示，"网格摘要"和"网格细节"显示的内容基本相同，不同之处在于"网格摘要"可以方便复制和打印输出。

图 9-52 "网格细节"窗口

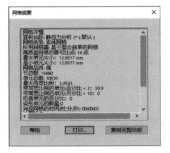

图 9-53 "网格摘要"窗口

➤ **生成网格品质图解**：系统默认显示"网格"化的图解信息，如图 9-54 所示。选择此命令，除了可显示网格化的图解信息外，还可以显示"高宽比例"和根据"雅可比"的图解信息，如图 9-55 所示。

图 9-54　网格品质操作

图 9-55　设置"雅可比"显示的图解网格

➤ **网格质量诊断**：您可以使用网格质量诊断工具，根据定义的标准来标识质量差的网格单元。

思考与练习

一、填空题

1. _____面组，用于定义平面间不能互相穿透，但是允许滑移，较接近于真实的物体接触，但是计算较耗时。

2. _____用于定义类似合页的固定轴。

二、问答题

1. 列举有限元分析中较常用的三个接触关系，并分别解释其含义。

2. 夹具中的"固定铰链"与连接中的"销钉"有何区别?

三、操作题

使用提供的素材文件，结合本章所学知识，完成如图 9-56 所示的有限元分析，观察在受到 500N 压力下，底部杆的受力情况。

图 9-56　需进行分析的升降台

 ## 实例36　扭矩限制器分析

扭矩限制器又称安全离合器（或安全联轴器），常用于安装在动力输出轴与负载的机器轴之间，当负载机器出现过载故障时（扭矩超过设定值），扭矩限制器会自动分离，从而可有效保护驱动机械（如内燃机、电动机等）以及负载。

常见的扭矩限制器形式有摩擦式扭矩限制器和滚珠式扭矩限制器，本节讲述反应较为灵敏的滚珠式扭矩限制器的设计和有限元分析方法。

滚珠式扭矩限制器，如图 9-57 所示，内置滚珠机构，通过碟形弹簧的压缩量调节过载扭矩，可在过载瞬间使主被动传动机械脱离。滚珠式扭矩限制器在消除过载后，需要手动或使用其他外力，使限制器复位。

> 视频文件：配套\\视频\Unit9\实例 36. mp4
> 结果文件：配套\\案例\Unit9\实例 36——扭矩限制器\分析用模型\（全部相关文件）

图 9-57　滚珠式扭矩限制器装配图和剖视图

主要流程

本实例的结构有些复杂，为了能够快速准确地计算出需要的数值，在进行有限元分析前，将首先对模型进行理想化处理，然后设置模型材料、添加夹具、力等元素，然后进行分析，得到分析结果，如图 9-58 所示。在分析完成后，本实例的重点是对有限元分析结果的查看，将通过观看动画和设置图表选项等方式，观测零部件的受力状况。

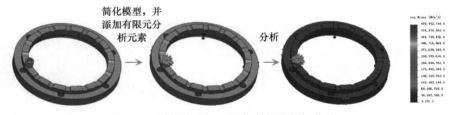

图 9-58　对滚珠式扭矩限制器的分析操作流程

除了本实例讲述的结构，通常在扭矩限制器中还安装有过载检测传感器，以便在扭矩过载时启动报警装置。此外，限制器的滚珠和连接法兰等是关键的受力元件，应采用硬度较高的材料，这也是本实例进行分析的目的之一。

实施步骤

步骤 1　打开本文提供的素材文件"滚珠离合器简化模型 .SLDASM"，如图 9-59 所示，启用 Simulation 插件，单击"Simulation"工具栏中的"新算例"按钮，创建一个新的"静态"有限元算例。

步骤 2　右击"算例"树中的"零件"项，在弹出的快捷菜单中选择"应用材料到所有"菜单项，打开"材料"对话框，为所有零部件选用"锻制不锈钢"材料（SOLIDWORKS 材料库中未提供钢珠常用的轴承钢材料，此处选用此材料），如图 9-60 所示。

图 9-59　打开的素材文件

图 9-60　设置材料效果

步骤3 右击"算例"树中"连接"项下的"全局接触"项，选择"编辑定义"快捷菜单项，打开"零部件交互"属性管理器，设置接触类型为"接触"，如图9-61所示。

步骤4 右击"算例"树中的"夹具"项，在弹出的快捷菜单中选择"轴承夹具"菜单项，打开"夹具"属性管理器，然后选择"连接法兰"的内表面为轴承连接面，并取消"允许自我对齐"单选按钮的选中状态，添加轴承夹具，如图9-62所示。

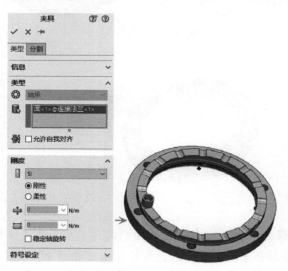

图 9-61　设置零部件交互　　　　　　　图 9-62　添加轴承夹具操作

步骤5 右击"算例"树中的"夹具"项，在弹出的快捷菜单中选择"弹性支撑"菜单项，打开"接头"属性管理器，然后选择"简化钢珠"的上表面为弹性支撑的压载面，并设置"弹性支撑"法向系数为10，用于模拟蝶形弹簧，如图9-63所示。

步骤6 右击"算例"树中的"夹具"项，在弹出的快捷菜单中选择"固定几何体"菜单项，选择"珠套"的上表面为固定面，将"珠套"固定，如图9-64所示。

步骤7 右击"算例"树中的"外部载荷"项，在弹出的快捷菜单中选择"扭矩"菜单项，选择模型外表面为扭矩的面（内表面为方向参照面），添加一个扭矩，如图9-65所示。

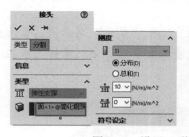

图 9-63　设置"弹性支撑"操作　　　　　　　图 9-64　设置固定几何体操作

步骤8 右击"算例"树中的"网格"项，在弹出的快捷菜单中选择"生成网格"菜单项，使用默认值划分网格，如图9-66所示。

步骤9 右击"算例"树中的"算例1"项，选择"运行"按钮，进行仿真分析，效果如图9-67左图所示（右图为此时的算例树效果）。

图 9-65　添加扭矩操作　　　　　　　　　图 9-66　划分网格操作

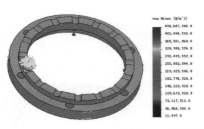

图 9-67　模型受力分析结果和算例树

步骤 10　右击"算例"树中"结果"项下的"位移 1"项，在弹出的快捷菜单中选择"显示"菜单项，显示位移效果，然后右击"位移 1"项，在弹出的快捷菜单中选择"动画"菜单项，以动画形式显示位移效果，如图 9-68 所示。

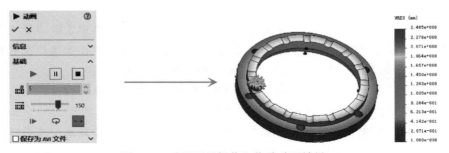

图 9-68　动画展示操作和位移动画效果

步骤 11　右击"算例"树中"结果"项下的"应力 1"项，选择"显示"菜单项，显示应力效果，然后右击"应力 1"项，在弹出的快捷菜单中选择"截面剪裁"菜单项，选择上视基准面，并平移 18mm，参看截面受力效果，如图 9-69 所示。

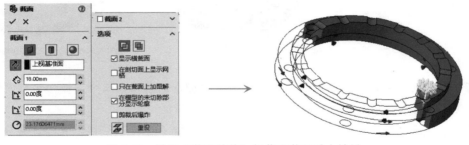

图 9-69　设置"截面剪裁"操作和截面受力效果

步骤 12　在图 9-69 左图所示的"截面"属性管理器中单击"剪裁 开/关"按钮，关闭截面剪裁效果，然后右击"应力 1"项，在弹出的快捷菜单中选择"iso 剪裁"菜单项，设置 iso 剪裁的等值为"1750000"，查看剪裁效果，如图 9-70 所示。

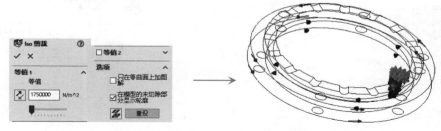

图 9-70　设置"iso 剪裁"操作和操作效果

步骤 13　在图 9-70 左图所示的"iso 剪裁"属性管理器中单击"剪裁 开/关"按钮，关闭 iso 剪裁效果，然后右击"应力 1"项，选择"图表选项"菜单项，打开"应力图解"的"图表选项"标签栏，选中"显示最小注解"和"显示最大注解"前的复选框，在"应力"视图中将会显示出模型最小受力点和最大受力点的位置，如图 9-71 所示。

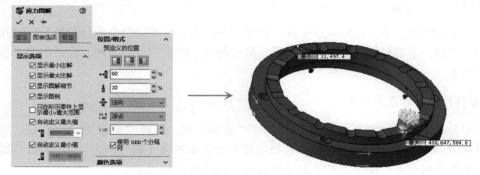

图 9-71　设置"图表选项"操作和效果

步骤 14　右击"应力 1"项，在弹出的快捷菜单中选择"探测"菜单项，然后选择钢珠靠近"连接法兰"受力点的位置，查看钢珠此点处的受力状况，如图 9-72 所示。

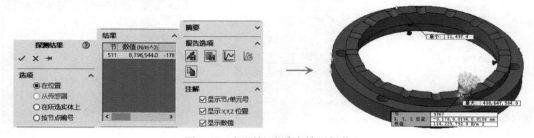

图 9-72　探测钢珠受力情况操作

步骤 15　单击"CommandManager"工具栏中的"Simulation"标签栏下的"报表"按钮，打开"报表选项"对话框，在"报表分段"栏中选择要报表输出的项目，在标题信息栏中设置公司信息，单击"出版"按钮，可输出当前文件的报表信息，如图 9-73 所示。

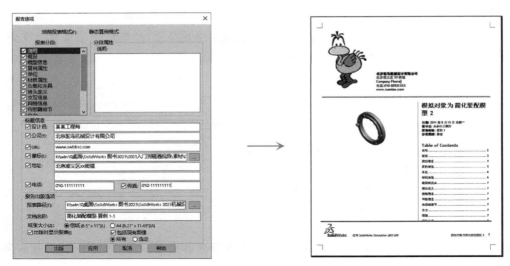

图 9-73　生成报表操作和报表效果

知识点详解

结合上面的实例，下面在知识点中重点介绍一下，在对模型进行有限元分析后，常用的查看分析结果的工具，主要包括列举、观看动画、截面剪裁、图表选项、探测、设计洞察和报表等工具，具体如下。

● 1. 列举分析结果和定义图解

在模型分析完毕后，右击"算例"树中的"结果"项，选择"列出应力、位移、应变"菜单项，打开"列举结果"属性管理器，选择需要列表显示的项（如"应力"），单击"确定"按钮，可以列表的形式显示模型中各节的受力状况，如图 9-74 所示。

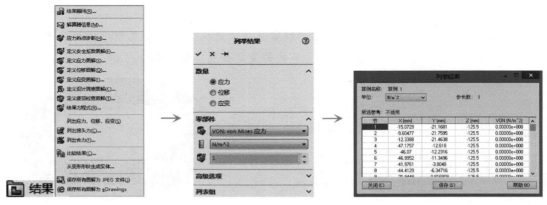

图 9-74　列举分析结果操作

如右击"结果"项后，选择"列出合力"菜单项，可打开"合力"等属性管理器，此时可选择要分析"合力"的点，然后查看所选点处的受力信息；选择"列出接头力"菜单项，可同样打开"合力"属性管理器，并可直接列表显示螺栓或轴承的受力信息，"合力"属性管理器，如图 9-75 所示。

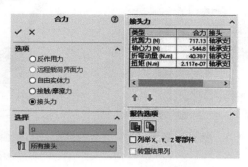

图 9-75　"合力"属性管理器

提示：

　　右击"结果"项，在弹出的快捷菜单中选择"从变形形状生成实体"菜单项，可打开"变形形状的实体"属性管理器，然后通过选择不同的按钮，可将模型的变形形状保存为零件或配置，如图 9-76 所示（若不选择保存零件，零件将被默认保存到桌面）。

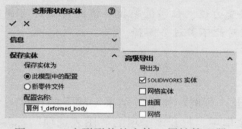

图 9-76　"变形形状的实体"属性管理器

2. 观看动画

　　在模型分析完毕后，右击"算例"树中"结果"项下的任意一个子项（此子项应处于显示状态），在弹出的快捷菜单中选择"动画"菜单项，可查看零件受力变形后的动画。

　　通过拖动"动画"属性管理器中的"速度"滑块，可调整动画演示的快慢，选择"保存为 AVI 文件"复选框，可将动画保存为 AVI 文件，如图 9-77 所示。

图 9-77　"动画"属性管理器

3. 截面剪裁和 iso 剪裁

　　在模型分析完毕后，右击"算例"树中"结果"项下的任意一个子项（此子项应处于显示状态），选择"截面剪裁"菜单项，可通过剪裁查看模型内部的受力、位移或应力情况，如图 9-78 所示。

　　在"截面"属性管理器中，可设置三种剪裁方式，分别为面、圆柱面和球面剪裁，三种剪裁方式都需要选择一个参考面，以定位截面的位置（如选择面为参照，在使用圆柱面或球面进行剪裁时，将只能在垂直于面的方向调整横截面）。

　　下面解释一下"截面"属性管理器中某些重要选项的意义。

　　➤**"截面 2"卷展栏**：可通过此卷展栏设置多个剖面。

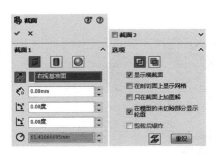

图 9-78   通过"截面剪裁"查看内部受力情况操作

> ➤ **"联合"按钮**：显示所有剖面信息。
> ➤ **"交叉"按钮**：显示所有剖面交叉区域的截面信息。
> ➤ **"只在截面上加图解"复选框**：只显示截面的信息，而不显示其他实体信息。
> ➤ **"剪裁 开/关"按钮**：打开或关闭剪裁信息。

提示：

右击"算例"树中"结果"项下的任意一个子项（此子项应处于显示状态），选择"iso剪裁"菜单项，可查看指定受力值、位移值等指定值的曲面（可同时生成多个曲面），以查看零件上相同值的部位，这里对此不做过多解释。

● 4. 图表选项

在模型分析完毕后，右击"算例"树中"结果"项下的任意一个子项（此子项应处于显示状态），选择"图表选项"菜单项，打开该子项的"图表选项"标签栏，在其中可设置在当前图解界面上要显示的图解信息，这里简单说明如下（可参考图 9-71）。

> ➤ **"显示选项"卷展栏**：用于设置要显示的图解模块（读者不妨自行尝试），"自动"和"定义"选项用于定义右侧"图例"的起始范围。
> ➤ **"位置/格式"卷展栏**：用于设置"图例"的位置。
> ➤ **"颜色选项"卷展栏**：用于设置"图例"的颜色。

● 5. 设定显示效果

在模型分析完毕后，右击"算例"树中"结果"项下的任意一个子项（此子项应处于显示状态），选择"设定"菜单项，打开"设定"属性管理器，在其中可设置模型图解的显示效果，如图 9-79 所示，如选中"将模型叠加于变形形状上"复选框，将在模型图解效果上叠加模型未变形前的形状（其他选项较易理解，此处不做过多说明）。

图 9-79   "设定"属性管理器和操作效果

● 6. 单独位置探测

在模型分析完毕后，右击"算例"树中"结果"项下的任意一个子项（此子项应处于显示状态），选择"探测"菜单项，选中在模型上的探测位置，可在打开的"探测结果"属性管理器中列表显示探测点的值（如受力值、位移值等），如图 9-80 所示。

图 9-80 "探测结果"属性管理器和操作效果

下面解释一下"探测结果"属性管理器中，部分选项的作用。

➤ **"选项"卷展栏**：其中"在位置"项表示探测选定位置处的值；"从传感器"是指检测"传感器" 中存储的位置处的值；"在所选实体上"是指探测所选实体上所有节点的值。

➤ **"报告选项"卷展栏**："保存为传感器"按钮 用于将所选点保存为传感器的检测点；"保存"按钮 用于将检测结果保存为 Excel 文件，后两个选项用于生成对应的图解信息，"响应"按钮 只能用于瞬时计算。

➤ **"注解"卷展栏**：用于设置在图解视图上需要显示的项。

> **提示：**
>
> 右击"结果"项下的子项，选择"变形结果"快捷菜单项，可查看或取消查看当前图解视图的变形效果。

● 7. 设计洞察

单击"CommandManager"工具栏中的"Simulation"标签栏下的"设计洞察"按钮 ，可查看当前视图的设计洞察效果，如图 9-81 所示。"设计洞察"用于突出显示零件中受力的分布状况，实体为主要受力区域，半透明的部分受力较少，在生产时可以考虑较少用料。拖动"设计洞察"属性管理器中的滑块，可调整有效载荷的分界点。

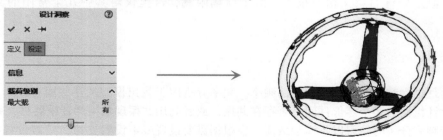

图 9-81 "设计洞察"属性管理器和操作效果

● 8. 报表的取得和编辑

单击"CommandManager"工具栏中的"Simulation"标签栏下的"报表"按钮，打开"报表选项"对话框，在此对话框中设置报表输出的项目，以及公司信息和输出路径等，单击"出版"按钮，可将设计信息输出为 HTML 或 Word 格式的设计报告，以方便演示、查阅或存档。

在"报表选项"对话框（参见图9-73）的"报表分段"栏中可设置"报告"中主要主题的组成部分，主要包括说明、假设、模型信息、算例属性、单位、材料属性、负载和夹具等。选中后可对分段信息进行编辑。

思考与练习

一、填空题

1. 可设置三种查看受力截面的方式，分别为_____、_____和_____。

2. 可"探测"三类位置的值，分别为_____、_____和_____。

3. _____用于突出显示零件中受力的分布状况，实体为主要受力区域，半透明的部分受力较少，在生产时可以考虑较少用料。

二、问答题

1. 应如何查看零部件内部的受力或位移状况？简述其操作。

2. 通过"图表选项"可设置哪些图解信息？列举常用的几项。

三、操作题

打开本章提供的素材文件，对"叉架"模型进行有限元分析，并通过各种手段查看模型的受力状况，如图9-82所示。

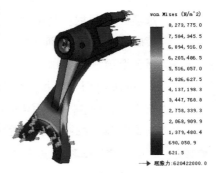

图 9-82　叉架模型受力分析结果

知识拓展

本章主要讲述了静态分析的相关操作，除了静态分析，在 Simulation 中，还可进行频率、扭曲、热力、掉落测试、疲劳分析、压力容器分析等多种分析。其操作方法与静态分析虽然有很多相同之处，但是分析的意义相差很大，由于篇幅限制，这里仅对其中几个常用的分析做简单说明。

● 1. 频率分析

每种物理结构都会有其固有的振荡频率。频率分析用于找出模型的这些固有频率，其用途可以检测所设计机器的多个零部件间是否存在共振，或者利用共振现象生产音乐器材、夯土机等。

在进行频率分析时，可以不添加载荷，也根据需要设置或不设置支撑，只需设置材料，然后系统即可自动分析出模型固有的几种频率模式，如图9-83所示。

图 9-83 "频率分析"模型树和频率分析效果

2. 扭曲分析

当一个较长的材料（如拐杖，请打开此模型文件）在受到轴向载荷的作用时，如图 9-84 所示（此处为 1000N，相当于 100 多 kg），可以在小于其屈服系数的前提下发生扭曲（即不可自动恢复的弯曲）。

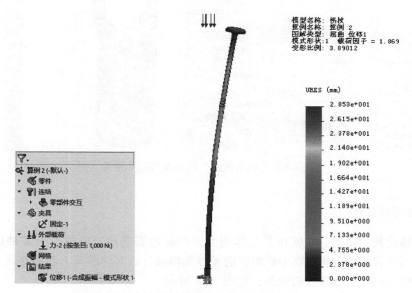

图 9-84 "线性扭曲分析"模型树和扭曲效果

通过线性扭曲分析，可以计算出某材料的模型在发生屈服之前，是否已经产生了不可恢复的扭曲。

3. 热力分析

热力分析主要用于分析某一稳态下，在某热源的作用下，发热件和受热件上的温度分布状况。如图 9-85 所示，可用其进行计算机桥片和散热片的热力分析操作。

4. 跌落测试分析

Simulation 可以对跌落进行较简单的验证，只需设置跌落高度和引力方向等，即可进行跌落分析，如图 9-86 所示。

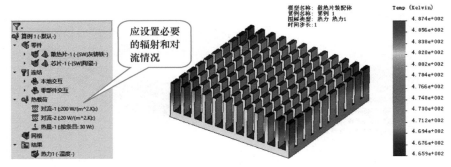

图 9-85 "热力分析"模型树和操作效果

图 9-86 "跌落测试"模型树和操作效果

● 5. 压力容器设计分析

将压力容器受到的压力、温度和其他作用力，以及地震载荷、风载荷等多种因素复合在一起，可以进行压力容器的分析。在分析时，需要首先单独分析其他载荷，然后在压力容器算例中进行复合，即可得到压力容器分析效果，如图 9-87 所示。

● 6. 按所选面定义壳体

右击"算例"树中的某个模型对象，在弹出的快捷菜单中选择"按所选面定义壳体"菜单项，然后选中需要定义为壳体的面，可以将此面作为壳体进行分析。Simulation 对于定义为壳体的面，使用不同的分析方式，如网格的划分等都与实体不同。

此外，还可将实体视为"横梁"等，被视为"横梁"的对象具有特殊的属性，用户可根据实际需要对其刚性等进行设置。

● 7. 有限元法有哪些优缺点

有限元法的**"优点"**如下：
➢ 可以模拟各种形状复杂的结构，并得出其近似解。

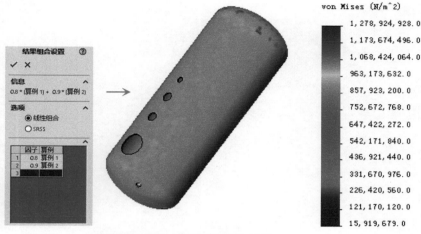

图 9-87 "压力容器分析"模型树和操作效果

➤ 可广泛应用于各种场合。

➤ 可从其他 CAD 软件中导入建好的模型，数学处理比较方便。

➤ 有限元和优化设计相结合，可充分发挥计算机制图的优点。

有限元法的"缺点"如下：

➤ 复杂问题的分析计算，非常耗时。

➤ 对无限求解域问题没有较好的处理办法。

➤ 尽管现有的有限元软件多数使用了网络自适应技术，但在具体应用时，采用什么类型的单元、如何设置网格密度等，都依赖于工程师的经验。